大贱年

1943年卫河流域
战争灾难口述史

王 选◎主编

东昌府卷

中国文史出版社

图书在版编目（CIP）数据

大贱年：1943年卫河流域战争灾难口述史.东昌府卷 /
王选主编. —北京：中国文史出版社，2015.12
ISBN 978-7-5034-7207-7

Ⅰ.①大… Ⅱ.①王… Ⅲ.①灾害－史料－聊城市－1943
Ⅳ.①X4-092

中国版本图书馆 CIP 数据核字（2015）第 297943 号

丛书策划编辑：王文运
本卷责任编辑：高　贝
装 帧 设 计：王　琳　瀚海传媒

出版发行：中国文史出版社

社　　址：北京市西城区太平桥大街 23 号　　邮编：100811
电　　话：010-66173572　66168268　66192736（发行部）
传　　真：010-66192703
印　　装：北京中科印刷有限公司
经　　销：全国新华书店
开　　本：787mm×1092mm　1/16
印　　张：25.75
字　　数：369 千字
版　　次：2017 年 9 月北京第 1 版
印　　次：2017 年 9 月第 1 次印刷
定　　价：860.00 元（全 12 册）

《大贱年——1943年卫河流域战争灾难口述史》
编　委　会

主　　　编：王　选

副　主　编：李诚辉　徐　畅

执行副主编：常晓龙　张　琪

特邀编委：郭岭梅　崔维志　井　扬

编　　　委：（按姓氏笔画排序）

|目 录|

北城办事处

白 庄

采访时间： 2008 年 10 月 3 日

采访地点： 东昌府区湖西办事处端庄

采访人： 王 青 何 科 曹元强

被采访人： 白玉英（女 80 岁 属蛇）

白玉英

我叫白玉英，今年80（岁）整了，属小龙的，我娘家是白庄，28（岁）嫁过来的。

民国32年大旱，我那时候十六七岁，是大贱年，这儿没收成，那会儿没吃的，庄稼都没有，头年秋里就淹了。第二年旱，我十七八岁，去东平，在这边没收成，去了多长时间忘了，发没发水也忘了，那边离白庄不知道多远。

记得有人得过霍乱病，一个坑里埋好几个人，在俺庄东北，俺离得老远了，咱不知道什么病，也不知道哪里的，就记得一个坑里埋好几个，就知道饿死的，不知道传不传染。

日本人没抓过人，没人给他干活。

1

北傅庄

采访时间： 2008 年 10 月 2 日

采访地点： 东昌府区北城办事处北傅庄

采访人： 马玉东　焦　婷　宋执政

被采访人： 王金良（男　85 岁　属鼠）

王金良

　　我当过兵，1947 年就当兵了，我是大参军那年当兵的。先在山区打敌人，后来南下到大别山那里，后来就回家来了，住了二三年，淮海（战役）以后就回来了。呵，打仗？那时候（咋）不是经常打仗啊？日本人是之前来过这里，在街里路过，没杀人，就是路过。

　　民国 32 年，那会儿饿死的人不少，俺庄饿死的不少，没粮食，人不饿死啊？一直没下雨，没种上麦子，旱！第二年五月才种上麦子，才种上了点棒子、谷子、高粱，庄稼长得也行。那会儿一亩地哪能产过一百斤麦子？产过的少！那时候就产六十斤麦子。

　　那年发大水，就打围堰，那会儿淹，经常淹。那会儿吃井水，家里就用井，井淹不了，那时候在锅里烧水喝。那时候有蚂蚱，一九几几年就闹不清了，传染病也记不清了。霍乱病，那没听说过。

　　那时候日本人要劳工，谁知道干什么活啊，有人让日本（人）抓去咱也不知道啊，抓日本国那边去的有，有回来的，也有没回来的。后边那庄，范庄村，那张连友（音）被抓去了，又跑回来了，后来张连友在关外了，没回家来，咱庄没有让日本人抓走的。那时日本没几个人，都在聊城南门里边，也不常往这来，路过两回，没抢东西，就是叫人给他喂马。

　　那时候土匪也多，西边儿庄上有，这边庄没有，三支队要过东西，要草料，后来叫八路军收了，八路军管着三支队，三支队起先时候管农民要，不给不行，要就得给。老缺就是土匪，他们就吃有钱的，找穷人干什么去？

民国32年那会儿有出去走了的，上了北边，东北，也有去河南的，不多，到东北的多，去东北的后来就不回来了，就待在那里了，去河南的有回来的，河南那时候收成还行，这些人是去拾麦子，要饭。

采访时间： 2008 年 10 月 2 日
采访地点： 东昌区府区北城办事处北傅庄
采访人： 马玉东　焦　婷　宋执政
被采访人： 王金英（女　82 岁　属兔）

王金英

我是 17 岁的时候，过了年，正月里嫁过来的，20 岁生了一个儿子。那时候都是少吃少喝，就吃草根，吃榆树皮，我娘家是贫农，家贫，没得吃，饭都吃不着，家里一点馍馍都没有，到了贱年净挨饿。有时候也淹。

这边解放前有旱也有淹过，不知道淹了多长时间，就记得六月下雨，一下就七八天。棒子很小的时候，地里淹了，没钱买粒粮，就喝糊糊，吃草籽、草根，没种上麦子，记不得什么时候开始的，就记得蹚着水摘高粱。那时候还有一拨拨儿的蚂蚱，到处飞，刚嫁过来的时候不记得有蚂蚱没有蚂蚱，记不清了。

我娘家是大辛庄的，现在娘家没人了，就一个弟弟，一个侄儿。那时候也有爷爷奶奶、婆婆公公，现在一提起这些事就难受就得哭。那时候我出去了，俺孩子生了疹子，说："娘你咋还不来？"

没见过日本人，鬼子没来过，尽在城里，村里没有汉奸，鬼子也没来。只是路过，没在俺村儿过过。

那时候都喝井水，得烧开，不烧开不行，拿大锅烧喝开水，不知道疟子病。

王学昌

采访时间： 2008 年 10 月 2 日
采访地点： 东昌府区北城办事处北傅庄
采 访 人： 马玉东　焦　婷　宋执政
被采访人： 王学昌（男　73 岁　属鼠）

我打小上过三年级，那会儿家里没人干活，就不念了。从 1955 年到 1980 年当过大队书记，1980 年退休的。

民国 32 年我都记不太清了，那时候我小，才七八岁，那时候当年我家里有 5 口人。有点印象是挨饿，地旱，大旱。从民国 31 年就开始旱，旱了两年，从春天开始，旱到了民国 32 年秋天。那一年我跟着父母到河南去了，那时候小，记不清楚去的哪，反正过了黄河。河南那里丰收，春天（的收成）比这里好。（我们）民国 32 年春天走的，一直到春收才回来。在那边就是拾麦子，有两个来月，还拿了点东西换麦子，去了那里就能吃饱了，在那里都吃多了，撑着了。去河南的不多，去东北的多。到河南大概得有十多户，这个村里出去的不很多，北边的卢庄出去的多，堂邑最严重，成无人区了，整个村子都荒了，后来逃荒的又回来了。

民国 32 年到秋天下雨了，不太大，能种上麦子，其间只下了一点小雨什么的。蚂蚱有一年挺多的，记不清哪一年了，落在房上、树上，地里的棒子很快被吃光。那时候我十几岁了，都解放了，谷子、棒子都叫吃光了，蚂蚱在地里都一片一片的，一层一层的。那时候的人没农药，拿棍子敲庄稼，虫子就落下来了，拿筛面的罗接着，再踩死。或者拿这个鞋底，见小的就拍，会飞的就没办法。到了解放以后就少了，旱就容易出蝗灾。

发大水，开口子，正是我生的那年，十里铺，运河水大自己开的口子，我听他们说的。这边1959年、1960年、1961年，连续下了三年雨，那时候收成都毁了，就高粱还行。

民国32年饿死的有，倒不多，就是后边死了一个，50多岁，男的，他是出去要饭掉井里淹死了，家里剩下两个小的，他媳妇就改嫁了。

那时候疟子最多，年年都有，发疟子死的人不多，都是自己挺过来的。我七八岁的时候，有一年挺严重的，是在民国32年以后，那时候普遍性发疟子，都没怎么治。发疟子就是开始冷，盖上被子都白搭，过了冷就又热了，烧得可没治了，都挺着，也没有吃药什么的，有的厉害的一天发一次病，发一次病得两三个小时，轻的隔一天发一次病。也听说有霍乱，头疼，肚子疼，吐不出来，解放前有，解放后就少了。民国32年那时候喝的是井水，喝生水也烧开水喝，天热时喝冷水。

日本人我没大有印象，记得来过一回，路过，没抓过劳工，在东北那边抓的多。

常 村

采访时间：2008年10月2日

采访地点：东昌府区北城街道办事处常村

采访人：祝芳华　何草然　王海龙

被采访人：常得之（男　80岁　属龙）

常得之

我叫常得之，81岁，属大龙的。

我记得日本鬼子来的事，小时候见过日本鬼子，在东边的樊庄，咱这村里没来过。日本那时候在樊庄那边打围子，我也去过，围着庄儿打一圈沟，日本人让打的。庄上有村干部，派过去的，没什么报酬。那时候都害怕，个人自己带干粮去，他们给水。那时哪有自愿的？强派去的。村里有二鬼子（皇协军），要东西，要粮食，要钱，其他的倒没有。日本在这住的时间还不少，有四年。

大贱年我听说过，也经历了。磨上尽是糠，没粮食，只有糠和秕谷，掺上粮食吃。榆树叶、柳树叶、杨树叶都没了，就上地里拔野菜吃，上树上扒叶子吃。民国 32 年是没种上麦子，第二年玉米还行，那时棒子少，种高粱，后来的年头都好点了。

上大水是在大贱年之前，之后没有，大贱年以后没水，后来的雨下得不很大。

有传染病，在城里围着不给出来。没见过上吐下泻的病，这村里没有，沙镇那边有，症状不清楚。民国 32 年以后得的人不少，听人说的，咱村肝病多，是吃糠吃的，吃糠咽菜的，光干，拉不出来。

民国 32 年有逃荒的，不少，没剩多少人了，去黑龙江哈尔滨，我没去。这村东西有一百三十来口，出去的有一百来口，大部分都走了，出去的有回来的，没回来的才多呢！都在关外那边。

采访时间：2008 年 10 月 2 日

采访地点：东昌府区北城街道办事处常楼村

采 访 人：祝芳华　何草然　王海龙

被采访人：吴钦兴（男　75 岁　属鸡）

吴钦兴

我叫吴钦兴，民国 32 年我还小。

日本人没上咱这儿来过，他们在西边，火车道那儿。火车道修好了，没通车。王楼那边有汉奸，那有汽车道，没见过日本人抓劳工、苦力。在村里见过八路军，见八路军是日本人来了以后，在咱村里住过，有千把人。真正的国民党没见过。

民国 32 年，我 12 岁，大贱年，我上河南拾麦子去了，家里没吃的，麦子没耩上。老百姓咽豆饼、野菜、洋槐叶，天天吃。天没下雨，种上玉米才下了雨，雨不大。

没有发生什么病，没听说过上吐下泻，霍乱。

逃荒上哪儿去的都有，有下关外的，我上的南边梁山，大贱年走的，收麦子的时候，四月份走的，七月回来的，我当时是跟着亲戚去的。

瓜园村

采访时间：2008 年 10 月 2 日
采访地点：东昌府区北城街道办事处瓜园村
采 访 人：祝芳华　何草然　王海龙
被采访人：豆心祥（男　75 岁　属鸡）

豆心祥

我叫豆心祥，民国 32 年，我 10 岁，俺家那会儿有四口人，有奶奶、父母。那年咱这儿是贱年，秋季收得不好，吃树叶子，都到河南去拾麦子。民国 32 年以后就好点了，一个庄的几个地主能吃得好点，一般人还不行。

民国 32 年不记得下大雨。没听说得什么病，那时瘟疫不是很传染，霍乱没听说过。

那时候日本鬼子戴铁帽子，不很多，有十来个，没上这儿来过，我在杨集时见过，咱庄上没有。在杨集逮共产党，那会儿逮得不少。

那会儿鬼子抓劳工去东北，是叫这儿的人领去的，不是汉奸。抓到日本国去的咱这有蒋春友，蒋庄的，在日本住了好几年，日本投降以后回来的。去东北的有十来个，没死那儿的就回来了，在那儿吃不好喝不好。

采访时间： 2008 年 10 月 2 日

采访地点： 东昌府区北城街道办事处瓜园村

采 访 人： 祝芳华　何草然　王海龙

被采访人： 韩学彦（男　75 岁　属鸡）

韩学彦

民国 32 年挨饿，没粮食，大旱了，粮食收不着了，就吃菜、树叶子。到民国 33 年就变了，粮食结食了，咱饿不着了，就没民国 32 年那么严重了。

民国 33 年发过大水，有 1 米深，地里有，村里没有。没有得病的，不记得了，霍乱不清楚，听说过，咱村里没有听说过有得霍乱的。那时候喝井水，村里有三口井。

国民党那会儿有，没八路军，日本人那会儿还没来。等日本人来了就没国民党军队了，没什么正式部队。

日本人来了我们都跑，怕，日本鬼子不抢？啥都抢，抢粮、鸡，棉被他们不要。我见过日本鬼子，每次来三五个，十来个，抢东西，抢完东西就走，一天也待不了。这边没有据点，北杨集有碉堡。没来村里抓过人，没有抓劳工。说是在城里撒过糖、罐头。

有逃荒的，逃东北，有的死那儿了，难回来啊！去逃荒的有十来个，当时庄上有四五百人。

采访时间： 2008 年 10 月 2 日

采访地点： 东昌府区北城街道办事处瓜园村

采 访 人： 祝芳华　何草然　王海龙

被采访人： 韩张氏（女　85 岁　属鼠）

我叫韩张氏，没身份证，85 岁了。我没见过日本人，光听说过，这边有二鬼子，也抓人，也抢东西，抓了的后来人都回来了。

我是 21 岁嫁到这里来的。民国 32 年那一年没吃的，光挨饿，6 亩高粱才打 10 袋粮食。那一年可旱，没耩上麦子，棒子收了一点。没见病厉害的。

人都上外逃荒了，在那边给人家挖河，担炭，有的就饿死那里了。

韩张氏

韩 庙

采访时间： 2008 年 10 月 2 日
采访地点： 东昌府区北城办事处韩庙
采访人： 王 青 曹元强 何 科
被采访人： 梁金奎（男 75 岁 属狗）

梁金奎

我叫梁金奎，今年 75 岁，属狗的。

民国 32 年是大贱年，饭都吃不饱，俺这一片 60% 都饿死了。都上东北了，那时兴上东北，俺姊妹八个、父亲、母亲都去哈尔滨了，我也去了，我出去之前一直没下雨，吃红高粱，出去之前没东西吃，就是生活困难。到那混不好，顾不上吃就回来了，回来家里还是大贱年，还是不行，红高粱饼子都吃不上。

我是民国 31 年过秋十月走的，十月份秋收完了，没收到什么东西。在外面待了一年整，旱了一年，那年耩不上庄稼，吃不上饭。没有蝗虫蚂蚱，那年没有。就干旱，没饿死人，都饿跑了。

听说有抓劳工去东北，那边都（被）日本鬼子管治，没听说抓哪去，抓去的都下苦力，都抓煤窑去了，（具体）去哪了不知道。

发大水是民国32年以前，这西边是运粮河，它干不了，这水上北京去，它运皇粮都用水，离这没二里地。

没听说过得病的，那时小，记不清有霍乱，那时我才七八岁。

河洼刘村

采访时间： 2007年2月1日
采访地点： 东昌府区北杨集庄河洼刘村
采访人： 杨　冰　孙建斐　李　斌
被采访人： 李怀文（男　88岁　属羊）

民国32年旱了一年多，民国31年就旱，民国31年没结麦子，民国32年不得挨饿？人都下河南了，也有上东北的。1943年那年人吃树叶子，吃糠，那时候地主也得吃树叶子。咱这片地都荒了，闹三支队闹的。堂邑那边的事不知道，堂邑往西有一片地，闹兵闹得都荒了，人跑的跑，当兵的当兵，那净是三支队的兵。

有得病的，都是饿得走不动就死了，没有上吐下泻、浑身抽筋的。霍乱病光听说，咱不记那个，那个记不得。

有一年发大水，算算那年我19岁，1937年。邱庙那开的口子，这满地都是水，范专员，范筑先挡着老百姓，不让老百姓挡口子，在运粮河那边。

俺母亲那年饿得吊死了，俺父亲疯了，俺饿跑了，俺到聊城去给人当伙夫了。

那时候日本人也是靠中国，吃中国的，喝中国的。老百姓都是墙上草，风吹两边倒。三支队打日本人，日本人也打三支队，还有吴连杰，还有这一派那一派的，老百姓哪一派都顶不住。老百姓组织了红枪会，打日本人，也打三支队。

日本人有下来抓劳工的，抓去给他们出劳力，到底干什么去也闹不清。

采访时间：2007年2月1日

采访地点：东昌府区北杨集镇河洼刘村

采 访 人：杨 冰 孙建斐 李 斌

被采访人：刘让吉（男 76岁 属羊）

民国32年天不下雨，河里不来水，浇不上地，没种上麦子。人都用牛车拉着上禹城了，有的坐火车到了吉林，有80%的人都逃到吉林去了，春天去的，秋天回。那时候茌平饿死的人最多，人都是饿死的，没得病的，抽筋的，上吐下泻的我都没见到过。

那时聊城让日本人给占着，和老百姓要粮食。还有三支队，是个人拉的一支队伍，哪一派也不沾，跟庄稼人要粮。土匪不敢露头，夜里把人逮走，给钱再放人。

记得不到10岁时发过大水，我忘了多少年了，从西南来的水，那个桥只露个桥顶，庄稼都没收上来。

采访时间：2008年10月2日

采访地点：东昌府区北城街办李中楼

采 访 人：马玉东 焦 婷 宋执政

被采访人：李刘氏（女 85岁 属鼠）

我是24岁嫁过来的，我娘家是河洼刘的，有四里地远。

我从小就命苦，家里我娘拉扯我长这么

李刘氏

大，受罪啊，家里有一个哥哥，一个姐姐，就数我小。

民国32年，头一年种上麦子就没下雨，到民国32年六月初一才开始下雨。记得那会儿老穷老穷的，正挨饿的时候，小孩儿都吃槐花，没收成，那会儿跟这会儿不一样，浇不上，那时候旱，饿死了不少人，都饿得面黄肌瘦。

从小就挨饿，那一年我记得都糇不上麦子，从头年就开始旱了，那年旱得就收了一丁点麦子，麦子都没种上。有能耐的都到关外去了，没能耐的就在家里，饿死了，后来差不多都回来了。

有的就上河南逃荒去了，推着独轮车，小锅，去了河南，王屯出去的人多。家里人多的就出去了，到了秋里有收成了，就回来了，（去）东北的也回来了，有家有业的都回来了，不挨饿就回来了。在家的把棒子芯压了，再用磨子磨了，就吃那个，再掺上叶子，还吃糠，就是磨细了，筛筛，掺粮食吃，推水磨，吃窝窝。

有一年有大蚂蚱，从场里飞过去，粮食就完了，这是蝗灾那年。

咱这儿都得霍乱症，有死的，那时候我刚记事，不知道是哪年，还没解放，还没嫁过来呢，没上大水时就有霍乱症。治病都是挑的，扎腿，那会儿没药，发疟子死得多，小孩死得多一些，民国32年也有，不太好治。

那时候喝的是井水，夏天喝凉水多，平常也喝凉水。

这边是1972年前上大水，我侄儿那年生的，所以记得这么清楚，涝了，白露来的水，都说是南边来的水，邱庙那边儿开的口子。俺这儿都淹了，都到树杈儿上了，俺这都扒房打堰。割豆子八九月发的，到了九月就下去了，大概一个月左右，没淹死几个人，俺大嫂子抱着大闺女淹死了。水是往东北方向去了，半个多月就退了，棉花泡得都毁了。

日本人有来过，那时候抓劳工，说是去挑土篮儿，谁知道抓哪去干活，也买也抓，没回来过，俺刘庄有一个，名字记不得了，那庄里俺有个闺女吓病了。日本人来的时候就跑，年轻的就跑，有的撒到房上去。

李楼村

采访时间：2008 年 10 月 2 日

采访地点：东昌府区北城街道办事处李楼村

采 访 人：祝芳华　何草然　王海龙

被采访人：李超柱（男　79 岁　属蛇）

李超柱

　　我叫李超柱，我给日本人干过活，那时有 16 岁，在日本的大营干活，在苏联地区，我们从哈尔滨过去的。一块儿的有博平镇的谢进财，还有梁水镇的，一共有好几千人，都是谁咱闹不清，就认识这几个一屋里住的，还有我父亲。

　　大贱年的时候吃不上饭，馍也吃不上，就要着饭向关外走，我们是好几户一起，路上也不好走，尽强盗，连衣裳都要扒下来给人家。到了哈尔滨，被日本人抓去了苏联海拉尔。

　　在那边挖地壕，打扫卫生，什么活都干，也给他们盖房子。报酬是有，都让带头的给带走了，带头的是中国人。吃不饱，饿死了好些人，不干活就打人，用皮鞋踢。有院子，有电网，不让出门，要干活的就用汽车运几个人过去。我是日本鬼子投降就回来了，那年回的。

　　我十四五岁见过日本人来，看见咱这儿的人就打，当兵的就打死了，中国有民兵，看到日本人就吓得跑了。百姓给他们修围子，是日本人要的，去得晚了得挨打，一个人打一鞭。日本人住的时间不长，也有长的，日本人住别的庄上。有二鬼子，给日本人出力，在村里要粮，光要好的吃，馍不要，抓了鸡就跑。没听说过有大流行病，有病也没药，那时候吃不上药的，有感冒很厉害的，有上吐下泻的。霍乱是在日本投降以前，记不清楚了。

采访时间：2008 年 10 月 2 日

采访地点：东昌府区北城街道办事处李楼村

采 访 人：祝芳华　何草然　王海龙

被采访人：李清岗（男　84 岁　属牛）

李清岗

　　我叫李清岗，今年 84 岁，属牛的。

　　日本人来的时候我七八岁，见过是见过，他们没在这儿，鬼子在西边公路上，俺爷爷在路边叫日本人给打死了，那时我六七岁。

　　大贱年，俺在学校念书。人都饿得吃不上粮食，吃棉花种，树叶子当饭吃，吃草种子。那会儿玉米少，光高粱和谷子，玉米收得少，光吃菜了。第二年丰收了，耩的棒子丰收了，下雨了，下得大，具体什么时候记不清了，就玉米丰收了。有逃外地去的，上黑龙江一带的有，那时候庄上有 100 多口，咱那会儿小。

　　那时候小孩有得天花的，是解放后。解放前都是传染病，什么病闹不清，净是小孩得这病，死了老些小孩。发疟子的有，症状忘了怎么回事，霍乱没见过，上吐下泻的没见过。

采访时间：2008 年 10 月 2 日

采访地点：东昌府区北城街道办事处李楼村

采 访 人：祝芳华　何草然　王海龙

被采访人：李月信（男　85 岁　属鼠）

李月信

　　日本人来时我有 20 多岁，贱年以后日本人来的。

　　我住在李楼，大旱年什么都吃，吃榆树

叶、菜根。吃不上饭有逃到关外的，有几家逃到了关外，那时村里有300多人。

日本人没到村子来过，日本鬼子过了村东头，抢东西，抓人，抓了三个带路的，放了回来，日本人走后有了二鬼子。

没听说过得病的，记不清时间了，没听说过霍乱病。见过上吐下泻的病，不严重。没有见过日本人发食物。

村里喝井水，有两口井，喝烧熟的水。

宋邢大队

采访时间： 2008 年 10 月 2 日
采访地点： 东昌府区北城办事处宋邢大队
采访人： 王　青　曹元强　何　科
被采访人： 邓殿江（男　87 岁　属狗）

邓殿江

我叫邓殿江，今年 87（岁），属狗。

民国 32 年，大贱年，我那会儿 21 岁，当时没吃的，树叶都吃光了。打七月七就没下雨，到第二年四月二十九下的雨。大旱，一棵庄稼也没浇，一棵也没种上。

那时饿死的人多了去了，见天埋人，一天埋得不及，这个还没回来那个就死了。西北这个庄里，俺亲家是生生饿死的，在床上躺着，没得病，都饿死的。得病的也多了去了，得霍乱病的我闹不清，我那会儿闹不清。

人都上关外了，一开始家里还有那么点吃的，攒的一部分，到秋里就都下关外了。我在地里捆白菜，叫三支队抓去当兵了，当了九个月的兵，来回打仗，可打毁我了。第二年四月二十九，叫小鬼子打散了，我就回来了，把枪也带回来了。

日本人在咱这不抓人，上关外抓劳工，咱这抓去当兵，不当不行。

上大水那年我才 16（岁），16（岁）上大水，这淹的房子都歪了，墙一米高都歪了，俺这北边还好点，它这里不大淹，庄稼还好点。

闹蚂蚱记不清是哪年了，地上蚂蚱跑，满地都是大蚂蚱。

西鲁庄

采访时间： 2008 年 10 月 2 日
采访地点： 东昌府区北城办事处西鲁庄
采访人： 马玉东　焦　婷　宋执政
被采访人： 鲁景芳（男　95 岁　属虎）

鲁景芳

我没有念过书，30 多岁的时候生活过得不行，扛着活呢，那会儿地里庄稼不好。民国 32 年生活不行啊！我那时在严庄扛活，那时候收的不孬，种地分了 32 石。

那年饿死的也不少，逃荒，怎么没有啊？有上博山的，有上西边的，（有去）堂邑的。

我在邱县住了七年，30 多岁没有得病的，在外面住。1945 年 32 岁参了军，参军八个来月叫国军俘虏过去了。

那时候喝井水。见过日本人，没有抓过劳工。

小段村

采访时间： 2008 年 10 月 2 日

采访地点： 东昌府区北城办事处小段村

采访人： 王 青 何 科 曹元强

被采访人： 段金方（男 82 岁 属兔）

段金方

我叫段金方，82（岁）了，属兔的。

民国 32 年没下雨，一年没下雨，大贱年闹灾荒，大旱，收成不好，没收成，没糠上麦子。第二年丰收了，第二年春天下了雨，下得不小。这附近没河，没洪水。

那时死人不少，那年没有 1960 年死的人多。那年闹山贼，山贼厉害，数堂邑饿死的人多。人都出去逃荒，跑到关外，我没出去，家里多少有点粮食，以前存的。

病死的有，什么病闹不清，霍乱症听说过，很厉害，这村没有得霍乱的，外边有。那时候喝井里的水，井里有水，（喝）开水。

日本人来了，来抢东西，强奸，日本（在这）住的八年没得好，还抓劳工，关外抓的多。村里有叫抓去的，抓到的下煤窑，关外的煤窑，没抓到日本的。（有个）叫马老虎的抓劳工给抓去了，大名不知道，他死了，后人叫他马明义，就他一人被抓到关外去了。他 50 多岁死了，在东北煤窑里死的，现在要是活着得 120 多岁了，贱年民国 32 年被抓住了，我是见着他被抓去了。

采访时间： 2008 年 10 月 2 日

采访地点： 东昌府区北城办事处小段村

采访人： 王　青　何　科　曹元强

被采访人： 段玉湖（男　79 岁　属马）

段玉湖

　　我叫段玉湖，今年 79（岁），属马的，没上过学。

　　民国 32 年，鬼子进中国，是大贱年，天旱不下雨，没收麦子。旱了有一年，到秋里，下大雨了，种秋庄稼了，雨下了两三个钟头，地皮湿了，庄稼那年不好。雨没连着下。那年上大水，是一九几几年我也记不清了，大贱年没上水。

　　有虫灾也有蚂蚱，记不清哪年了，记得招过蚂蚱，生过虫子。

　　大贱年饿死过人，都逃走了，上外边了，有下关外的，有上河南的，黄河往南。我没逃荒，在家差点饿死了，那会我有十来岁，哪都有饿死的。

　　有病那会儿也没医院，有病叫老妈妈扎针，也有先生，是中医。霍乱俺村没有，大段庄有得霍乱的死了，记不清叫什么了，是个年轻的媳妇，掰高粱秸，在高粱地里，死在那里了。那是大贱年以后，日本鬼子那会儿还没投降。大丰收之后，过秋去掰高粱秸，症状就是发高烧，别的症状没有，没有呕吐转筋，她本来在大段，得了霍乱病，不是中暑，寻不到水喝，在地里热死了。喝水都带开水，下地提开水。

　　日本鬼子没在村里抓人，没有抓去做劳工去干活的。日本鬼子路过，没上家里来。那时候有三支队，是范专员的，范专员守聊城。

采访时间： 2008 年 10 月 2 日

采访地点： 东昌府区北城办事处宋邢大队

采访人： 王　青　曹元强　何　科

被采访人： 段玉英（女　78 岁　属羊）

我叫段玉英，78岁，属羊。

没上过学，那会儿穷，跟娘过，没父亲，整天挨饿。

大贱年那时我九岁还是几岁？差点没饿死，庄稼没收，人都上关外了，俺去不了，在家挨饿。头年没糠上麦子，第二年没糠庄稼。俺这没有饿死的，袁泉（音）、大辛庄那边多，俺这没有，这边人都下关外了，没饿死人。

忘了什么时候下雨，没发过大水，那会儿我小，几岁发过大水不知道。

不知道霍乱病，没有得病的，那时候喝井水，烧开水喝。

日本没有抓劳工，俺娘家是小段（村）。

段玉英

周　集

采访时间： 2008 年 10 月 2 日
采访地点： 东昌府区北城办事处周集
采访人： 王　青　何　科　曹元强
被采访人： 周书方（男　81 岁　属龙）

我叫周书方，属大龙的，81岁。

民国32年那时候大旱年，那年一年没收成，那年热，热死很多人，别管男的女的，都吃不上饭，生活上没保证，饿死了很多人。那时候林森是主席，蒋介石是委员长。

周书方

1943 年大旱，我们这个地方也是被国民政府统治的，那年旱，很热，大街上都起尘土，跟在面缸里走路一样，一踩土，这么厚，全落在脚丫子上，土有一尺多厚，天也不下雨，净起尘土，庄稼也没收，耩不上地。一年没下雨，什么时候下的说不清了，麦子没耩上，秋庄稼也没耩上，第二年的时候下的雨。

俺这庄上饿死老些人，饿死十来个，那时村里才 400 多人。没病死的，都得霍乱病，就跟瘟疫病样，严重翻白眼，吃不进饭，就拉血，掉头发，热得人不得劲，喘不上气，这病叫霍乱，这病厉害，只要得了，净死，没好的。

那会儿科学也不讲究治病，国家也不管，所有人都受着，也没好医生，也没好大夫，村里有些老头会医治的也治不好，光吃中药。那会儿也没西药，吃中药不管用，白瞎，药方是当归、川芎、黄芪，白瞎，不管用，人得了那病就死，都是大灾荒那年得的，得病一个来月就死。

那年我母亲热死的，先生告诉我的，俺前边老六奶奶也热死了，我那会儿才八九岁。村里挖了个大坑，在坑里传上来的水，净那种水，烧开喝。

日本人是 1937 年进的中国，抓过劳工，俺这有去的，五六个都跑回来了，上山西灵丘，死在那里一个，周朝福死在那里了，死煤窑里了，其余的都要饭跑回来了，有周元平、周元兴、周书兰、葛彦中，都回来了。

采访时间： 2008 年 10 月 2 日
采访地点： 东昌府区北城办事处周集
采 访 人： 王 青 何 科 曹元强
被采访人： 周书兰（男 86 岁 属猪）

我叫周书兰，86（岁）了，属猪的。
民国 32 年大灾荒，俺这没耩上麦子，到了五月二十七夏至那天下的雨，耩上了麦子，就下了那一场大雨。记得饿死了老些人，没吃的，寸草没收。俺庄饿死的不多，都上关外了，关外拜泉县，黑龙江拜泉县的都家镇。外边堂邑那边饿死的多。

喝的是井水，打上来就能喝，烧开也行，不烧开也行，有喝凉水的，也有烧热水的。

周书兰

俺庄六月初一、初二、初三死了三口，都那会儿死的，人不能睁眼，闭着眼，一天就毁（死）去了。我的母亲六月初三死的，死了就埋了，传染的很少。那会儿我还小，才10岁，不知道什么，光知道到黑不睁眼，第二天没气了，死了。

日本鬼子来的时候，我回家来了，没在城里。我是民国18年出生的，民国28年闹老缺，去城里了，到鬼子占了聊城，俺就到家来了。

那年我15（岁），十里开口子上了大水，黑岩山来的水，河决口子，跑得就剩两家了，都上新唐（音）坐的船，俺没跑。

那时我是从关外回来的，1943年出去的，1943年招劳工下煤窑挖炭去的。从煤窑逃出来又当兵，民国32年去的，到1945年鬼子投降回来的。招去的时候说给多少多少钱，家里没吃的，就去了俺五个，毁（死）了一个，回来4个。这4个（现在）就剩我自己了，那些都死了。我当时是腊月二十七出来的，有个砸死了，砸死那个还是听我一个亲戚说的，我没见，我们都是唐屯（音）的一个人招去的。那会儿他爷俩、我奶奶的一个孙子都去了，他爷俩回来也死了，他兄弟叫孙红台，这会儿他在家里，一家人就剩他兄弟了，都给日本人挖煤。

我上的山西大同煤矿，民国32年咱这大贱年的时候去的，春天去的，二月间去的，还穿着棉衣服，去的口泉的煤矿，口泉在山西大同西南上40里地，那边有好几个井眼，跟我一起去煤矿的四个叫周兴元、周元平、葛彦中、周朝福。

在那边，你不干，日本人拿小棍打你，我没挨过打，我看他们来我就干，走了我就歇歇，俺去那些人他没杀。逃出来以后我当了八路军，我跟着聂荣臻司令，在那叫俘房了，叫鬼子打花了，叫弄到灵丘给他劳动。那天正跟鬼子打仗，我要不挂彩，他也逮不住我。1945年鬼子投降后没人管了，我才回家来。

回来以后1947年我又往南去了，我是在后方警卫机关，在省里当警卫人员，看守坏蛋，看守俘房的中央军，到1950年精兵简政我才回来。

道口铺镇

安 庄

采访时间：2008 年 10 月 4 日
采访地点：东昌府区道口铺镇安庄
采访人：薛 伟 杨文静 柳亚平
被采访人：安凤财（男 88 岁 属鸡）

安凤财

没上过学，穷，那会儿就几亩地，粮食稀松，都下河南了，俺庄不少人逃荒，多了。

1943 年要说没下雨，俺庄比别庄还强咧，这边就这三个庄没荒，还能支持下去。逃荒走的有的是，我逃到那就回来了，没在那住。

1943 年过麦的时候没麦子，哪有麦子，耩上的也没长，白搭！俺庄过了邵屯就有雨了，俺庄下了点雨，就没荒。那时候有井，人都上坑里打水去，过麦时旱时，都起五更抢水去。

蚂蚱闹过，过贱年以后闹的蚂蚱。没有病，这会儿没有发疟子的，没有霍乱。

日本人那咱见了可多了，上俺庄来过，下了地看他来了，往家跑，小孩一人发一小旗迎接皇军，叫俺干活，给他们担水，给他舀一下子，叫咱

23

先喝一口，怕有毒。

日本人抓过劳工，明朝被抓住了，凤姑被抓住了，这会儿没他们了，他们没出国，到的国边上，明朝跑回来了，凤姑死那儿了。

北臧村

采访时间：2007 年 1 月 29 日
采访地点：东昌府区道口铺镇北臧村
采访人：齐 飞 刘 群 常晓龙
被采访人：郎佃文（男 83 岁 属牛）

郎佃文

郎佃文，83（岁），属牛，上过两天私塾。

1943 年那年是灾荒年，大家都出去逃荒了，我一直在家里待着。那时候是阴历的三月初八下的雨，之后没听说得病的，是因为没吃的。民国 18 年有霍乱，附近村里没有。民国 31 年，那年蚂蚱多了去了。

聊城有鬼子，十八里铺里有炮楼，鬼子不经常来。阳历 9 月 24 日，皇军进了城，来找有没有中国兵。聊城县有国民党，范专员是共产党，死在聊城了。

那时有地下党，没有面上的，没有公开的。日本兵很多，汉奸可是不少，守城门的还有七八个汉奸，穿黄衣服，大皮鞋，铜帽子，没有戴口罩的。

采访时间： 2007 年 1 月 29 日

采访地点： 东昌府区道口铺镇北臧村

采 访 人： 齐 飞 刘 群 常晓龙

被采访人： 卢兆丰（男 80 岁 属龙）

卢兆丰

卢兆丰，今年 80（岁），属龙，上了私塾，学《三字经》。

那年一直在村里，1943 年下了雨，雨不是很大，村里没有生病的，吃糠咽菜，秋天长绿豆的时候，都上南上北，去那逃荒，挣个钱混饭吃，到黄河南，年轻人去黑龙江。

那会儿咱这有鬼子，我那时十一二（岁），他们要打聊城，他们来查八路军，没查国民党，他们怕八路军。人们吓得东跑西跑，穿的黄大衣，戴铁帽子，都戴口罩。那些人都那样，都穿黄呢子，没有防化服，也没检查身体。那时打东昌府，有飞机，那时他们叫皇协（军），他们来的时候有翻译官，抢东西，抓过一次劳工，抓到了北边外三省。

采访时间： 2007 年 1 月 29 日

采访地点： 东昌府区道口铺镇北臧村

采 访 人： 齐 飞 刘 群 常晓龙

被采访人： 任里加（男 84 岁 属猪）

俺叫任里加，今年 84（岁），属猪，没有上过学。

打小我就在这，灾荒年我上河北去了，当年回来的。一年多没下雨，很多人被土匪抢了东西。

那年有蝗虫，在太阳东边西边到处飞，之后有生了病的，有霍乱。病人发烧，嘴张不开，大夫也看不起，说扎了旱针就好了，不记得有没有活下来。死了一二十个小孩，没有死大人，有的人两三天就死了，然后找个地方埋了。这村东头、西头当中都有井水。

日本兵来过这里，在村后面吃了饭，也没杀人，那时候飞机成天都在天上飞，日本人住在聊城，他们来的时候都在村里，后来他们把有的人装在麻袋里头运走了。他们穿日本军服，戴着口罩，有汉奸，现在都没有了。这里没有八路军，只有民兵，每次来都是这样，在城里也戴口罩。

采访时间： 2007 年 1 月 29 日
采访地点： 东昌府区道口铺镇北臧村
采访人： 齐　飞　刘　群　常晓龙
被采访人： 臧同歧（男　75 岁　属鼠）

臧同歧，今年 75（岁），属鼠，念过几天书。

民国 32 年我十多岁，我去沈阳逃荒了，去了沈阳、哈尔滨。在家的时候吃灰灰草，我回来时庄稼都出来了，没有生病的。

臧同歧

这边十八里铺有个炮楼，只守不攻，谁过交通沟就打谁。

村里来过日本兵，到乡下来逮鸡吃，不打人，也没杀人。

采访时间： 2007 年 1 月 29 日
采访地点： 东昌府区道口铺镇北臧村
采访人： 齐　飞　刘　群　常晓龙
被采访人： 张汝林（男　76 岁　属猴）

今年 76（岁），属猴，没有上过学，没有见过生病的，没有很多人一下子都生病的。好像有霍乱，那时候也没医生，都是饿的。

有上黄河南的，有上关外的，有去河南的，去那里种麦子。

民国32年是后来下了大雨，在五六月，种上了庄稼，那雨不是很大。

那时东昌府有鬼子，在城里俺见过鬼子，进城要施礼。鬼子没来这边扫荡，皇协（军）来催过公粮。

张汝林

高马村

采访时间：2007年1月29日

采访地点：东昌府区道口铺镇高马村

采 访 人：张　伟　曹洪剑　袁海霞

被采访人：高金河（男　84岁　属鼠）

高金河

我姓高，叫高金河，1923年生，虚岁84（岁），属鼠，念到了小学五年级。一直住在高马村，这个村一直是这个名字，属于道口铺。

荒年那年是民国32年，我记得我十五六岁了。那会儿赶车，吱扭吱扭的，去馆陶，上那儿运烟叶、烟渣，上乡里卖，赚点钱。

当时家里有地，十七八亩，这边最多的人家有40多亩，村里的地少，人都逃难去了。

民国32年旱，耩不上庄稼，有一年多不下雨，别的地方有强一点的。

那会儿饿得净吃地瓜叶子、草种儿，树叶也都撸光了。我在集上买了二斤小米、二斤面，碰到人被抢着吃了。路上这儿躺一个，那儿躺一个，有的饿死了，饿得水肿。那会儿没有霍乱，全是饿死的。两年地里没收成，有些人出去了。

记不清哪年了，下大雨，跟小牛叫唤似的水就到了，开口子！聊城有大城墙，水面与城墙差不多高，坐城墙上能洗脚。下了七天七夜，地也不耗水了，秸秆一插，哧溜一声就下去了。发大水那会儿是阴历八月，十来天（后）水下去了，发水前后村里人一样多，跟灾荒年不一样。

那一年先旱，又发的大水。大水后没有得病的。从聊城过来都是开船过来，乡下村上来水了，房子有泡塌的，庄子外面打了很高的围堰，不让水进来。看见水来了没有跑的，都是水，逃不出去啊。洪水跟山啸似的。几天后水退了。

那是发水后的秋天，地里一层蚂蚱，吃庄稼吃得没叶了。

民国32年我在聊城城里，鬼子进来了，说你不懂的话，使刀子攮你。那会儿过春节，具长带着组织在聊城走，走聊城，堂邑城，当时我在现在的聊城的闸口那一块。给日本鬼子办事的叫汉奸。日本人抓人修炮楼，（从）聊城到堂邑，五里一个炮楼，没有（被）抓到（去）日本的。

日本人光要东西，没有就揍你，日本飞机很少，汉奸抢东西，日本人就过来七八个，全靠当地人。县城里日本人不到20个，到下面来也带汉奸，那会儿国民党有五六个人，全是教员什么的，没有打仗的。那会儿有国民党，也有八路军，也有皇协（军），村上八路军的营长就住在我家里，他们枪很少，一般就有几支枪，大多都是手榴弹跟刀。当时八路军很好，进门后先看你水缸里有水没有，先给你打水。

采访时间：2007 年 1 月 29 日

采访地点：东昌府区道口铺镇高马村

采 访 人：张　伟　曹洪剑　袁海霞
被采访人：郭福泰（男　74岁　属狗）

　　民国32年，就是旱年。民国31年地里结的棒子跟核桃似的，到民国32年旱了，民国33年才下的雨。地干得净荒草，都上地里撸草种吃。

　　民国32年人都逃荒了，年末下了雨，才从河南回来种地。逃荒时家里连我有五口人，有俩孩子，我父亲去世早，在我七八岁

郭福泰

时就埋了，痨病，逃荒时家里人一块去的。逃荒的都到河南梁山那里，那里比这里强。比这里更苦的是堂邑西北，冠县以东那么大地，都成无人区了。这周围村子那年都有旱灾。

　　没有听说发大水的，都是民国26年发大水，那是山上的水，黑岩山的水，不是河里的水。

　　那会儿这边还有三支队，头目名叫齐子修，也打日本，也打八路，也不是国民党，范筑先收的他，范筑先建了32个支队。

　　道口铺当年就住着鬼子，这里从聊城到堂邑五里地就有一个炮楼。聊城的日本人不多，皇协（军）多，就是汉奸队，没有番号，他们听日本人指挥。日本人和汉奸队也进村扫荡，抢东西，把门都摘了去卖钱了，汉奸队跟土匪一样抢砸。日本人也抓人，要给他们送东西，送吃的，还抓过我呢，是汉奸抓的，给他们抬了点东西，送到聊城东。他们就是要点白菜要点东西，抬去后又送回来，也没杀人。

　　我是1947年参的军，辽沈、淮海、济南战役都参加过，1954年回来的。

后月河村

采访时间： 2007 年 1 月 29 日

采访地点： 东昌府区道口铺镇后月河村

采 访 人： 姚一村　刘　英　王穆岩　杨兴茹

被采访人： 邵汝臣（男　80 岁　属龙）

邵汝臣

我属大龙，一直住这，村名也一直叫后月河，以前属堂邑县王月河乡，后来改归聊城。没上过学，不知道自己的血型。

民国 32 年我上东北了，去了沈阳，住了一年回来了，又回去了，家里不行，等日本打败了回来的，在沈阳种地。民国 32 年穿单衣的时候走的，家里买粮食没钱，地里不收，在沈阳扛活，能挣半拉子钱。

民国 32 年村里大旱，没收成，那时候没河，没机井，连旱一年多，从民国 31 年就开始旱了。在家里没粮食，一年只能收五六斗麦子，180 斤，这已经是好收成了。

好多去了河南，黄河以南，还有人上东北要饭。东北去不起的就上河南了，妇女都嫁那里了。当时这个村逃荒的人有一半以上，很多走远家的。有的一家走一个，有的一家走俩。

这里一直没下雨，没发过大水，没有河。这里的地势是两头低，中间高，下大雨东边洼、西边洼。这里地势高，淹不着。这边是沙土地，不管下多大雨，三天后车轧不出沟。毛主席来后才挖了水沟。

这村有霍乱，1950 年以前就有。民国 32 年有霍乱，那时我还没去沈阳，记不住啥时候霍乱。解放后闹过，解放前也有，但没人管，闹不清，不知道霍乱怎么回事，听有年纪的人说过。村里以前没医生，没人管。

见过日本鬼子，鬼子经常来，头一年还见过日本鬼子，第二年就没见了。鬼子人数很少，10个人里有两个鬼子，其余的是朝鲜人，一个县里有三五个鬼子，净汉奸，当汉奸有饭吃。鬼子到村里来抢粮食，砍头，活埋，强奸妇女，日本鬼子杀人少，净皇协（军），不对头的人杀得多。

土匪多，架户，逮人，要钱。土匪一伙一伙的。有多的，有少的。老去抢东西。八路军打完鬼子后来这里。

没听说过日本人撒毒，日本人的飞机光飞，吓唬人，没见过撒东西，没见过日本人穿防护服。抓过劳工，修碉堡，不知道有没有抓到东北去的。

采访时间： 2007 年 1 月 29 日
采访地点： 东昌府区道口铺镇后月河村
采 访 人： 姚一村　刘　英　王穆岩　杨兴茹
被采访人： 王彩明（男　88 岁　属猴）

王彩明

88 岁，属猴，不知道血型。高小毕业，国民党办的学校，学的洋书，不学四书，学算术、语文、常识，捎带着学三民主义。小学（上了）六年，初小四年，高小二年，没去上初中。

交学费，不多，自带干粮，在堂邑念书，管饭，一个月交三块钱，交不起，后来上张炉集念，自带棒子面。老师是上面派下来的，住校，学校条件是堂邑好些。

我念书时家有九口人，爷爷、奶奶、叔叔、婶婶、姊妹俩、兄弟仨。种八九亩地，又包了别人 20 亩地，打 100 斤粮食交别人 70 斤，自己留 30 斤，能吃饱饭。种棒子、麦子，一般年头麦子一亩地有百十斤。

我是自小住这，解放前后在外面住了几年，民国 32 年在济南学印刷，那时候都说"三年满，四年圆，五年才能挣钱"。

民国 32 年村里大部分没走，这庄上没发过大水，民国 32 年以前听说过大水，是在民国26年，下雨下的，不是河水。聊城都快浸城了，城门都堵上了，出城得坐船，马颊河是地下河，下雨进水，排水。

小时候只是听说过霍乱病，那会儿医生说什么就是什么。

见过日本飞机，扔炸弹。这边有土匪，头儿叫王德五，手下二三十人，还有齐子修，有几万人，非常复杂。西南七八里地有个围子，汉奸多，鬼子不来扫荡，因为不通公路。有一次日本人陆陆续续来扫荡，因为交通不便，顺着公路上东去了。

济南日本鬼子多，出门要带良民证，受气，看你顺眼就能过去，不顺眼就挨两拳。有病了，就到小诊所看病，医生是中国人，济南也有耶稣（基督）教开的医院。

学徒是奴隶。我有次走千佛山，忘了带良民证，汉奸要钱，不拿钱就要挨揍。还有一次收东西，有人去得晚了，抓了十来个人。

我16岁的时候，高小毕业，来过共产党萧华支队，住了5天。要打聊城，也没打，就扔了扔手榴弹。那时一个村住了一个团，八路军不打土匪，对老百姓好。

采访时间： 2007年1月29日
采访地点： 东昌府区道口铺镇后月河村
采 访 人： 姚一村　刘　英　王穆岩　杨兴茹
被采访人： 王彩友（男　85岁　属狗）

王彩友

上过高小，上了五年，念不起了。

民国32年，除了饿没别的，大旱旱了两年，从民国31年秋天开始旱，秋季没收，民国32年收了点粮食。民国32年秋下了雨，下了几天不记得了，秋天才种上地，（种了）谷子、棒子。

民国 32 年饿死的多，逃荒到河南、关东讨饭。村里草很高，有兔子。那时村里只有几户人，大部分人走了，走的走，死的死。

那时候三支队齐子修还闹，不旱也没用。

发疟子、霍乱在民国 32 年前后都有，病很快，哪个村上都有，说死就死。不记得有多少得的。我没见过霍乱病人，知道霍乱传染。这个病天热的时候最厉害。那时候村里没大夫，得病后到外村。

我见过日本鬼子，没来过村里，离村远，八路军也不敢来。日本鬼子带汉奸扫荡，什么都干，就不干好事。日本飞机经常从村上过，没撒过东西。

民国 26 年，聊城发了大水，是下雨下的。

采访时间：2007 年 1 月 29 日
采访地点：东昌府区道口铺镇后月河村
采 访 人：姚一村　刘　英　王穆岩　杨兴茹
被采访人：王凤箫（男　73 岁　属猪）

民国 32 年以前有霍乱这种病，得病时鬼子走了。病急。

采访时间：2007 年 1 月 29 日
采访地点：东昌府区道口铺镇后月河村
采 访 人：姚一村　刘　英　王穆岩　杨兴茹
被采访人：王凤一（男　84 岁　属猪）

我一直住这，上过小学，认字稀松，上了五六年，学洋书。

这个村原来就叫后月河，属堂邑县，这边有五个月河，王月河、宋月河、邵月河、

王凤一

后月河、解月河。这边人都是解放前从山西洪洞县老鹳窝搬来的，村前原来有一条月牙河，所以叫月河。

民国32年这里大灾荒，好多人去了东北奉天，现在叫辽宁。这地里没收成，我在东北住了4年，20岁去的。这边人都去陕西、东北，辽宁、黄河南要饭，走了没一半。

得病也是吃喝养不住（没营养），不知道有没有霍乱病。我是从淮海战役受伤回家的。

采访时间：2007年1月29日
采访地点：东昌府区道口铺镇后月河村
采 访 人：姚一村 刘 英 王穆岩 杨兴茹
被采访人：王凤月（男 79岁 属蛇）

王凤月（王凤一之弟）

上过学，（参加过）"姐妹团"，那是念书的学生组织起来的。

民国32年是贱年，头年有点粮食，到民国32年已经没有粮食了，民国32年大旱，秋天收了点谷子。

那时候老百姓有的就把地卖了，把地卖给地主，地主拿粮食来买地。卖地要请四邻，四邻饿极了，吃得多，撑死了，咱这也有撑死的。

民国32年逃荒到了南阳集又回来了，南阳集的榆叶都没有了，还不如家里。民国32年逃荒的人有一半，堂邑西北叫无人区，皇协（军）给起的。无人区也是因为闹灾荒，人都走了，等后来年头好了，又回来了。

民国32年四五月，新陈不接，这边没上过水，地势高。往东四五里地有大水，黄河南黑岩山来的，一人高的水，我那时也就十来岁。

民国32年人都跑茅子，肚里又没东西，就死了。可能是霍乱，没听说过叫什么病，也没听说过传染，就一种饿病。那会儿没医生看，有医生也看不起，见过病人肚子瘪，一个大洼坑。一跑茅子，要喝枣树皮水，喝高粱面，掺白粥喝。这些偏方有的管事，有的不管事。得这个病死得快，一响，一天就死，有的时间长，有的时间短。

见过日本鬼子，没见过撒药的。不知道黄沙会。

采访时间： 2007 年 1 月 29 日
采访地点： 东昌府区道口铺镇后月河村
采 访 人： 姚一村　刘 英　王穆岩　杨兴茹
被采访人： 王天齐（男　77 岁　属马）

王天齐

我一直住村里，这村名解放前叫王邵庄，归堂邑县。

上过私塾，日本进中国后在堂邑念了初小，在私塾念《三字经》《百家姓》《大学》《中庸》，日本来后念洋书，语文、数学，没学三民主义。

民国 32 年没收成，民国 31 年就没种上麦子，天旱，挨饿。听说秋里有蚂蚱，大概比民国 32 年早六七年，民国 32 年没有。

那时候日本已经来到中国，又有各种杂支队。国民党二十九军下面的一个排长招兵买马，成立了三支队，以齐子修为司令，闹不清有多少人，有七、八、九旅。刘海玉的刘团，是一个地方的有点身份的民团。这些民团，好像为老百姓办事，防土匪，其实也得和老百姓要（粮食），只能吓唬吓唬土匪，打个小土匪。有权有势的人能组织民团，他们有枪，那时候是 30 亩地买一枪。土匪是抢、砸，这些人都各立山头。

日本（人）一来，土匪不敢惹有权势的，就惹那些小户，架户，牵牛，要钱。社会有点乱，有粮食的都藏起来，埋地下，这些人进了院都又抢又偷的。鬼子来后，皇协（军）也伸手要。

还有黄沙会，一个迷信团体，喝符，写符后烧成炉灰，说喝了炉灰就刀枪不入。黄沙会在各地都有组织，没成气候，在阳谷那边势力大，齐子修经过黄沙会的地盘也要和他们谈判。

过贱年，灾荒年，一部分人下关外，下关外的占十分之二三，（还有一部分人）上黄河南、邯郸、东平县。当时村里顶多400人，家里留个人，逃不净，留个看家的，剩下的人几乎都去。上年纪的老人、妇女留下，年轻力壮的走。次一点的全家要饭，把孩子送人。记事时家里有牛，家里贩卖檩条换饭。大部分都是到南边卖东西，卖衣服，用小推车把衣服推去卖，回来养活家里。有逃荒到河南的给人家割麦子，想饿，不觉饱，猛一吃，受不了，把肠胃撑坏了，后来就接受教训，怕撑死，本地收谷子的时候撑死的少。

堂邑以西、定寨，这些地方据说人烟很少，成了无人区，无人区不是全庄没一个人，100户人家里有三户两户。

那时候村里喝井水。霍乱有，在热天，我那也是听说，但不多，扎针管事，要扎针，扎不过来，马上会死。霍乱一直有，但一直没形成气候。麻疹是一个普遍现象，还有生天花的。没听说有霍乱挺厉害的地方。不知道日本飞机撒没撒药。

这边民国32年以前发过大水，鬼子进中国的那一年发了大水，大水把城墙都淹了，是暴雨形成的。

日本人没来过这里。一说日本人来了，西北的人都往东南跑。八路军在冠县那边。讨伐时日军带着皇协（军）在村里找八路。民国32年日军到西边讨伐，抓劳力给皇协（军）拉东西。

日军那时候变相抓劳工，老齐的三支队抗日，听说齐子修是被国民党枪毙了。只要跟他们作对，（他们）就把人用汽车、火车集中到聊城，送到东北和日本，这个不稀罕。村里一个人被日军俘虏到黑龙江挖煤，一直没信儿，不知道有没有做活体实验，估计是当了劳工。

不知是三支队还是其他，到蒋家收枪，日军不敢进有些房子和地洞，就放毒瓦斯、臭炮。

当时齐子修抗日，范筑先守聊城，范筑先编齐子修为三支队。据说，那会儿三支队在城外呢，范筑先战死时，齐子修在城外，本来说里应外合，因为日本有飞机、大炮，势头猛，齐子修没敢硬抵抗。

吸海货的多数是当老缺的，有贩子贩过来的，当土匪的，年轻不干正经的。

邵屯村

采访时间：2006 年 1 月 29 日
采访地点：东昌府区道口铺镇邵屯村
采 访 人：齐 飞　刘　群　常晓龙
被采访人：刁凤庭（男　82 岁　属虎）

刁凤庭

俺叫刁凤庭，今年 82 岁，属虎的。

灾荒年那年一直没下雨，很长时间没下雨，麦子没种上，旱过之后下了大雨，淹了，下了老长时间，没发大水，河发大水的没听说过。

1938 年鬼子进了聊城，1945 年投降，俺老爹带着两个兄弟和妹妹们讨饭去了。

俺 13 岁出去当兵，没去过别的地方，那儿没有正规军队，没有重武器，都是些歪把子。俺 1951 年去的朝鲜，1955 年回来的，俺是炮兵，在四炮。村里没有别的人去，在外面当兵的家里都不知道，参加了上甘岭，还有别的，打得好厉害，每分钟打 28 发。

俺见过鬼子进村，他们在三湾庙集合，找东西吃，只有日本人来，没有汉奸。

采访时间：2008 年 10 月 4 日

采访地点：东昌府区道口铺镇邵屯村

采 访 人：薛 伟 杨文静 柳亚平

被采访人：高学孟（男 78 岁 属羊）

高学孟

  1943 年鲁西北大荒旱，一直没下雨，耩不上麦子。那会儿也没水，也没有机井，麦子都没种上。反正都吃不上饭，那时候地多。耩谷子那会儿下了点雨，收了点谷子。

  都上黄河南逃荒，全家也有出去多的，也有出去少的，去拾麦子。

  那会儿人死的多了，饿死的多。没听过霍乱，没有别的病，就是灾荒，没耩上麦子。喝的井里的水，老辈子的水，现在井都填了。

  那会儿日本鬼子来了，都是下面三支队，见过日本鬼子，喜小孩，给小孩东西，没见过他抓人，是车往这过。

  闹蚂蚱是以后了，八路军都过来了，一个挨一个的人扑蚂蚱，地上的蚂蚱一层一层的，过了麦以后，高粱一米高时，都没叶子，都叫蚂蚱吃了。

采访时间：2006 年 1 月 29 日

采访地点：东昌府区道口铺镇邵屯村

采 访 人：齐 飞 刘 群 常晓龙

被采访人：侯王氏（女 90 岁 属蛇）

侯王氏

  1943 年那时没什么吃，人全都饿死的。那会儿没牛没河，全是靠天，庄稼见天也长不起来，那年一直没下雨，东南角那边饿死了 30 多口人。

那会儿他大兄弟 16（岁），饿的去要饭，人家不叫他要，打他。逃荒的有上河南要饭的，俺那小兄弟 9 岁就到河南要饭了，后来寻了媳妹。我妹妹也要饭去了，有人给她面包，她在外面过的冬，难过死了，见天就是要饭。

旱完了，雨没下多大，下了一点，那时候哪有大雨啊？这边从来没有大水。

净是饿死的多，没什么病，俺爹俺娘没吃的，都那年饿死了，树上一点树叶都没有了。

俺们那年受大罪了，日子难过，后来大兄弟都回来了，也都成家了。

采访时间：2006 年 1 月 29 日
采访地点：东昌府区道口铺镇邵屯村
采访人：齐　飞　刘　群　常晓龙
被采访人：李洪文（男　85 岁　属狗）

李洪文

我叫李洪文，今年 85 岁，属狗的，1922 年生。

聊城那时候住的日本鬼子，堂邑也有鬼子，他们穿洋衣服，有的戴长方形的口罩，他那是防毒气的，长长的，这是我在民国 33 年、34 年在聊城见的。

听说穿防护服的人到西南边的郑家庄、宋家堡去过，上八路军那儿去，要跟八路军打仗。

那时候天津大东公司给人们照相，还给打针，说是防疫针，怕人把病带到关外。出关必须要有手续，那年我 18（岁），我也打过，没得病，没什么事。没听说过得病死的。

我去了工厂给日本鬼子干活，头一个月没给我钱，后面才给钱，一个月给十五六块满洲币，这能维持个人生活。

记得这边有大炮楼，有日本鬼子，也有皇协，那会儿把房子拆了去盖炮楼。

那会儿夏天有得霍乱症的，发现过，不多，村庄里都发现过，那时我十六七（岁），上吐下泻，他们都是啥事都不知道，得的人不算多，都说急霍乱，急霍乱。

这儿没发过大水，庄稼不长，人都上马颊河放水，都防汛，怕开口子。

我是1945年当的教员，1962年国家困难时期退职的。

采访时间：2006年1月29日

采访地点：东昌府区道口铺镇邵屯村

采 访 人：齐　飞　刘　群　常晓龙

被采访人：王庭俊（男　82岁　属虎）

王庭俊

俺叫王庭俊，今年82（岁），属虎，俺上过私塾。

1943年那年没落雨，一年都没雨，临清三年没下雨，（后来）发了水，河开了口子。

得病的不少，有得霍乱的，有很多，现在那些个年纪大的人都没了，俺没得过，得病的人天天睡觉，没饭吃。那时候没有西医和大夫，中医有，吃药汤，但解决不了问题，根本闹不清，都这样叫霍乱。民国32年以后俺们吃井水。

在聊城就有日本部队，鬼子来了大扫荡，有皇军，都穿的军装，戴钢盔，他们进了城以后，成立了皇协。日本人没给吃特别的东西，就是给青年开会，都在聊城被叫去开会，讲话的是翻译官，没有杀过人，去的人都给了钱。

俺见过飞机放炸弹，俺这不是作战很严峻的地区，咱这没有那么严重，那边可有人抵抗。他们在这边没有大屠杀，就是在聊城附近抓过苦力，有到日本和东北，抓的人不多，投降之后有人回到村里了。

那时候有民兵组织，他们不敢明着来，皇协很厉害，闹得最狠，乱抢东西。有个小偷小摸的，没有大的土匪。日本人一来，人们就走了，那些人家里困难的，没吃的，人都跑了。1945年投降以后，日本人也走了，他们什么也没有留下，留下汉奸了。

采访时间： 2008 年 10 月 4 日
采访地点： 东昌府区道口铺镇邵屯村
采 访 人： 薛 伟 杨文静 柳亚平
被采访人： 萧 氏（女 88 岁 属鸡）

我娘家是南乡的，我还不大的时候就来了，过贱年就嫁过来了，来了有七八十年了。

1943 年我要饭去了河南，春上去的，过了麦就回来了。

记得是民国 12 年上了大水，淹了后又旱，不记得多大。我不知道霍乱。

采访时间： 2008 年 10 月 4 日
采访地点： 东昌府区道口铺镇邵屯村
采 访 人： 薛 伟 杨文静 柳亚平
被采访人： 张学雨（男 81 岁 属蛇）

张学雨

过贱年咋不记得？挨饿，么也没收，找树叶吃。那会儿没井，过了麦也没下雨，就这么饿着。

人都去黄河南了，饿得都上黄河南了。

没有瘟疫，喝的井水。没见过扎针的，拉肚子的也不记得了。

见过日本鬼子，抓人那没见过，就记得交公粮，公粮交给谁那闹不清了。

十八里铺村

王洪成

采访时间： 2008 年 10 月 4 日

采访地点： 东昌府区道口铺镇十八里铺村

采访人： 薛　伟　杨文静　柳亚平

被采访人： 王洪成（男　71 岁　属虎）

小时候家里一人合着是四五亩地，那会儿吃不饱，不收粮食。

俺这边好淹，民国 32 年的时候，收高粱是坐船去的。那会儿我就八九岁。地里种的高粱，别的不能种，净淹。过贱年那会儿天气跟这现在差天地了，那会树叶都叫旱没了，早落光了，那个地的裂缝手指头都能下去。

那会儿病少，没有得霍乱扎针的。在井里打水喝，是砖井，那会儿没有闹肚子的。

蚂蚱怎么没有？民国 32 年更多，都用鞋底帮子打蚂蚱，那会儿蚂蚱厉害，过去一片高粱就没了，嗡嗡的。

咱没见过日本鬼子，下村抓人的净汉奸。

采访时间： 2007 年 1 月 29 日

采访地点： 东昌府区道口铺镇十八里铺村

采 访 人：许 飞 刘 琴 常晓龙
被采访人：王堂喜

民国32年旱，旱过以后，没种上麦子。

现在没有得病的，那会儿得病的都死了。民国32年，都是饿的，饿死的多，长病的有，这里没那么多人了，都死了。得有60多年了，快70年了。

日本鬼子那都在这片里，抢东西，皇协是咱中国人，领着，就是汉奸，咱村里也有汉奸，都死了。

发大水是鬼子进了中国（以后），后来1953年又有一次发水。

采访时间：2008年10月4日
采访地点：东昌府区道口铺镇十八里铺村
采访人：薛 伟 杨文静 柳亚平
被采访人：姚经云（女 81岁 属龙）

姚经云

娘家是堂邑那边的，1943年在这里。

可没少受罪，那会儿挨饿，过贱年，那年没下雨，过麦后没下雨，旱，没大水。那会儿我家有七口人，几亩地闹不清了，不够吃的。挨饿得要饭，我没去。

有得霍乱病的，扎胳膊，见过，在村上见过，过了麦时见过，有一个两个的。那时候俺们喝井水，担水吃。

有蚂蚱。没见过日本鬼子。

采访时间: 2007 年 1 月 29 日

采访地点: 东昌府区道口铺办事处

采 访 人: 姚一村　吴　英　杨兴茹

被采访人: 王海由（男　85 岁　属狗）

　　　　　　王清凤（男　83 岁　属牛）

上过高小，后来念不起了，当过兵。

民国 32 年挨饿，这里有三支队，那年旱，民国 31 年秋天就开始不下雨，民国 32 年秋天才下的雨，种的高粱、棒子。民国 32 年饿死的多，都上南边和关外逃荒了，得走了一半。

听说过忽冷忽热的病，疟疾，以前就有，还有霍乱，不记得症状，厉害，这病死得快。以前也有霍乱，天热了就得，得病的不多。

见过日本鬼子，没打来过，鬼子有扫荡的，啥也干，烧杀奸掠，土匪也这么干。民国 32 年弄得这边成了无人区，咱这都是无人区，无人区也不是一个人没有，无人区是从这到西北的临清，有 30 多里地。日本飞机没撒过什么东西。

民国 36 年发过大水。

田庙村

采访时间: 2008 年 10 月 4 日

采访地点: 东昌府区沙镇镇堂邑镇肖菜园

采 访 人: 王　青　何　科　曹元强

被采访人: 郑玉英（女　76 岁　属鸡）

我叫郑玉英，今年 76（岁）了，属鸡的，娘家是田庙的。

民国 32 年，我差点没饿死，饿得净呕，俺娘在集上买个馍馍叫我吃了一块，才挺过来了。

过了麦，一个麦季都没收成，就逃荒上黄河南，俺家都上河南拾麦子去，要饭去，俺家八口人，要饭的要饭，做买卖的做买卖，卖炸糕的卖炸糕，顾不上吃。

过了麦下了雨，种上庄稼了，庄稼长得挺好，上家来看看庄稼挺好，俺就回来了。村里逃荒上黄河南的，也饿死老些，俺村饿死多少不清楚，我那会儿不大，那时封建，女孩不出门。霍乱病闹不清。那会儿得病也看不起。日本（人）、皇协军催粮，交不上净揍人。俺家赊了人家十二袋枣，黑夜叫小偷给抢了，干粮也都叫人抢走了，拾掇走了，那是日本鬼子领导的，他偷他抢。日本人抓劳工闹不清，他净揍人。

那会儿有蚂蚱，打过蚂蚱，老些，那会儿我十一二（岁），蚂蚱不是民国 32 年，过贱年以后有的蚂蚱。

郑玉英

斗虎屯镇

堠堌村

采访时间： 2007 年 1 月 31 日

采访地点： 东昌府区斗虎屯镇堠堌村

采 访 人： 姚一村　刘　英　王穆岩　杨兴茹

被采访人： 刘方歧（男　84 岁　属鼠）

刘方歧

一直住这，这村名也没变过，以前属堂邑。上过蒙学，上了一年，之后当的兵。

民国 32 年在家，挨饿，饿死人很多，天旱，大灾荒。那年还不是真正的贱年，还能收点高粱，我没逃出去。没发过大水，水来不到这边，国民党放过黄河水，打八路军。民国 32 年之后闹了蝗虫。

这边有杂牌军队，不准种地，抢老百姓的粮食种子吃，吴连杰的兵，不是正式的土匪，牵牛架户。还有临清的冯二皮、萧建九，冯二皮是官，据点在代湾附近，有 3000 多人。萧建九抗日，也抗得厉害，也是杂牌兵，在临清给打完了。冯二皮也抗日，不敢真抗日，起码不听日本的。萧建九在东北边这里，吴连杰来得多，老齐到不了这里。

黄沙会是一种道门，抗日的，有庄稼人自己联合的，有政府抗日的。范筑先就是黄沙会的头，他的队伍叫三支队，和黄沙会有关系。齐子修在范筑先下面。三支队和黄沙会不是一回事，范筑先牵头成立的黄沙会。范筑先打土匪，保护百姓。黄沙会喝符，叫百姓喝，也打过日本。

那年有瘟疫，咳嗽，发烧，能死人。这病传染，也吐，没听说上吐下泻，抽筋的。这种病年年有，春天犯的多，咱老百姓自己叫它霍乱，也叫急性病，一会儿就死，这紧霍乱，慢霍乱，解放之后就没了。这个病死的人不多，民国32年主要是饿的，这儿往南十来里地，梁水北边是无人区。

日本鬼子往井里投毒，都把井盖锁住。见过日本飞机，没见过飞机撒东西。东北有毒气，这儿没有。

采访时间： 2007 年 1 月 31 日

采访地点： 东昌府区斗虎屯镇堠堌村

采 访 人： 姚一村　刘　英　王穆岩　杨兴茹

被采访人： 刘子玉（男　75 岁　属鸡）

上大水那年来的病，西边来的水，拉、胀肚子，小孩得病多，老人没有得病的。饿死的多，病了就吃汤药，大药丸子。病的人发烧、呕吐、拉肚子、胀肚子。跟我一般大的几个都没扎过来，就我扎过来了。

后哨村

采访时间： 2007 年 1 月 31 日

采访地点： 东昌府区斗虎屯镇后哨村

采 访 人： 姚一村　刘　英　王穆岩　杨兴茹

被采访人： 于开明（男　80 岁　属龙）

村名一直叫后哨，属堂邑。我小时候读的私塾，上过学。

民国32年天旱，地里没少收，麦子、棒子都收了，叫人抢走了，就这样夏天挨了饿，没吃的，民国31年也收了。这边闹过蚂蚱，过贱年以后闹的。

那时候有杂牌兵，老吴下面有特务连，还有造枪局，有4000多人，占了这个庄，老齐在这住了两三天，叫冯二皮打败了。土匪们不敢惹日本（人）。家家都有枪头子，自己护自己家，各顾各的，集上卖红缨枪，没人让买，自己买，有红缨子。

于开明

有得病的，那没霍乱这个名。没有好大夫，有上吐下泻、抽筋，很少，一个村有一两个人。上吐、下泻、抽筋是一个病，死得快。还有头疼脑热的，一会儿就死了，头疼脑热以前也有。

还有的人腿上长红疙瘩，小米粒大，出脓、烂、痒，这病得的不多，蹚水蹚的，民国32年以前没有。民国32年春天净下雨，人要蹚水，就得病，就这一年得病，以后也没有。我得过这病，不是很严重，使药抹，老中医给的，医生叫皮肤病，能抹好，不发热，痒，越挠越痒。

采访时间： 2007年1月31日
采访地点： 东昌府区斗虎屯镇后哨村
采访人： 姚一村　刘　英　王穆岩　杨兴茹
被采访人： 张春太（男　80岁　属龙）

民国32年我16岁，10岁时，日本进的中国，初一，日本人从东海边进了中国。

民国32年，下东北，去了长春，原先叫新京，民国32年正月十六走的，三天两

张春太

夜到了德州。

俺父亲得过霍乱，抽筋，下火针，针在火上烧得通红，扎得身上冒油，抽一点点儿。那时得霍乱的人多，好好一个人去赶集，就得了霍乱。俺大舅是医生，中医，他会下火针，好了。那时候妇女得病多，也不用吃药，下火针就好了。霍乱这个病一直有，共产党来了就没有了。俺父亲得病的时候，我七八岁，也就是民国十八九年，我刚记事时也有霍乱，我十三四岁时也有这个病。

我8岁上的学，念到9岁，鬼子来了，赶紧把书烧了，也不会写字。日本人在这里逮鸡，烧东西，烧鸡、烧牛。

采访时间： 2007 年 1 月 31 日
采访地点： 东昌府区斗虎屯镇后哨村
采访人： 姚一村　刘　英　王穆岩　杨兴茹
被采访人： 张春亭（男　82 岁　属虎）

张春亭

这里一直叫后哨，原来属堂邑县。没上过学，那时候妇女上午上学，男的下午去，学点字。

民国 32 年，吴连杰闹的，净闹兵，吴光顾自己家，有 3000 多兵，收人的枪，他有地，买枪买炮，都收了去，再招兵。还有老齐、老薄、老罗这些人，老薄是刘黑七落下的杂牌军，老齐叫日本人打死了 3000 人。

那时候少馍吃，挨饿，老齐在小雪楼住，我绑着被弄到他那去了。后来听说可以走了，想回家看看吧，回家结果没走成，全叫在街上集合，齐子修的手下捆着我去当兵，我说："兄弟，你让我吃点儿馍行不？我只喝了点水，肚子咕噜咕噜的。"结果给了我一个没粒儿的棒子。

那会儿还有黄沙会，黄沙会喝符，说刀枪不入，黄沙会站岗，保护村里。黄沙会是庄稼人自己组织的，梁甫廷是这个庄上的头，他们喝符，装神弄鬼，有一次有人拿大针放他椅子上，他一坐，嗷嗷地起来了。符是强迫人花钱买的，平时不拜神，在村子外面站岗，防偷。叫日本鬼子逮住了就听日本的，逮不住就不听。哪个庄上都有黄沙会，没撑多少年。

民国 32 年大旱，靠天吃饭，没东西吃，有点棒子，也不行，没粒。

那年有霍乱，腿上长痧子，医生说打腿肚子就行了，不管用。赶集去，走着走着就死了，躺下就完了。当时我也饿得不得劲不舒服，郝庄那儿每天要死很多人。也有上吐下泻，泻得走不动，腿麻着呢。有发疟子的，得上吐下泻的少，得霍乱的多。霍乱死得快，一饿，又发高烧，腿上长痧子也是霍乱的一种。霍乱病以前也有，在民国 32 年以后就没有了。走不动了，就拐着腿，出红点子。我没得过，有一个人死了，和我一起的。霍乱有好几种，喊着喊着就没气了，也有上吐下泻的，不知道什么名儿，这个病也急，不过没有长痧子的多。

那年我没逃荒，西边大爷逃荒了，我不愿去，我家比他们要好一点。他们逃到了黄河南，梁山，到那也是死，没吃的。村子里那时有 400 多人，逃荒剩了三百来人，堂邑那也没人，都去了黄河南。

上大水不知道是哪一年了，上大水是天上下雨下的，骑着木头拿个棍划，就能漂过来了。

1943 年那时候鬼子来没来想不起来了。那时有 100 个日本人，有多少皇协（军）都是农民饿得去给他当兵了，那时 60 辆汽车进山东，农民一看就跑，那会儿兴强奸，谁不跑，他还真孬，拿刀戳你。

后来跑不了就回来了，我还挨过打，他要扛我的锅，没锅他没法吃饭，用面缸子烤火，烤的鸡，叫我用手拽，拽得少了，打了我一巴掌，他手上有金镏子，一巴掌打得我脸上稀烂。

苏枣科

采访时间： 2007 年 2 月 2 日

采访地点： 东昌府区斗虎屯镇苏枣科

采 访 人： 齐　飞　刘　群　常晓龙

被采访人： 苏法山（男　76 岁　属猴）

苏法山

我叫苏法山，76（岁），属猴。

1943 年那时没吃喝，有点毛病就给喝点清汤，一点粮食都没有，隔着肚皮就能看见绿的。

吴连杰的兵抢东西，皇协军、杂牌兵都来抢东西，饿死了很多人。人都死的死、病的病，村上人很少，都没人了，庄稼人没法活，兄弟们饿死了很多。日本人没抢过，在这里路过，在杨庄那边有打死人的。没见过日本人撒药，也没见过日本人穿白褂。

过了民国 32 年好几年，八路军才过来。

听说过霍乱病，在腿弯的地方扎针，民国 32 年前后，也有好的，人家说是霍乱，得了之后腿软，站不起来也动不了。那时还有寒病，撑的时间很长，得霍乱的人很快就死了。当时日本人还在，不清楚具体时间，也不知道病是怎么来的，听上年纪的人讲的。得霍乱的人很少，没听说传染不传染，家里有人扎过针，扎针之后就好了，只是扎扎。看见血管发黑就扎，扎出来之后血是黑的，有那毛病的人不少。

采访时间： 2007 年 2 月 2 日

采访地点： 东昌府区斗虎屯镇苏枣科

采 访 人： 齐　飞　刘　群　常晓龙

被采访人：苏清友（男　81 岁　属兔）

1943 年天热，没吃的，齐、吴两家不讲理，抢粮食。

得病的就叫霍乱病，腿软，扎腿，有的还扎胳膊肘。放出血，腿的颜色是黑的。死的人不少，灾荒年左右，那时候日本人在这里。

俺村的祁方正得了霍乱，腿软，发高烧。霍乱有死得快的，死得慢的，快的两个

苏清友

多钟头，慢的一两天。就是拉肚子，一拉肚子就得霍乱，就在民国 32 年左右。那时候还有寒病，有嘴里淌血的，是烧的，就是这几种病厉害。霍乱不太传染，寒病传染，霍乱有治好的，扎腿扎胳膊，就行了。

俺没有见过日本人，日本人谁都逮，二鬼子也谁都逮。日本人不戴口罩。日本进中国的时候发过大水，灾荒年之后没有发过大水。

吴老斗村

采访时间：2007 年 2 月 1 日
采访地点：东昌府区斗虎屯镇吴老斗村
采 访 人：朱洪文　李秀红　李莎莎
被采访人：刘洪起（男　82 岁　属虎）

不识字，没上过学。

民国 32 年不在家，出去给人家扛活了，在清平县的康庄干活，在那边住了五六年。17 的时候参军，22（岁）回来的，是党员。当兵是在第三野战军，华东野战军三纵九师二十五团，是陈毅领导的。1948 年在开

封负伤，回了家。

民国32年大旱，杂牌兵乱闹腾。

这边没有听说有得传染病的，东北有不少得传染病的，得病的人还没死就把他埋了。我给一个得霍乱的叫花子端过水，叫花子是在清平得的病。霍乱没什么症状，肚子里没饭，热，就叫霍乱，找村里老太太扎扎针，喝水休息就好了。那时候没有流行病，人们得病都是饿的。

民国32年没发大水，就是马颊河在土闸决过口。

采访时间： 2007年2月1日

采访地点： 东昌府区斗虎屯镇吴老斗村

采 访 人： 朱洪文　李秀红　李莎莎

被采访人： 刘洪印（男　76岁　属猴）

念过几天小学。

民国32年，靠天吃饭，大旱，那几年几乎每年都旱，种了高粱、谷子和棉花。那年高粱快收了，来了一场雾，高粱熟了，不能吃了，又黏又臭。那年不少人死了，饿死了。不记得民国33年还是民国34年，又有了一场大蝗灾，铺天盖地，持续时间不长，在谷子快熟的时候。我五岁那年，这边有一场大水。

民国32年，从堂邑来的日本鬼子，还有聊城、临清来的，住在斗虎屯。进村扫荡，抓人拿刺刀去练着玩，去当向导。鬼子扫荡为了找八路，没见过日本与八路打仗，抓了两车人，不知抓去哪儿了。没听过日本人给人打针。

那会儿有得病的，得病不断死人，也有霍乱病，没医生，没药片，人不断地死，得的病不一样，得什么病不知道。上吐下泻的也有，发疟子什么的病，春秋天的时候流行，还有的人得天花。

我不知道黄沙会，有红枪会。还有罗兆龙、齐子修、吴连杰的杂牌兵抢东西。

吴老六村

采访时间： 2007 年 2 月 2 日
采访地点： 东昌府区梁水镇张樊村
采 访 人： 姚一村　刘　英　王穆岩
被采访人： 张庆兰（女　79 岁　属蛇）

　　东北生人，从东北回来 50 多年了，爷爷、奶奶、叔叔都在本村。民国 32 年是灾荒年，没听说霍乱病。没逃荒。

镇中心

采访时间： 2007 年 1 月 31 日
采访地点： 东昌府区斗虎屯镇
采 访 人： 齐　飞　刘　群　常晓龙
被采访人： 陈梦林（男　85 岁　属狗）

陈梦林

　　我 85 岁，属狗。

　　民国 32 年，那年吴连杰闹得不叫种庄稼，他投了日本了。那年有个牟县长，国民党的，在堂邑打，白天黑夜叫士兵来牵牛架户，各村的房都拆了，都没人了，俺逃到了离这十八里地（的地方），那属于临清。俺是民国 32 年春天去的，民国 33 年春天回来的。

　　那时候房里都没有人了，有人跑到外面，上了东北，回来的都不全了，三口可能就回来了一个。有病的，没吃的，给人家打工干活，跟包工的跑了，都活不下来，还有人吃栗子面拉不下来，就死了。民国33年地里都是草，兔子多，人们出去打兔子，有的人能打一车兔子。那时候有无人区，向南二里地一直到堂邑都没有人。

大水是民国26年发的，是秋天上的大水。

有个病叫黑种病，肚子大，身上脏，反正是种黑热，北头死了30多个人，不能接触。也有一种病，忽冷忽热的病。

到了后来十九路军撤了，腊月鬼子来了。日本人和中国人一样穿的小帽皮鞋，不是很讲究，他们是小兵。我被皇协（军）抓住过，他们在卫河扫荡，在地里把我抓住，头天住下了，走了两晚上，他们让我给皇协（军）牵牛，我看他们在我后面，我把牛一拴就跑了，他们没有戴口罩。

没听说日本人打针，临清住的日本人很少，皇协（军）很多。冯寿朋、吴连杰都投日本了，真正抗日的只有范专员，土匪们也互相打，给老百姓造祸害。

地方上是共产党领导的联防队，这有东晋支队，县有县大队，开始和日本人游击战，藏起来了。八路军过来是很早了，是土八路，那些人都徒手，没背武器，住在现在的小学，以前是庙，写着香江支队。让我给他们送了水，他给我钱我不要，他给我教了歌，第二天吃了饭，上了正南，走的时候头上戴着树叶。民国33年来的是东晋支队，不知道是谁领导的，县有县大队，区有区小队，女的有姐妹团，儿童有儿童团。

之后庄稼人就好了一些，1947年土改，农民分了地，日子就好了。

采访时间： 2007年1月30日

采访地点： 东昌府区斗虎屯镇

采访人： 齐　飞　刘　群　常晓龙

被采访人： 李丙宣（男　78岁　属马）

我叫李丙宣，78岁，属马。

那会儿咱这有吴连杰的兵，齐子修在东面，他们成天抢东西，吴连杰、齐子修抢地盘，咱这老百姓是种庄稼的，他们把种子都抢走。这都没人，俺这都是饿死的，都上关外逃荒去了。

李丙宣

咱这还好点，向南走就没人了，人没吃的，没有油，有什么牛啊，都给拿走了，说你是汉奸，给人安个名，让你拿钱。老吴有兵就是土匪，他抽海面，海洛因，你不给钱不行，让你倾家荡产。没人都是他吴连杰搅的，八路军来了以后就消灭了他。

生病是以后，那时候置点青菜熬粥喝，人都浮肿了。俺庄当时有1200多人，那年以后才700多人了，有好多都饿死了。

日本人都是烧杀抢掠，那时我才十二三岁，打死的人多了，你只要打仗他就杀人，鬼子一进庄就杀了猪、牛、羊，糟践人，吃完后在锅里拉屎，烤火连馍都给你烧了。那会儿有八路军护着老百姓，日本人看你年轻就说你是八路军。俺在庄里见过日本人，他们就是抢东西，进你的庄里都是随便的。他们穿黄军装，皮靴子，就糟践人，他住哪，老百姓就赶紧跑。

没见打过仗，那时候二十四团是正规军，13个县的军队都到咱庄上来合围，俺这庄上的人都跑了，你想13个县有多少人，咱有个搞情报的半夜就跑了，这个情报员老早就退了。那时候八路军主力部队都隐藏起来了，叫他摸不着，游击战这有那也有，后来力量大了就出来到城里去了。那会儿咱的武器不行，那会儿都是打游击战，八路军都苦着呢，解放军没鞋没袜子，都冻着了。那歪把子机枪咱见过，八路军不行，武器啥都没有，人家武器行，那会儿靠情报，咱不行。

俺见过飞机，人那先进，那日本的看得清楚，也飞不高，他不打仗不用那个，他一打仗一放毒才用那个，跟八路军打仗他放毒，这是听说的，那玩意厉害。

有个红枪会，有这么一个组织，抗日，是范筑先领导的，上街组织老百姓抗日，大家还欢迎他。我那会儿小，人家有枪炮，百姓有的也制枪，没有的就助威。

发大水是灾荒年以后，我正八九岁，下雨的时候俺去下水，叫老人打了，怕俺掉到水里。

采访时间：2007 年 1 月 31 日
采访地点：东昌府区斗虎屯镇
采访人：齐　飞　刘　群　常晓龙
被采访人：李王氏（女　94 岁　属虎）

李王氏

民国 32 年是过贱年，没吃的，那年没下雨，没有大水，这都 68 年了，那时我们槐叶、枣叶都吃，树上都吃完了，姊妹几个跟我挨了不少饿，树叶都吃光了。

老吴的兵在这又抢又闹的，不叫吃不叫喝，饿得根本就没吃的，还有老齐的兵，和吴连杰一样不讲理，东西全让他吃，扒粮食，种到地里他也扒。

第二年好了，但也不好过，这边没河，只有砖井，从里面弄水喝，喝得我吐，小孩子都不长，大肚子都胀起来了。

那会儿日本人还没来，他们是在过这年后来的，他们祸害东西，又摔又砸，怪怕人的，穿的黄军装，大皮靴子，大帽子，都戴口罩，光露两只眼。咱可不敢见日本人，老远几十里地就跑了，没听说过给打过预防针。日本鬼子都乱跑，人一听说鬼子来了，就都连东西带走了。鬼子拿刺刀杀人，乱砍，那个乱劲。日本人杀了人就走，谁家的人谁去埋，他们到毛主席来就吓跑了。我见过飞机，有高的，有低的，两个翅膀，没见过扔东西。

黄沙会是早了，不是灾荒年，那是以前的，不杀人，都是行好磕头，叫人捐钱，阴阴阳阳得看不懂。

这会儿好过了，享了共产党毛主席的福。那时没有共产党，要有，就不这么乱了。遭那些难不容易，现在俺小儿养着我，享福了，现在不用遭罪了，哎呀都别提了。

采访时间： 2007年1月31日
采访地点： 东昌府区斗虎屯镇
采访人： 齐　飞　刘　群　常晓龙
被采访人： 梁少连（男　77岁　属马）

梁少连

梁少连，77岁，属马。

民国32年，我们这里那年不行，一春天到七月都没下雨，庄稼都不行，闹草荒，绿豆长了点，人摘绿豆茎，后来才下了点雨。人都走了，要饭去了，俺逃到临清，也有到黄河以南的。

发大水是很早以前，我八岁时上大水，水到腰了。

我第一次见日本人是十一二岁，日本人也是抢，到村里抢吃抢喝，杀过两个人，也抓过人，给他当兵，你要拿东西送他。那时候没人敢承认自己是党员。村里有地主，有枪，和汉奸都有关系，里外通着。

民国32年汽车来了有几十辆，飞机在桃庄扔炸弹，都是老吴的兵。聊城有日本人，但汉奸多，叫二鬼子，都没办法，日本人给皇协管吃管喝。他们抢吃抢喝，不给就揍，皇协也抢，他们都在一块，都穿一样的黄衣服，有一部分人戴口罩，不知道为什么，没见过有戴防毒面具的。

民国32年才成立了联防队，二十四团来了，老吴的兵来了，他是土匪。过了河是老齐，朝北是冯二皮，各霸一方，都划好地界，各吃各的。俺这是无人区，都叫老吴抢吃抢喝闹的，人们都吃草种，人们都是饿的，就成了无人区。

霍乱有是有，我那会儿八岁，霍乱病说是死得快，一得病两天就死了，死的人不多。有拉肚子的，什么情况都有，有的人水肿，肚子很大，那时候村里的老中医看不起。老百姓没钱，好就好了，好不了就吹灯了，那会儿猜病，医生给吃个药，就好了。

采访时间：2007 年 1 月 31 日

采访地点：东昌府区斗虎屯镇

采访人：齐　飞　刘　群　常晓龙

被采访人：梁文义（男　93 岁　属兔）

梁文义，93（岁），属兔。

灾荒年挨饿，吃糠咽菜，吃棒子芯，干榆树叶搓搓皮都吃了，还有胡萝卜秧子。那一年种地都没下雨，高粱都不能吃，都是白的。一家有饿死四口的。

有日本人，都说日本人来了，吓得都跑，日本人都穿黄的，国民党穿灰衫。日本人捂着嘴，有的戴口罩，日本人也有不打人的情况。

瘟疫是上水以后，都是那年放毒气，熏得高粱都不能吃了。女人们抓住了有个人在井里放药，揍他，他只是嘎嘎的笑，人吃了水后上吐下泻，不知道他是什么人，他也不说话。

那年得肺结核的多，40 年了都看不好，吐血。俺爹俺娘隔两个月就死了，好多，不止是一家，那病传染，肺也烂了，你给他揸揸头就传染上了，不能说话也不能碰，碗筷都得让他拿自己的，得分开。

凤凰办事处

陈 庄

采访时间： 2008 年 10 月 1 日
采访地点： 东昌府区凤凰办事处陈庄
采访人： 王 青 何 科 曹元强
被采访人： 李延禄（男 87 岁 属狗）

李延禄

　　我叫李延禄，今年 87（岁），属狗，1922 年生。我不是聊城人，我家是冠县新集的，那会儿冠县是无人区，死的人太多了，我父亲我母亲，还有我一个妹妹，（现在）77（岁）了，现在也没找到。

　　民国 32 年是大贱年，没收庄稼，地里没有收成，后来到 8 月 22 号下雨了，一直下到 29 号，一直下了七天。下雨以后地里收了点，家里给撑死了几个人，我那弟弟就是这样撑死的，收了绿豆后，吃了四盘绿豆，撑死了。下雨不大，没有洪水。

　　那年饿死的很多，病死的很少，那时候有病也没法看，也没有医院。人都是生生饿死的，都跑了，先走的去了关外，走不动的就饿死了。那年没蚂蚱，要是光旱还好点，他要不是土匪那样抢砸，也不至于成无人区。

　　我那年要饭来到了聊城，那时范专员在聊城，这些土匪性质的军队到处去抢打烧杀，石家庄跟我村挨着，那边埋了 36 个人，土匪后来叫范专员收编了，安生点了。范司令在我们村里开过会。那会儿死的人多，是无人区，无人区也不是没有收成，主要是土匪性质的军队，你过来拾掇点，我过来拾掇点，有东西都给抢走了。

当时日本人到达冠县是 1937 年阴历十一月十五，日本人到我们村子，我们吓得都藏起来了，没人敢来看。鬼子到了聊城以后，不记得哪一年了，我们村就有一人给抓去了，后来回来了，当时他 20 多岁，60 岁就去世了。

我 17 岁的时候开始跟老中医学的，民国 32 年，没听说过霍乱病。当时俺那村里头死了 20 多人，后来听上岁数的人说给亲戚送信去，一个人不敢去，怕一个人死在半路上。后来我听说这里这个村里没死人，西边那个村赵庙霍乱死的不少，不记得哪年了。反正 1922 年那时候有霍乱，我是那年生人。

李海务

采访时间：2008 年 10 月 1 日
采访地点：东昌府区凤凰办事处赵庙村
采访人：王 青 何 科 曹元强
被采访人：杜玉兰（女 82 岁 属兔）

杜玉兰

我叫杜玉兰，82（岁）了，属兔的，我娘家就是李务的，我是 19 岁嫁过来的。

大贱年记得，反正那时挨饿，衣服卖了换东西吃，那会儿受罪了。大贱年饿死人多了去了，俺家有东西卖，没饿死，他们都把东西卖干净了。俺这里都上西厢混饭吃了，西厢好，俺这饿的多。有东西的都上河南卖了，在那边能买点东西吃。

那年下没下雨忘了。咱这淹不着，是旱地，俺娘家洼，俺这里淹不到，记不清发没发洪水。那时候有饿死的，有病的，没听说过霍乱转筋。喝井水。

蚂蚱多少年了，我记得在地里挖了个大坑往里轰，那会儿记不清多少年了，在娘家的时候有蚂蚱。

日本鬼子来了，我跑了，跑十里远的西南角。那时候一天跑好几回，日本鬼子来，跑，藏起来，乱极了，这时候多好。

李楼村

采访时间：2008 年 10 月 1 日

采访地点：东昌府区凤凰办事处李楼村

采访人：王　青　何　科　曹元强

被采访人：李延福（男　80 岁　属蛇）

李延福

我叫李延福，今年 80（岁）整，属小龙。

民国 32 年的事情记得清楚，头一年是旱，旱得麦子都没长，好的能长出棵苗，不好的地里长不出来，那年旱得厉害。第二年也是旱到秋头里过麦才好的，秋后才下雨，有了收成。下雨也稀松，下不湿地皮，麦子一拃多高，拔麦子时这头两个粒，收不同种子。

那年村里饿死了四五个，第二年大丰收了，又撑死了几个皮包骨头的，肠子细了，一吃硬粮，肠子就撑断了。

人逃荒到河南，冠县、堂邑是无人区，都上河南拾麦子去了，俺这没有，我也没去。1943 年没发过大水，我没听说过霍乱，只是听过秋后有瘟疫，发高烧，死的很少。那时候喝的是用砖垒的旱井里的水，打两挑子水都要抢，晚了就没了，净了以后才喝。

民国32年没听说有蚂蚱，到后来长过两回蚂蚱。

我见过日本鬼子，十二三岁的时候就抽我去干活，也没打我们，还管大米干饭，管馍馍吃，比中国人还强，在三支部你干半天活他也么都不管。有抓劳工去修小满电厂的，那时候十四担麦子买一个劳动力。

日本鬼子投降了，当时为了保密，许多劳工被打死了，劳工没回来，都打死了。鬼子把劳工带到日本国去，在那修火车道，盖房子，老些没回来，一投降就放回来了，这个事情是当初听在那待过的人说的。

采访时间：2008年10月1日
采访地点：东昌府区凤凰办事处李楼村
采访人：王 青 何 科 曹元强
被采访人：李延元（男 77岁 属猴）

李延元

我叫李延元，今年77岁了，属猴的。

民国32年大贱年的事情还记得，民国31年旱，民国32年也旱，普遍挨饿，堂邑很严重，我们这多少轻点，那年都吃榆叶，磨成面吃。一般的旱年，庄稼收得不好，多少能收回些种子，1943年收的连种子都不够。

那年蚂蚱没有，这边饿死了有三四个人，不多。没有出去要饭的，那时候高粱不熟，下来就吃。

也没听说过霍乱。那时候喝开水，井水。

我见过日本人，听说日本鬼子来了，我们见了就跑了，日本鬼子走了以后，我们就回来了。那日本人抓过劳工，俺这没有抓去的。

刘道之村

采访时间： 2008 年 10 月 1 日

采访地点： 东昌府区凤凰办事处陈庄

采 访 人： 王　青　何　科　曹元强

被采访人： 陈段氏（女　71 岁　属猴）

陈段氏

　　我今年 77（岁）了，属猴的。我娘家在刘道之，在南边四五里地。

　　民国 32 年都说一个秋一个麦粒没收，旱不旱我也记不清了，那年是大贱年，人有饿死的，当时村里有许多人逃荒了，有逃荒到济宁的。饿死了许多人，我才十来岁，这些年了，现在我都记不清了。

　　那年可能没下雨，那会儿有没有河，具体记不清了。得病不得病我也记不清了，反正有病死的也有饿死的，没记得听说有霍乱病。那时候吃的是井水，烧开喝。

　　没见过日本人，没来过村子，许多事情都不记得了。

采访时间： 2008 年 10 月 1 日

采访地点： 东昌府区凤凰办事处刘道之村

采 访 人： 宋执政　马玉东　焦　婷

被采访人： 孙允功（男　73 岁　属鼠）

　　1943 年的时候困难，那时候穷的穷，富的富，还没平均地权。

　　1943 年是民国 32 年，贱年，一季儿没收，秋里才收的。地旱，不下雨，那时候不能浇地，从过了年就没下雨。麦子都没收，到麦秋时候就行了，阴历六七月下了点雨，那时候就行了，种上秋苗儿了，也不淹了，秋苗出来了，这样下半年就有了点粮食。那时候也没淹，就是旱。

俺这个村儿饿死的不多，外村儿饿死的不少，堂邑那边儿饿死的不少，过来的妇女很多，讨饭，老人孩子都过来讨饭。俺村儿都来了好几个，带着小孩儿过来的。俺村也没有童养媳，也没有出去的，有的村童养媳很多。

那年倒是没蝗灾。记不清哪一年了，我十来岁，1944 年、1945 年的时候才来的蝗虫。

那时候日本人今儿来，明儿来，这边不常住，都是从聊城出发的。到1945 年、1946 年，据点才都没了，1946 年又有过来讨伐的，有枪打的，也有刺刀挑的，1946 年的时候，聊城还有过来抢东西的。

咱这个村儿没有劳工，这一片儿倒有，其他村儿也有劳工。裴寨有抓到日本去的，王官屯有人被抓到日本去了，住了几年就回来了，日本投降那会儿就回来了，他现在不在了。肖云田去了三四年，日本投降才回来，也不在了。在那边日本人具体让人干什么事儿就不知道了。日本人对人很残酷，说打死就打死了，也不叫吃饱，两锨就给拍死。

那时候都是自己钻井，喝井水，咱是净喝开水，也有人喝冷水。

贱年发疟子倒记不大清楚，哪年都有得的，我一九六几年还得过这病，1962 年、1963 年，那年得的特别多。这病很厉害，说来就来，一会儿冷一会儿热，来得特别快。我那天还在街上走着说谁得那病的，那病好的很多，慢慢的也能好了，自己都能好。那时候日本人走了，肚子疼，小便黏，不能小便，就挑针，扎针放血，这是土法儿。得这病的人不多，疼起来要命，疼得在地上打滚儿。病死的人也不多，这个病能治得好，喝锅底子灰。

解放后 1953 年的时候，发过大水，街上街里都蹚水，就是在夏天的时候。第二年，1954 年大收麦子。下雨下得运河西都两米多深，李庄那里来赶集都赶着筏来。咱这边儿不深，还能走，也就 50 公分深，遍地走水了。这边儿没有河水泛滥的情况，没招过那灾，李海务西边儿有听说过，不记得什么时候了，是咆哮来的水，据说是黑岩山来的。

乔刘村

采访时间：2008 年 10 月 1 日
采访地点：东昌府区凤凰办事处赵庙村
采访人：王 青 何 科 曹元强
被采访人：刘玉兰（女 77 岁 属鸡）

今年 77（岁）了，叫刘玉兰，属鸡的，娘家在乔刘。我过了三个大贱年，十来岁过了一个，上这过了一个。我 12 岁的时候在娘家，19 岁的时候上这来的。

在娘家那年不下雨，天旱，没井，也没馍，家里老爹老娘，加上姐妹九个，家里穷，没吃没喝。那会儿粮食也没收，家里什么都没有，那年净吃菜。在娘家挨饿，我十来岁就在这里要点吃的，在那里要点吃的，还抱着四个孩子。那年就旱没下大雨，没发洪水。那会儿忍饥挨饿的，还到处要饭，跟人家要饭好几年。姐妹九个，吃不好穿不好，我来这里之前我们胡同里饿死了两三个。年年要饭，要了好几年。

招蚂蚱，我还没上这来，才十来岁，没收粮食，十来岁的时候到地里轰蚂蚱，没收成。

在那会儿没听说得病的，也没听说霍乱转筋，我家里没得病的。那会儿吃水就在大井里打点水，也浇不上，地旱得大井都干了，打点水都抢，一个村就一个井。

我在娘家的时候，见过日本人，我们向东乡跑了好几回，日本人拿东西。日本（人）来的时候俺那一个串门的，日本人拿着枪壳子捣了他两下子，一个老头领着个孩子。我那时候小，不给开门，他们就拿枪捣，光我穿那两件花衣裳给拿走了。那会儿他牵牛，抓人，逮走就要钱，要人找钱赎去。主要是把那些家里有四五亩地的人抓去，俺老爷爷叫抓去了，又给赎回来了。在北边打围子的时候，我们吓得都藏起来了，不敢在屋里睡。

权 庄

采访时间： 2008 年 10 月 1 日
采访地点： 东昌府区凤凰办事处权庄
采 访 人： 宋执政　马玉东　焦　婷
被采访人： 权树明（男　80 岁　属蛇）

权树明

1943 年那时候是过贱年，民国 32 年，那年，我 14 岁。

那年旱，不旱能不收粮食？捧捧土，都是干的，没点儿潮气，秋天阴历九月九开始下了雨，不大，刚种上麦，谷子跟干草一样，出来之后结了百十斤。麦子都旱，割麦子也旱。

旱得吃不上饭，都吃树叶子，树叶都吃光了，苜蓿扒出来，没叶吃根。饿死很多人，饿得走路腰都直不起来，那时候村里 60 岁以上的没有了，几乎全部死掉了。

贱年秋天有蚂蚱，秋天净旱的时候，谷子芽儿刚出来就被蚂蚱吃了，在那儿挖个大壕，一个人拿着笤帚往前赶，赶蚂蚱。淹之后长潮了出蚂蚱，那年没发水也来蚂蚱了。蚂蚱就没断过，南边儿多了去了，一会儿谷秆子都给你吃了。

1943 年日本人来的时候在姚集，人都跑了。当时这块归国民党管，日本人来，共产党打游击，东跑西颠的。抓劳工出去的没有，就在当地干点儿活，打围子去。

1943 年我发疟子发了一个月单 14 天，那年我 15（岁），打药打过来的。我吃治瘟疫的药，肚里呼噜呼噜脏东西就排出来，老中医给的方子，都没了气儿了，死了几个钟头，一点儿气儿都没了，用筷子把嘴撬开，灌进去。发烧，也头疼，也冷，后来就热，发疟子都先冷后热，都没治的，都吃中药，治好就治好，治不好就死，死的不少。俺爷爷就是那么死的，俺爷爷死的时候俺父亲才两岁。有厉害的有轻的，死的不少。发疟子是天热以后发到十月一之后。民国 32 年得这病的人多，有病谁管你？那年发疟子比平常多，旱灾以后就多。

1953 年南边来大水，解放前没听说。

采访时间：2008 年 10 月 1 日
采访地点：东昌府区凤凰办事处权庄
采 访 人：宋执政　马玉东　焦　婷
被采访人：张桂银（女　87 岁　属狗）

张桂银

我 26 岁就入党了，15 岁就嫁过来了，娘家离这儿很远，二十里地，大柳树庄。二十二三岁的时候，家里没老些人，俺掌柜的在家里，当农会长，出去下乡，他也是老党员。那时候家里没有老些人，没弟兄，连我算五口人，俺掌柜的、他妹妹、他父母，还没儿子，俺是 20 多岁添的大儿。

民国 32 年，那时候吃不上，俺那小孩儿下了河东，本来家里人也多，光俺掌柜的也挣不上。都没人来管这边儿，鬼子也过来，一说来了，老的少的就都跑了。国民党也管事，我那时候入党开户，面儿上还是国民党管。

日本人经常有动静，在聊城都吓得不得了，我那时候 18（岁），那时候鬼子进农村，占地面儿，经常下乡抢东西，看见人的鸡都抓。没听说过日本人有抓劳工过去干活的，别的村也没听说过。

大贱年，老大两三岁的时候，家里穷，没吃没喝。俺老二属鼠的，老三属马的，大五岁六岁，老大属马的，贱年没 1958 年大。

这边儿旱灾小，民国 26 年的时候，水灾比较大，下雨下的，种麦子前下的。七八十来天没见太阳从南边儿上北过，黑天白夜的，平地上砍着高粱头，还得扎着筏子，那时候都围着围子。

这边儿喝的都是井水，没喝过河水，烧开的，不喝生水。

发疟子，听说过，六月天到七八月，发的人很多，病得厉害，没好法儿。反正上来病就冷，个把钟头就热，没法儿治，记不清怎么管法儿。那时候穷，人清瘦，挺过去，没有死掉的，传染，靠近就传染。

有的人肚子也疼，不得劲，上吐下泻，传染，那病厉害，三四天就死了。没发疟子多，有治的，扎针，有扎过来的，扎过来的多，死的也不少，得病都厉害，扎下部。那时候记不清啥时候了，年年有，那时候已经没日本人了，赶跑了。

有一年，蚂蚱过去庄稼就完了，都不知道是啥时候了，已经解放了，建国了，日本人在这儿的时候不记得了。俺大儿子会跑的时候，蚂蚱成灾很严重，吃过一片就走了，那谷子就那么高，谷叶子都完了，都在地头儿上挖沟，轰蚂蚱，敲死它。那时候日本人已经走了，解放了。

宋 庄

采访时间：2008 年 10 月 1 日
采访地点：东昌府区凤凰办事处赵庙村
采访人：王 青 何 科 曹元强
被采访人：刘桂兰（女 78 岁 属羊）

我 78（岁）了，叫刘桂兰，属羊的，大贱年我 12（岁），我的老家在李海务东南角的宋庄。我没上过学，不识字。

1943 年那年旱，地里浇不上水，天爷

刘桂兰

爷没下雨，麦子就跟虾一样结两粒，一个粒一根一根的，收得少。都没有吃的，都挨饿。那会儿倒没都饿死，都逃荒了，都上河南换粮食，拿点衣裳换粮食。那时候庄稼长得不好，靠天吃饭，没大水。

没蚂蚱，到后来第二年有的蚂蚱，跟刮风样，来老些，谁知道是第二年还是哪年，反正我是在家里的，蚂蚱老的少的都去打，去拿家什轰去。

霍乱转筋很早了，刚记事，俺娘是得天花死的，俺没听说霍乱。霍乱转筋是老人说的，咱不记事。那会儿喝的井水，烧开喝。

日本人和汉奸逮人，没听说把人送东北干活，日本鬼子来，我那时候小，不知道干什么，我在当街玩，大人都呼呼的跑，看人乱跑了，我也快点往家走吧，还没到家，在西边来两个大马驮着人。家里都插着门，把小孩插在外面了，我就嗷嗷地叫唤，叫唤开了，老人就说你叫唤什么，日本鬼子汉奸来了。

谭　庄

采访时间： 2008 年 10 月 1 日
采访地点： 东昌府区凤凰办事处谭庄
采 访 人： 何草然　王海龙　祝芳华
被采访人： 扈金禄（男　76 岁　属鸡）

扈金禄

我 叫 扈 金 禄，1932 年 4 月 16 日 生，1947 年去当的兵。

我上了一年的小学，七岁那年，家里生活不好就不上学了。那会儿兄弟四个，还有父母，我排老三，当时大哥当山贼，替人家当的，一年就回来了。

1943 年那时候我很小，在这村没动，民国 32 年很苦，堂邑遭灾了，旱灾，咱这儿也遭灾。地主能吃饱，穷人吃不饱，俺家里吃的树叶、野菜、山药叶。那会儿有逃荒的，上关外的有，上南去的也有。

不记得哪一年，下雨，三天三夜，没种麦子的时候。（雨后）没有传染病。没有得病的，再得病，人又穷就毁了。没有发生传染病，得水肿病的没有。霍乱在南边我见过，上吐下泻，在谭庄没见过。

日本人来过，没做什么事，在西南集合。没有抢东西抓人的，抓了个土匪，怎么死的咱不知道，因为他带着枪，日本人不知道他是不是八路，给抓走了。日本人给小孩糖吃，一点大，圆圆的，饼干也吃过，吃了没事。这庄上有八路，谭文朗没了，他牺牲了，1947 年牺牲了。

这儿有汉奸，都在这儿住着。吃的他们都抢，馍、粮食、被子，都抢，也上外头抢。

采访时间：2008 年 10 月 1 日
采访地点：东昌府区凤凰办事处谭庄
采 访 人：何草然　王海龙　祝芳华
被采访人：谭连增（男　73 岁　属狗）

谭连增

1943 年村里住着汉奸，那时家里生活不行，挨饿，家里地少，庄稼长得不好。一亩收一布袋，100 多斤。

俺跟父母亲一起去关外了，1943 年秋天去的关外，家里剩了爷爷、奶奶、大哥。

上了沈阳，黑龙江那边，当时村子里有 1000 多人，跑关外的有 16% 左右。那时候日本人也欺负百姓。

七岁时，沈阳那儿有瘟疫。没跟家里联系过。

采访时间: 2008 年 10 月 1 日

采访地点: 东昌府区凤凰办事处谭庄

采访人: 何草然　王海龙　祝芳华

被采访人: 谭学仁（男　84 岁　属鼠）

谭学仁

我叫谭学仁,民国 32 年,是大贱年。那会儿饿死人多了,整个堂邑都没人,这村里也饿死了好些人。饿死的人是慢慢死的。那时吃山药子,山药叶、树叶、野菜,只要绿的咱就吃。

头年这边安了局子,日本人安的据点,就在这村子,我亲眼见过。逮人,跑回来 3 个,有一个带日本去了,给他们挖煤窑,日本投降后回来,叫谭文禄,其他 3 个不知道名字。谭文禄是叫抓到日本了,其他的有一个叫谭成仁。

日本人一来,这庄子上的人全跑出去了,日本人逮鸡,在大路上生火,烧着吃。日本人来过三次,头一回来开会,来了一晌,春天,第二次来安据点,走了,光剩汉奸在这儿住着,第三次是来讨伐,来的时间不长,一天多,汉奸住的时间长。

民国 33 年好转点了,也是饿,就是饿得轻点,民国 32 年那时候没下大雨,没淹,民国 33 年下大雨了,也来水,这村子外有围子就堵上,雨水在外面积了两米多深。来水后没有流行病。

那时候喝井水,打井啊。霍乱没听说过。

张疙瘩村

采访时间： 2008 年 10 月 1 日

采访地点： 东昌府区凤凰工业园张疙瘩村

采 访 人： 王海龙　祝芳华　何草然

被采访人： 贾金荣（女　89 岁　属羊）

贾金荣

21 岁入党，今年 90（岁）了。

没入党，日本鬼子就来了，一九三几年就到了。日本鬼子我们都能看见，到村里拿着银圆问："你要不？"村里谁敢要啊？没见过来抓人，没有。来村里的有多少人咱不知道，他们专拣好房子住，把门卸下来当床睡。老百姓都跑了，跑到老妈妈家，老头老妈妈在家，妇女都上俺家住。日本鬼子有大炮，国民党咱闹不清。一九四几年大参军，八路军才到。

日本人尽大吃大喝，老百姓尽吃野菜、茋茋菜、柳叶子、茄叶、榆叶，没吃榆树皮。饿死的人可不少，哪一年我闹不清了，当时我 24 岁，那一年庄上死了 30 多口，没吃的啊，地里那会儿不打粮。

那年闹什么灾不清楚，那会儿有地主，地多。那一年是饿死的，怀孕的养不好，都死了。

（村支书：咱这一个村 380 多口，一百零几户人家，那时候 200 人都没有。俺这村里有两口井，喝的井。肿病是浑身肿，传染病有，有发疟子的，那会儿没医院。霍乱没听说过，那会儿没医院检查，说什么病就是什么病。）

采访时间： 2008 年 10 月 1 日

采访地点： 东昌府区凤凰工业园张疙瘩村

采 访 人： 王海龙　祝芳华　何草然

被采访人： 张金荣（男　75 岁　属鸡）

张金荣

民国 32 年是大贱年，那年就是旱，大旱，小麦就长 30 公分。吃糠咽菜，我们吃谷子和糠混一起的馍，吃榆树叶、野菜，只要是能吃的菜，荠荠菜、灰灰菜，绿的都吃。最苦的是 1960 年。不旱了就一年好似一年，那会儿还是单干户，国民党掌权。那会儿靠天吃饭，没江，没河水，没下雨。过了民国 32 年，只要有雨，就有收成了。

那时候有病，叫急霍乱，人一头倒下去，一头栽下去，跟脑出血一样，上吐下泻，得的不多。这会儿说传染，那时候不知道，那会儿叫瘟疫。反正是民国 32 年以后，民国 32 年以前以后都有，感冒厉害的叫瘟疫，那会儿有老中医，给你把把脉，看看舌头。我没见过扎针。

日本人那时候在聊城，没来过村里，汉奸来过，拿你包袱、被子、包裹，不要粮食。那会儿有抓劳工的，到村里抓人，到城里修城墙去，白做工，该谁去就谁去，比如咱几个，排号，一号、二号、轮，村干部排的。干活到点回来，这不是经常的，城墙上要挖沟挖壕就临时来要人，汉奸来，日本人没下来过，八路军不记得了。

蚱蜢是解放后，解放前没听说，有也很少。

赵 庙

采访时间： 2008 年 10 月 1 日

采访地点： 东昌府区凤凰办事处赵庙村

采访人： 王 青 何 科 曹元强

被采访人： 赵连举（男 76 岁 属鸡）

赵连举

我叫赵连举，76（岁）了，属鸡的。我上过学，小学刚毕业。

民国 32 年记不清了，我那会才 10 岁。大体很旱，没雨，那时候靠天吃饭，没水浇地，也浇不上，小麦跟筷子一样高，一拃来高。什么时候下雨不知道。俺这没发洪水。

那年饿死的不少，有去逃荒的，都去河南了。都个人走的，没组织。

那年没蝗虫，蝗虫得到 1945 年，记得那会儿我打蚂蚱去了。

当年不记得病，霍乱病什么样子？那时候都喝井水，没喝凉水的，都烧开了喝。也有个别喝生水的。听老人说得霍乱都是这儿死两口，那儿死两口，这儿死个人，那儿死个人。

没有被抓走的人。

侯 营 镇

陈泓村

采访时间： 2007 年 1 月 30 日
采访地点： 东昌府区侯营镇敬老院
采 访 人： 张 伟 曹洪剑 袁海霞
被采访人： 陈庆合（男 79 岁 属蛇）

陈庆合

我姓陈，叫陈庆合，79（岁），属蛇。念了几年书，在本村，那会儿没高小，是孔子私塾。念了有五年。我是陈泓村的，属于侯营镇，离这儿五里地。民国 32 年大旱，那时可苦了，我都到河南逃难去了。

记不清什么时候，八九岁的时候，上了大水。

这边有三支队，都说是老齐，咱也没见过，有六、七、八三个旅，吃喝老百姓，逼粮逼草的。

鬼子跟三支队都闹腾，鬼子能有几个，还是二鬼子多，三支队和二鬼子都闹得够呛，当时各村都有民兵，起不大作用，跟他们对着干，也干不过他们，那会儿没武器。

村上有村长，敢怒不敢言，没法儿，那会儿还没有八路军，以后才有的。民国 32 年三支队跟汉奸闹腾，有八路军也摸不着，听说有，后来见着了，没武器。以后有武器了，才跟他们对着干，白天回去，晚上再出来。

贾集村

采访时间： 2007 年 1 月 30 日

采访地点： 东昌府区侯营镇贾集村

采访人： 张　伟　曹洪剑　袁海霞

被采访人： 杨金奎（男　92 岁　属龙）

杨金奎

从民国 31 年开始就没下，民国 32 年上半年没下，天旱老百姓求雨，在路上搭大棚，求了有五六天，隔庄上的人都上这儿来求雨，那时候过麦了，两个男的一个女的都求疯了。

当时村上的人有 200 多人，有上河南要饭的。

我去卖粽子，到了集上，有人抢你的粽子。那会儿三支队汉奸都要粮食。

没见霍乱病，不记得了。

老鸦陈村

采访时间： 2007 年 1 月 30 日

采访地点： 东昌府区侯营镇敬老院

采访人： 曹洪剑　张　伟

被采访人： 陈王氏（女　85 岁　属鼠）

我叫陈王氏，娘家是十李，丈夫家在老鸹屯。我不记事，不识字，现在初一十五都不知道。

民国32年麦子也没有，旱了，我在家待着，也不知道是什么时候挨的饿。

罗 庄

采访时间：2007年1月31日
采访地点：东昌府区梁水镇宏伟村
采 访 人：张 伟 曹洪剑 袁海霞
被采访人：姚景莲（女 76岁 属猴）

姚景莲

我叫姚景莲，今年76岁，属猴的，没念过书。

贱年那会儿十来岁，还没进婆家，娘家在罗庄，离这里十里地。

那会饿的什么也不知道了，就知道饿，那会儿家里都逃荒去了，到河南拾麦子，拾完麦子就回来了，在那边待了可能有一个月。

那一年记不清下没下雨，马颊河涨过水，这是解放后了。

我听孩子奶奶说过，她闺女那年得了血寒病，俺家一个轻的好了，她闺女严重，没好过来，她是在冠县得的病，我那会儿还没结婚。

曲 庄

采访时间： 2007 年 1 月 30 日

采访地点： 东昌府区侯营镇曲庄

采访人： 杜 慧 杨向瑞 刘孝堂

被采访人： 曲文平（男 84 岁 属狗）

曲文平

当时是民国 32 年，大旱，没东西吃，地里不收粮食。这边的杂牌支队要兵，一个兵每月给 25 斤粮食，我就去当兵了，当了两个月又不给粮食了，不给就都回来了，回来了他们就抓兵，后来日本人来了，就把三支队收走了。

四月二十八打完聊城，把俺这些人赶到古楼上去了，五月初五下的楼，就弄到东北去了。在那里干活，修火车道，开山，叫密山，吃一些烂谷子面，吃了得水肿病，天天都死人，抬死人，每天都有好几个，后来我就不干了。我们当时去的时候是 2500 人，后来还剩 400 人。日本鬼子把我们送到了付村，东北辽宁的一个地方，我就跑回来了，把发的毯子偷卖了，一个十几块钱，当盘缠。

日本人很狠，干活的时候得病呢，他还是让干，说力气大大的，说干活就好了。死了很多人，得病之后，给你染个红鼻子，说你是病号，剩下饭就给你吃，不剩就不给。千万别当亡国奴，当时你干活，病得躺下之后，日本人就往你耳朵里浇水，你说他多狠。

我是在东北待了九个月跑回来的，回来之后听说，沙镇那边有得瘟疫的，传人，一天就死五六个，都埋那山坡上了。说是什么大脑炎，头疼、发热、脖子发硬，有个叫魏大夫的，三天三夜没合眼，给人扎针看病，不扎就要死。之前没听说过这病，发大水之后有的，说是水泡的，咱这不怎么有得病的。

孙楼村

采访时间： 2007 年 1 月 30 日

采访地点： 东昌府区侯营镇孙楼村

采 访 人： 张　伟　曹洪剑　袁　海

被采访人： 白文明（女　87 岁　属猴）

白文明

　　咱穷，没上过学。

　　民国 32 年没下一点雨点，家家都撸树叶吃，地里收得很不好。

　　出去逃荒，俺两个去了三趟就没去，家里有五个孩子，四个闺女一个儿子，家里的家具都卖了什么也没留。民国 33 年的时候我在家，种的粮食都收了。三月二十八下的雨。收了一两亩麦子。

　　民国 32 年后没发过水。这村上不知道得霍乱的。

　　那会儿三支队在这里擦边。

孙　庄

采访时间： 2007 年 1 月 30 日

采访地点： 东昌府区侯营镇孙庄

采 访 人： 张　伟　曹洪剑　袁海霞

被采访人： 张继岭（男　88 岁　属猴）

我叫张继岭，今年 88 岁了，属猴，没上过学。19（岁）结的婚，今年老大都 60 多了，属羊的。

张继岭（右）

大贱年我才 21（岁），不是 20（岁）就是 21（岁），就在咱这村，当时没得吃，汉奸他们要，白天要，地里旱，不收么，没收庄稼，秋里下了场雨才收。民国 32 年那年秋里下了场雨，下透了。

那年就俺三个在家里，他们都上河南去了，三支队在这闹腾，在村里住着，天天出来。八路军白天不出来，黑夜里下通知，我们给他们送东西吃。汉奸皇协（军）也闹，饿得老百姓卖门卖衣裳。三支队让我当旅长，帮他们要么，找不着人，三支队黑夜里不敢来，怕皇协（军）拿他。三支队也打日本鬼子。

民国 32 年得没传染病死的，以后有得霍乱的，过了民国 32 年了，一扎出黑血，一天抬出去俩。这个庄上得这个病死的得有十来个，后来摸清原因了，放放黑血，扎针扎就好了。那霍乱症最开始是在春天，过了年，三四月才得病，延续到了秋里，第一个得病的人是熬土盐到别的村上卖，他去范县卖豆子，三斤豆子换一斤面。扎针的都是从城里请来的，在这儿住着。被扎针的很多，我也被扎过，扎出过黑血，身上扎不出黑血的很少，有的不知道怎么回事就死了。那会儿的病主要是霍乱，鬼子还在，也没有谁管谁。那会儿这个病数俺庄上厉害，其他庄上少。那会儿村里 300 多人。那会儿都是从井里打水，村里三五个井。

日本刚来时有飞机，在城市里撒过传单，庄上没有。

发大水那年我 17（岁），鬼子来的那年，水高到了脖子，都进庄了，房子差点没塌，在宅子外面打堰。

西泓村

采访时间：2007 年 1 月 30 日
采访地点：东昌府区侯营镇西泓村
采 访 人：杜　慧　杨向瑞　刘孝堂
被采访人：张清月（男　80 岁　属兔）

张清月

　　民国 32 年，那时我都十好几（岁）了。民国 32 年是大贱年，大旱，地里不收庄稼，饿死了老些人。那时候地里种了高粱，高粱孬好能收个穗。当时我家有姊妹七八个，都吃不饱。

　　有得病的，那时候人得了病也不知道叫什么病，没有现在病那些名字，也不懂。我那时候反正十六七（岁），有紧急病，肠胃里疼，疼得打滚，我一个婶子，张孟氏得过，她在地里干活时发的病，回来就死了。俺这里有个姓袁的，有病就找他，我婶子找他扎的针。

　　打聊城那会儿有日本人，咱这里远，日本人没怎么来过，倒是有汉奸，给日本人服务的，催款，催粮食，抢东西，没大杀过人。汉奸头叫什么记不很清了，汉奸有个三五十的。那些汉奸也是吃不饱饭才跟日本人干的，当时想跟日本人干，还得走后门呢，没人日本人不要。中国人当时穷，没办法，日本人吧，主要打八路军，咱老百姓吧，要不惹他，他也不怎么对你坏。

　　自从日本人来了之后，种地就不安稳了，经常扫荡，主要是抓八路军，让汉奸带着。抢东西，又逮牲口的，他们也要小鸡。不过当时日本人也不多，聊城有皇军司令部，在古楼东南角，说有几十人。我见过日本的飞机，当时没听说日本人往井里撒东西。

　　有人敢反抗，不多。有个叫王小胡的地主，东西让人拿走了，参加了八路军，后来又当了区长，还当了什么水利部部长。

日本人来那年1937年有发大水，这不一定是下雨下的，说是从黑岩山，西南边来的，水慢慢地涨，淹死人也不是多多。之后就再没发过水，民国32年咱这没发水。1963年解放后发过水。

听说过伤寒，咱这边也有。也就是民国32年前后，记不清哪一年了，症状就是感冒那个样子，越来越严重，发烧，迷迷糊糊的，开始时跟感冒似的，也发高烧，严重的时候迷迷糊糊的。俺这里有一个，我侄儿张宝玉，得过这个病，吃中药，三副五副不行，不过后来还是好了，我岳母就是得这个病死的，她当时有40多岁。这个镇上得这个病死的有三五十人，都说叫瘟疫，是传染病。

听说过黄沙会，当时我还小，我哥哥参加过黄沙会。那时候日本人还没来，关外也没日本人，说是抵抗土匪的，表面是教会，净做好事。我那哥哥比我大一岁。

大贱年那年闹过蝗虫灾，闹过两次，那蚂蚱过来的时候都是一疙瘩，连太阳都遮住了，那是秋天的时候，那时候我还没结婚，没有对象。记不清下没下雨，反正离贱年离得不远，那时候兴贩卖粮食。

当时日本人来了，来了有那么二三年了。后来人都去逃荒，很多逃到河南，黄河南。有在那边住半年一年。要说最严重，还得西边百十里地，堂邑县那一带，最厉害，都没人了，现在堂邑成镇了。

杨 庄

采访时间：2007年1月30日

采访地点：东昌府区侯营镇杨庄

采访人：陈福坤　梁建华　刁英月

被采访人：杨继玉（男　76岁　属羊）

我九岁的时候念过《三字经》《百家姓》，建国以后上过民校。

民国 31 年耩上麦子以后，再也没有下过雨。大松树村当时有六十来口人，姓任的有五口，一共走了十来口。民国 32 年有饿死的，荠荠菜连根都吃了，树上刚发的芽都吃了，有钱人吃剩的枣核也捡起来吃了。到了民国 33 年收成就都好了。没有听说有长病的。

民国 32 年春天的时候，我父母带着两个妹妹、一个兄弟去抚顺了，三月底的时候，麦子都黄了，在那住了两年回来了，摔腿以后就回来了，还有一个奶奶死在东北了。

他们是招工招走的，全家都招工走了，同姓任的一个人走的，这一批招了六十来口人，到了抚顺机械厂，侯营常庄上的一个人招走的，说好的一个人给多少钱。那时候这种招工一般都是厂里招的，招的人也都是不固定的。给日本人招工，在日本工厂里干活。没有听说有招到日本去的，没有听说有霍乱抽筋病的。

我民国 33 年在沈阳待过，给翻译官和绘图师看炉子，夜里炉子不能灭了。花园和圣庙那边都有围子，都是汉奸，听日本人的。我在沈阳时，在满洲大信洋行做过瓶盖、盆子，里面干活的有好多日本人，他们都穿便服。

民国 31 年、32 年以前，还没有八路军，这里都是小土匪，六七个人的都有。王魁一拉了一帮人，在化庄，现在是前华、后华，属于沙镇，弄了一个围子，郭民德也弄了一个围子。王魁一有九挺机枪，别的有步枪。以前这里属于东昌府聊城县，他们都给日本人干活，侯营也有一个小围子，都喊"杨胖子"。那时候还有黄沙会，都说"黄沙会是好人，刀枪不入闭火门"。

日本人在逃荒前两三年来过，棒子还没有熟的时候来过。村里人都跑了，有年纪的人在村上。他们住在村里，没几天就走了。有几个人在外面没有吃的，进村拿干粮被日本人喊住了，给他们一个铲子和篮子叫他们去挖地瓜，后来给他们红色绿色的糖吃，吃了以后也没事。也来过不少人，最多住了半个月，没有烧杀之类的事。日本人拿望远镜在房顶上看，有的人被日本人碰上，只是干点活。民国31年、32年我见过汽车，从县城来到聊城的，见过铁甲车，有链子。在庄上的时候没有见过日本人的飞机。

那时候吃水都用钻井，村里有两口井，都吃一口井里的，那一口井里的水不好吃。有次听说鲍本堂打死人了，他媳妇死在井里了，日本人来给验尸，在庄头下过马，一会儿又走了，没有停什么脚。

我八九岁的时候上大水，从南边来的，从黑岩山来的，大人都说是从黑岩山来的。听说是山啸出来水了，雨下得不大，都往东北走，听说坐在城墙上就可以洗脚。那时候棒子还没有成熟，都到水里去掰，水深近一米。就发过那一次大水，记事以后就再也没有发过。后来听说要来水，结果又把村子用土围起来了，水没有来，这是在大旱以前。

张铺村

采访时间： 2007 年 1 月 30 日
采访地点： 东昌府区侯营镇敬老院
采 访 人： 张 伟 曹洪剑 袁海霞
被采访人： 钱宝玉（女 84 岁 属鼠）

钱宝玉

我的名好得很，钱宝玉，婆家姓张，今年84（岁）了，属鼠的。

说过贱年，怎么说呢，这么多事，当年麦子那么小，难过的要命啊，过贱年在婆家里，饿得没法说，爹娘都不会上树，都饿死了。婆家是张铺，老公公、老婆婆都没了，就一个闺女。

那一年逃荒的逃荒，饿死的饿死，那个难过呀。

俺那会儿没逃荒，一家人死也要死一块，撸树叶吃。

那年旱的时间可不短，棒子不出穗，也没肥料，老天爷不下雨，三家四家一头牛，耩地的时候别提那个难。那时候真旱，老远老远的推水吃。真是旱得哟。旱了好几年才发大水，解放后了。

病死的可多了，都是因为饿的，没米没面，借也借不着。

那时汉奸闹哄的，咱也没吃没喝的，汉奸派兵来抢，不能过，俺都往地里跑，庄上没人，都往地里，当兵的一来，也不锁门就跑。那时鬼子来聊城了，侯营就住着二鬼子，自己庄上的。土匪叫三支队，头儿叫啥我忘了，最低百十个，也打二鬼子也打八路，八路军当时没有。来了土匪后，也不知道有没有，咱也没打听过那个。

赵 庄

采访时间： 2007 年 1 月 30 日

采访地点： 东昌府区侯营镇赵庄

采 访 人： 陈福坤　梁建华　刁英月

被采访人： 赵洪亮〔男　86 岁　属鸡〕

上过学，9 岁的时候念到 14 岁。念私塾，那时候都念四书五经，念《百家姓》《千字文》《中庸》《大学》《上论》《下论》《三字经》，念完《上论》《下论》，我就没有念了。我以前干过红白理事会会长，现在已经退休了，在家照顾老太太。

民国 25 年这里发了大水，也是秋季里，大街都淹了，平地里都有一米来深，路边的沟里有一人多深，掰棒子的时候发的大水。不清楚是从哪来的，只知道是从南边来的。

民国 31 年的大旱我不清楚，光听说饿死人了。民国 32 年的时候我们到关外去了，有五口人，我兄弟、父亲、母亲，还有一个妹妹。在家饿得不行就走了，在东北开吊车，我先自己去的，家里人都在家里。民国 32 年，兄弟、妹妹和娘到东北找我去了，父亲在家给地主扛活，回来的时候父亲还活着。兄弟是招工招去的，母亲和妹妹是二叔送去的。我二叔真名叫张光泰，在关外叫张光义，也是民国32年招工招去的，不清楚招工招了多少人。我是19岁出去的，24岁的时候回来的，回来以后再也没有出去过，民国34年回来的。

大约民国26年的时候，在三十里铺，日本人杀了三个人，有的人在睡觉，日本人掀开被子说是共产党，就杀了。

我走的时候村里不到300口，到1946年的时候还有300多口。以前的时候还是叫赵庄，归聊城县管，范筑先直接管。

采访时间： 2007年1月30日

采访地点： 东昌府区侯营镇赵庄

采 访 人： 陈福坤　梁建华　刁英月

被采访人： 赵景新（男　84岁　属鼠）

赵景新

民国26年发大水，来日本人了，9月24日来的大水，从西南黑岩山来的水，一夜到腰了，从城里可以坐船到家门口。街上的水深到腰，七月里，把穗弄回家里，在车道两边的秸秆不准砍，范司令说的不要砍，可以藏人藏汽车。

民国31年的时候在庄上，民国32年的时候也在家里住。民国31年的时候这里大旱。灾荒年饿死的多，有的吃了菜叶子有毒，吃了以后就死了。没有听说过有上吐下泻的，那时候庄上没有大夫，不看病，吃的都没有了，还看什么病。

民国31年是贱年，村里有二三百人，那时候有我12岁。民国32年旱，也没有种庄稼，秋季的时候下过一点雨，不大，庄稼没有收好，都没有种麦子，几斤麦子种到地里，只收上一斤来。

我民国 32 年在城里住过，在村里有二亩地，那时候不能随便进城，有日本人站岗，不检查。老百姓有啥？我是在里面上学，从十来岁开始上的，14 岁的时候不念了，14 岁的时候来鬼子了，就不念了，就结婚了。

老百姓饿急了都当土匪了。皇协（军）在城里住，也有住外面的，侯营有一个围子，西南沙镇田庄有一个，西边的厉害，离这里有二十里地也有一个围子。

湖西办事处

端 庄

采访时间：2008 年 10 月 3 日
采访地点：东昌府区湖西办事处端庄
采访人：王 青 何 科 曹元强
被采访人：程学善（男 76 岁 属鸡）

程学善

　　我叫程学善，今年 76（岁）了，属鸡的。

　　大贱年一年没下雨，麦子根本没见，到第二年秋天下了雨，下得不大，没耩上麦子。那年地里没蚂蚱，打蚂蚱是 1952 年。民国 32 年没发过洪水。霍乱没听说过，就是饿死了老些人。

　　人都出去要饭、逃荒了，有上河南的、有上东边的。我没出去，我父亲出去了，他去当兵混饭吃，在家一点面都没有，净吃树叶。我父亲是跟着三支队干的，挨饿才去的。后来国民党的兵都收编了，不叫他干了，就解散了回家了，回家后又在乡局里干过。

　　日本抓劳工的有，抓到日本国去，也有去东边的，俺这片也得有几十个，现在都没了。宋庄有一个劳工抓去了日本国，送回来了。俺庄的他们都保出来了，没去日本，西边庄上也有。

采访时间：2008 年 10 月 3 日

采访地点：东昌府区湖西办事处端庄

采访人：王 青 何 科 曹元强

被采访人：姜发祥（男 80 岁 属马）

姜发祥

我叫姜发祥，今年 80（岁），属马的。

大贱年生活不行，没下雨，到第二年三月才下的雨，雨不大，人都上地里挖野菜吃。吃树叶，麦子没种上，秋季没收好。那时候我小，才十来岁。民国 32 年没上水，民国 26 年上大水。

逃荒有上河南有上关东的，去河南的梁山，给人打工，我没去过，在家挨饿，村里饿死了三个。那会儿没霍乱病，就是有饿死的，没听说过霍乱。

民国 32 年没蚂蚱，没吃的。

日本人我见过，上庄上来抓鸡、抢东西，在咱这边没杀过人，在别处杀过人。（日本人）没在俺村抓过劳工，有抓了上日本国的，宋庄有一个。

顾 庄

采访时间：2008 年 10 月 3 日

采访地点：东昌府区湖西办事处顾庄

采访人：王 青 何 科 曹元强

被采访人：郭树梅（男 87 岁 属狗）

我叫郭树梅，87（岁）了，属狗的。

民国 32 年天旱，没种上麦子，人都饿死的饿死，逃荒的逃荒，这村里有饿死的，我家饿死了俩，两个大爷都饿死了。过了年四月里下的雨，那时候草都没有，哪有蚂蚱？它吃么？

那年我没出去逃荒，给地主扛活，不给钱，管吃，能给吃窝窝吃饱就不孬了，给姓黄的扛活，他家有钱有粮食。这边人逃荒都逃到黄河南，那里没有灾荒，俺村去的不少，能走的都走了，老人就在家饿死了。民国 32 年庄上没人了。

那会儿倒没有病，没听说过霍乱病，有病死的，不知道什么病，那会儿死个人还算个事？

郭树梅

上过大水，多少年记不得了，不是民国 32 年，上完大水第二年日本鬼子来了。

我怎么没见过日本鬼子？他在聊城住了八年，他不打人，咱不搭理他，那会儿兴出夫，他不给钱，谁有地谁出人，地主不出，扛活的出夫。日本鬼子没在俺庄上抓过劳工。

郭屯村

采访时间：2007 年 1 月 29 日
采访地点：东昌府区湖西办事处郭屯村
采访人：杜　慧　杨向瑞　刘孝堂
被采访人：郭保兴（男　91 岁　属龙）

郭保兴

我叫郭保兴，今年 91 岁，属大龙，上了两天私塾。小时候发过水，水是从徒骇河过来的，那时候我还小。八月初三开的口子，水很深，打堰了，堰有多高，水就有多高。发水后有得小病小疾的。发水第二年，日本人打聊城。日本人到村里抓人，咱听不懂他们的话，不跑不行。那年村里死了不少人。听说过霍乱，村里有得霍乱的，霍乱是紧急病，大夫给扎针，扎舌头，我那时十几岁。我奶奶就是得霍乱在家里病死的，很快就死了，村东头也死了一个。民国 32 年没有霍乱，那时候霍乱已经过去了。人逃荒，有上河南的，黄河南，也有去关外的。旱后的第二年就下雨了，庄稼一亩地收了几十斤。

日本人来的时候，没留下什么东西，抓过劳工去日本，宋庄有两个回来了。一个小名叫蛤蟆，去日本出力，挖坑，挖河。当时村里的八路军很少，国民党住城里。我知道冠县的御河，民国 32 年有没有发过水，我不知道，离得远。

齐北村

采访时间：2007 年 1 月 29 日
采访地点：东昌府区湖西办事处齐北村
采访人：杜　慧　杨向瑞　刘孝堂
被采访人：李立中（男　66 岁　属马）

李立中

民国 32 年是大贱年，那时我小，听老人说的。大旱没收成，都逃荒了，逃到黄河以南。大旱之后，老些年后下过雨。有抢东西的，不是汉奸，是本地人，跟着鬼子干，做土匪，抢东西，抢钱，抢银子，抢驴，抢牛，那（种人）叫老缺。

当时鬼子抓过劳工，有被抓到日本的，叫你干啥就干啥，俺父亲被抓走又赎回来了。去了日本就回不来了，宋庄有个逃出来的，到解放以后，土改以后回来的，送回来的。他叫宋蛤蟆，都叫他蛤蟆，现在早死了。

民国32年是大贱年，三年没下雨，饿死了一批人。冠县那边的御河发过水，御河是黄河的一个汉子，水黄。御河发水之后，咱这边没有得病的，堂邑西边冠县那里有得病的，死了很多人。

齐南村

采访时间： 2007年1月29日

采访地点： 东昌府区湖西办事处齐南村

采 访 人： 杜 慧 杨向瑞 刘孝堂

被采访人： 邓凤和（男 84岁 属鼠）

邓凤和

我见过日本人，他们没进过村，从西边路上走过。那是九月二十三，打聊城的时候，日本人两天就攻下聊城了，他们又叫皇军。御河发大水，不记得了。当时有发疟子的，拉痢疾，关外多，咱这少。当时有给打针的。日本人在集上，抓着人就打，不打不行。用的什么药不知道，打完针也没什么反应。民国32年，大贱年，天很旱，吃树皮，吃草根，我在济南待了一个多月。当时日本人打聊城，飞机飞到树梢子高，乱扔手榴弹，也扔糖块，为了安国。吃完糖块，没有得病的。日本人后来也抓劳工，抓到日本，有跑回来的，叫蛤蟆。

宋 庄

采访时间: 2008 年 10 月 3 日

采访地点: 东昌府区湖西办事处宋庄

采访人: 王 青 何 科 曹元强

被采访人: 李广山(男 83 岁 属虎)

李广山

我叫李广山,今年 83(岁)了,属虎的。

大贱年那会儿,头年耩上地,干,麦子出不来,一年没下雨。地里净一拃高的麦子,一个麦子头只有十来个粒,还没熟就叫人撸着吃了。那会儿靠天吃饭,下雨有收成就吃,不下雨就不收,人就饿死了。

春天树上的树叶都吃光了,咱这没有人了。都逃黄河南了,人家那边收了,上那边拾麦子。咱这一点粮食没有,饿死些人,剩下的就吃点菜。咱这饿得轻点,堂邑那边都走了,连房子都拆了卖。

旱了有两年,这一年没下雨,顶到第二年六月下了雨才能种上粮食,种了点棒子,往后就收了,人就转过来劲了。那会儿没有水,黄河都干了,下大雨是到以后,黄河干了一年。蝗虫是到了好几年后才招的,地里净蚂蚱。

那时候吃的井里打的水,烧开了喝,那净挨饿,饿得没劲受不了,一头栽死了,扒个坑就埋了。霍乱病到了以后也有,很少,热天好得这个病,热得人一阵子就晕过去了。大贱年没这病,那年净饿死的。

日本鬼子在聊城住了 8 年,我咋没见过?我给日本人干过活,就在咱聊城给他干活,出民工,白给他干活。他票子好值钱了,咱五块大洋才买他一块。他们打仗死得没人了,在庄上抓劳工上了日本国,等日本鬼子一投降，才和平了，咱这边人在那边的就回来了。俺这有一个人回来了，叫宋金山，早死老些年了。鬼子投降他回来了，就他自个儿，光棍，没后代。那会儿日本人不抓一大家的，净抓家里没人了的。

五里屯

采访时间：2008 年 10 月 2 日

采访地点：东昌府区湖西办事处五里屯

采访人：王　青　何　科　曹元强

被采访人：焦西太（男　77 岁　属猴）

焦西太

我叫焦西太，今年 77（岁）了，属猴的。

民国 32 年饿死老些人。那会儿饿得了不得，好人都饿死了，更别说病人了，那会儿没得霍乱的。民国 32 年，这边人逃荒下河南，（把）家里的大桌子拉到河南换点吃的。我没去逃荒，我那时候小。

大旱年没种上麦子，头年种麦子就没种上，到二伏五月里才下雨。耩谷子的时候，雨下得也不小，棒子收得挺好的，收了 300 多斤，顶多 400 斤。那年没蚂蚱。这边没河，没大水。

那时候还有日本鬼子在这，三支队、皇协（军）来抢粮食，连面缸都拉走了，人都饿死了。堂邑有围子，都住着汉奸。

日本鬼子抓劳工，抓到日本国去，前八屯抓了一个，宋庄抓了一个，前八屯那个叫王玉庆啊，宋庄那个小名叫老蛤蟆，宋庄那个没回来，年纪大了，死在那里了，前八屯那个回来了，不知道抓他们去干吗。

采访时间： 2008 年 10 月 3 日

采访地点： 东昌府区湖西办事处五里屯

采访人： 王 青 何 科 曹元强

被采访人： 刘风春（男 92 岁 属蛇）

刘风春

我叫刘风春，92（岁）了，属小龙的。

民国 32 年是大贱年，大旱，没下雨。旱了一年多，到第二年才下的雨，几月下的记不清了，蚂蚱都过了，旱得蚂蚱也没有了，草都吃光了。

民国 32 年鬼子、三支队在这。贱年，我用门换衣裳换缸，上了梁山。那会儿人哪里都去，在这里就是吃糠咽菜，树皮都刮着吃了。我春天里就走了，家里什么也没有了，耩麦子的时候回来的。那时候人半路就饿死，死得这躺一个那躺一个，田庙那边一窝一窝的，都是堂邑那的人。

咱庄那年饿死了不少人，有年纪的都完了，饿死了多少人说不准了，净饿死的，肚里没么。那时候没霍乱病，没医生，没医院，那会儿有什么病呀，就是一个饿，先生也没有，没人给看。红萝卜缨子都一块钱一斤。

有点衣裳皇协（军）也给你拿去，（皇协军）净是咱中国人，叫二鬼子。抓劳工，都是汉奸抓，他们也抓不着，人都跑了，他想抓抓不住。

采访时间： 2008 年 10 月 3 日

采访地点： 东昌府区湖西办事处五里屯

采访人： 王 青 何 科 曹元强

被采访人： 刘玉振（男 92 岁 属蛇）

我叫刘玉振，我 92（岁）了，属小龙的。

民国 32 年，那没解放呢，那是贱年，地里不见庄稼，旱，没水，旱得黄河里都干了。那时候咱这没挖渠，从挖了河后就好了，河是解放以后挖的。

民国 32 年拆了咱家的房子上河南卖，换点粮食。小车推着卖，夏天里推着上河南，带着孩子全家出去，在那边一个檩条子能卖几块钱，一次拿好几根弄去卖了，再回家买点粮食。卖一回回家撑几天，我没出去逃荒要饭。

刘玉振

没（办）法了，上河南卖东西，有卖衣裳的，有卖木头的，换点钱，维持生活。我也卖东西，上那去。穷，家里有老人等着，置点东西，不定早天晚天回来。那时还没穿棉衣裳，忘了几月出去的，反正黄河里没水了，人都在黄河里过，一点水都没有。

那几年有的时候连着好几年招蝗虫，民国 32 年招没招忘了。

哪年能没有饿死的人？比方说咱这拆了房子上那卖去，年老的、没有能力的，在家里卖，在家里卖就不值那么些钱了，我上河南卖东西去，在家里再买几个，再上河南去，买咱这边的贱。有单个去的，有两口子去的，不是一趟，几天能赶上一趟，上河南能上好几天。

有饿死的，民国 32 年没少饿死人，得病的很难说，有病还能有钱看病？就扛，那有个先生会扎针，看你有什么病，抓什么药，没钱又得病还挨饿，就去世了，好人还没得吃，别说有病的了。没听说霍乱，个人的事都顾不着，还记得这个事那个事吗？

日本人来这，来村里要人要车，要了三辆五辆，问谁去（干活）？日本人不给钱，庄上给钱，我去了，我跟着走了 8 天，上禹城那里去。

有抓劳工的，（日本人）有的出钱，跟你庄上要几个劳工，个人带着干粮、吃头。庄上开个会，问谁去，说好一天给多少钱。煤窑在山窝里，离这里有二三百里地，图挣那几个钱，附近的人去挖煤。

姚屯村

采访时间： 2008 年 9 月 30 日
采访地点： 东昌府区朱老庄乡李庙村
采访人： 王 青 曹元强 何 科
被采访人： 崔万英（女 79 岁 属羊）

崔万英

（我叫）崔万英，今年 79（岁）了，属羊的。

日本鬼子来的时候我年龄不大，我那时还没嫁过来，娘家在姚屯村，东北方向。

民国 32 年死了很多人，都饿死的，1943 年一年都没下雨，地里没收庄稼，不下雨，旱得人逃荒，村里有许多人逃荒逃到河南，我没逃。也没发过洪水，人都饿死的，有得病的，得的什么病咱不知道，什么症状也不知道。

蒋官屯镇

王行村

采访时间：2007 年 2 月 1 日

采访地点：东昌府区蒋官屯镇王行村

采访人：齐飞 刘群 常晓龙

被采访人：李森林（男 87 岁 属鸡）

李森林

1943 年那年挨饿，没结上麦子，人都吃树叶。

旱了一年没下雨，村里有逃荒去的，第二年春天才下的雨，那时没有大水。

人零零八碎地都饿死了，没听说有病的。

日本人在这住了好几年，来过村里开过会，叫人给他种地，日本人不抢东西，有很多汉奸。

采访时间：2007 年 2 月 1 日

采访地点：东昌府区蒋官屯镇王行村

采访人：齐飞 刘群 常晓龙

被采访人：李学林（男 71 岁 属牛）

这村里 1943 年不好，村里那会儿有 400 来人，那时一个秋天都没收，没结麦子，旱完之后也没下雨。

日本人路过这，把俺家锁砸烂了。

1953 年发过大水，之前没有。

李学林

采访时间：2007 年 2 月 1 日

采访地点：东昌府区蒋官屯镇王行村

采 访 人：齐 飞　刘　群　常晓龙

被采访人：苗以彩（男　78 岁　属蛇）

苗以彩

那年头旱，没结上麦子，没收上。后来民国 32 年春天下了雨，能种庄稼了。这边 1953 年发大水。

当时村里有 500 多人，饿死了人，不知道霍乱，那是以前的事。

我见过日本人路过，见过日本人穿黄呢子，没戴口罩，在村里没干什么，主要有不少汉奸，不少老母鸡都被抢走了。

还有土匪，没有八路军。那年没黄沙会，有红枪会，红枪会给老百姓看家护院。

采访时间：2007 年 2 月 1 日

采访地点：东昌府区蒋官屯镇王行村

采 访 人：齐 飞　刘　群　常晓龙

被采访人：苗泽铎（男　76岁　属羊）

苗泽铎

　　那会儿就是挨饿，都自顾自个的，有人上河南去拾麦子、打工。

　　那年蒋官屯镇有500人，人有撑死的，也有饿死的，撑死的是下了新粮食之后狠吃，就撑死了。

　　我小时见过日本人，给了我两块糖。见过飞机，闹不清扔了什么，抢老百姓的东西。

　　灾荒年没有霍乱。有地下党。

采访时间：2007年2月1日
采访地点：东昌府区蒋官屯镇王行村
采访　人：齐　飞　刘　群　常晓龙
被采访人：王西库（男　79岁　属龙）

王西库

　　我是在地方上当的兵，16岁当的。

　　民国32年旱了一个秋天，没结上麦子，村里有饿死的也有病死的，肿腿肿胳膊。

　　那年没有发过大水。

　　日本人穿的绿衣裳，戴口罩，没面具。

　　有黄沙会，是很早了，红枪会是打汉奸的。

采访时间：2007年2月1日
采访地点：东昌府区蒋官屯镇王行村

采访人：齐 飞 刘 群 常晓龙

被采访人：王喜庆（男 72 岁 属猪）

王喜庆

1943 年我刚记事，那会儿死了老些人，俺爷爷老了，俺娘是饿死的。我没出去，这边人大部分都到东北去，到河南去了，那边好点。

咱村有霍乱，要用针扎，都说死得快，是上吐下泻。

那会儿日本人还没来，他们来得晚，我还小，我没见过日本人。飞机来，人都吓得乱跑，咱们这人给日本人帮忙的多，算给他当兵了。

梁 水 镇

安 庄

采访时间：2007 年 1 月 31 日
采访地点：东昌府区梁水镇安庄
采 访 人：朱洪文　李秀红　李莎莎
被采访人：岳玉玮（男　87 岁　属猴）

我上过学，前后九年，叫旧制高小，在博平县，现在属于茌平。安庄一直属于梁水镇。

民国 32 年，旱灾，地都种不上，六月下霜，粮食冻了，下霜后大旱。年年闹蝗灾，有蝗灾。

天灾人祸，咱这有说"老鼠吃人肉，庄头栖豺狼"，杂牌部队强征暴敛，人们都逃了，后来他们都慢慢的回来了。没听说过临清发过大水和流行病。1937 年有大水，霍乱有，但影响不大，没听说本村有人得霍乱。有个在天津拉车的，得了一种病，全身发黑，来家后住了几个月，死了。

日本鬼子住在聊城，我教书的学校里面有国民党，有个地下党叫贾子云，打入了汉奸内部。

区政府在斗虎屯，听说日本和八路军打过仗，不知道日本部队的番号。听说日本人抓过苦力，听说过黄沙会。

八甲刘

采访时间： 2007 年 1 月 31 日

采访地点： 东昌府区梁水镇八甲刘

采 访 人： 张　伟　曹洪剑　袁海霞

被采访人： 刘云宵（男　75 岁　属鸡）

刘云宵

我一直在八甲刘，过贱年时 9 岁。

民国 32 年，这儿大旱，一年没下雨。那年开始就没水，靠天吃饭，也有天灾，狗蝇粘在高粱上，高粱没有出粒，没法吃，麦子没糠上，家里没余粮，各家都逃荒去了。

土匪分两派，齐子修跟吴连杰是两派，他俩也打。方圆 40 里，你打他，他打你，还有一些杂牌。

二鬼子来扫荡，看见年轻的，抓走当皇协（军）去，不是去干活，让他们扫荡。他们就住在庄上，抢你砸你。

在家住不上，逃荒去，下河南下东北，有两三家没走。

采访时间： 2007 年 1 月 31 日

采访地点： 东昌府区梁水镇敬老院

采 访 人： 刘明志　雒宏伟　李廷婷

被采访人： 乔庆增（八甲刘人　男　75 岁　属虎）

那时我七八岁，过贱年，逃荒，要吃去了，那年下雾把庄稼给耽误了，日本鬼子一闹哄，啥也没有了。地主头头那时咋样，咱也不知道，也不敢问。日本鬼子是上大水那年来的，那会儿我七八岁，我在大树底下玩，被吓哭了，跑了。从南边来的水，一会儿淹到了北京，我刚上玉米地拉玉米秸，水大了，坐在玉米秸上，就像坐在船上一样。

那时有得水肿病的，黄肝炎的，吃不饱吃河水吃的，（得）水肿病的也不少。

大王村

采访时间： 2007 年 2 月 2 日
采访地点： 东昌府区梁水镇大王村
采访人： 杨　冰　孙建斐　李　斌
被采访人： 陈得林

民国 31 年旱，没有雨，地都荒了，老百姓吃不上粮，这个村里饿死 100 多口人，有的一户就死十几口人。

杂牌兵看着不让出门，没吃的饿死人也不让出门。有逃荒的，逃走的都活上了，在家里的都死了，我是民国 31 年逃走的，在外一年多。

那时候人都是饿死的，得病的很少，没听说过有人上吐下泻和抽筋抽死的，知道霍乱抽筋病，但那会儿没有人得。有得霍乱的，但不是过贱年得的，过贱年之前没见过，没听说周围的村子有人得霍乱，得霍乱抽筋的要扎针，扎肚子，那时候也没医生治。

有日本人被抓去当劳工的，这个庄上没有，许庙有。

大赵村

采访时间： 2007 年 2 月 1 日

采访地点： 东昌府区梁水镇大赵村

采 访 人： 姜国栋　李　琳　刘婷婷

被采访人： 相岳广（男　80 岁　属龙）

相岳广

小时候念过圣人的书，上过私塾，原来住大赵村，属八甲刘乡，那时叫双庙大赵村，现在属于梁水乡。

民国 32 年有得瘟疫的，得了霍乱，腿拉不动，一擤鼻子出血，鼻子不透气，要吃那个小酸梨，越小越酸，能吃好。那时候没好法，除了流鼻血，没别的症状。

我得那个病，是凤凰集的谢五先生给抓汤药看好的，俺村里没大夫，不兴扎针，那个病不传染人。我十来岁，十一二（岁），父亲在家里，没传染给他。奶奶说有得这病哩，就是忘了谁了。

得病了就用绿豆粉团，淀粉加绿豆粉，倒水冲冲，搅拉搅拉喝喝，出了汗就好了，大人病了大人喝，小孩病了小孩喝。得那个病，哑嗓子，发烧，嘴里不流血，吃豆腐汤就好了。得病前上学了，不知道咋得的这个病，得这个病没串门。

民国 26 年上大水，西南黑岩山发大水，水来了，马颊河的东河堤宽，西河堤窄，又到了崂岭，咱这淹了老深的水，北边这地里有两米深，发完大水得了瘟疫病。

那时村里没人了，荒草这么高。我先得这病的，村里没人，都逃荒去了，也没传染谁。那时村上有 300 多人，逃得都没人了，都成无人区了。

见过日本鬼子，跟电视上一样，日本鬼子那个帽，后边带个扣眼。不穿白大褂，穿呢子的衣服，大盖子枪，长 3 寸，刺刀也比咱的长 3 寸。

日本鬼子打共产党，打三支队，往咱村里来过，偷鸡吃，吃鸡蛋，他们吃罐头盒，拿着水嘟噜。鬼子来天津的时候，咱这地震了，还不小，听瓦房嘎巴嘎巴响，房没塌。

日本鬼子不给咱检查身体，他还管咱这个？有二鬼子又叫皇协（军）。日本鬼子打人，杀咱中国人，没杀咱村的人。在前庄用快枪打死一个人，跑的时候打死了，日本鬼子枪打得准。

那时咱这一个姓郭的，带了 20 多个人，轧麦场唱歌：

"丈夫，你坐下，有两句话儿我给你说说吧，我说丈夫呀，腊月里二十七，日本鬼子来到咱家里。我说丈夫呀，他就胡抢粮，烧了这村再烧那一庄。我说丈夫呀，南张邑，北乔集，柳林乔庄还没烧过去。我说丈夫呀，不怕日本烧村庄，就怕中机枪，临走逮着你下到太平洋。我说丈夫呀，下了太平洋当兵去打仗，一心回家，小命见阎王。我说丈夫呀，听说妻话，坐也坐不下，参加八路军就把鬼子杀，杀就杀了吧。"

日本鬼子投降以后，毛主席跟他换了俘虏了，俺 100 老百姓，进你 100 个鬼子。咱这儿没有叫日本鬼子抓过去的，江庄有，回来了，死了七八年了。

见过日本鬼子飞机，有时飞得高，有时矮，带着皇协军讨伐。没见过日本人往下扔东西，日本鬼子不给咱老百姓么吃，不知道他叫咱吃药不。

地里，秫秸（高粱秆）围起来，披着红布，拿支秫秸乱蹦达，日本人就不打他了，打八路。

东街村

采访时间：2007 年 2 月 2 日

采访地点：东昌府区梁水镇东街村

采访人：白　玉　张　翼　付　昆

被采访人：李梦林（男　71 岁　属鼠）

那一年真是，那会儿又闹灾荒，又闹打队伍，这个过去，那个过来的。那时民国32年，我去逃荒了。

生病那会儿哪有先生来看，那会儿躺到地上没人管。那会儿说是霍乱，说是浑身发热，反正不少死的。传染，叫先生扎，有扎过来，有扎不过来的，得这病的可是不少。那会儿小，记不清谁死了，听说赶集的死的不少，也有说是下毒的，也有说是霍乱，这现在都没了。咱这农民都是怀疑吧，这么多人得霍乱，是不是日本人下的毒。这一个村有两三（口）井，喝那个水就得病，传人，没少死人，小孩得那病反正轻点。都逃荒黄河南了。

李梦林

那会儿说是日本下毒，往一个井里下毒，就是民国32年。我见过日本人，尽穿黄衣裳，没见过穿白衣裳的。日本鬼子可是没少祸害人，一看见洋鬼子，什么都不要就得跑，听说咱这打死一个日本人。

二三十里地，村里都没人了，也有走的，也有病的，一个庄上净尽了，当时那会儿也没地。

采访时间： 2007年2月2日

采访地点： 东昌府区梁水镇东街村

采 访 人： 白 玉 张 翼 付 昆

被采访人： 任汝桅（男 75岁 属猴）

我上过学，上过十来年。

霍乱那会儿头晌厉害，一会儿就好点了，那霍乱可厉害了，拉，哕，咱村得霍乱死的有二十几个，这霍乱是流行病。那年咱村人上河南了，咱院的有十来个人。这没发大水。

那是民国33年，日本人那会儿还没走呢，我那会儿十来岁，那会儿有证明书，要带着进城，小孩没有。

日本人来过，不断来，他不给咱分东西，也不抢。以后都说他下毒下毒的，当时不知道。那时有十来个井，不是都喝这的水。

冯段王村

采访时间： 2007年2月2日
采访地点： 东昌府区梁水镇冯段王村
采访人： 曹洪剑　杨海霞
被采访人： 王连合　王丽香　冯王氏　王巧玲

民国34年，天旱，饿死了好多人。没病，就是饿死的。不知道有霍乱。

蒿　庄

采访时间： 2007年2月2日
采访地点： 东昌府区梁水镇蒿庄
采访人： 杜　慧　杨向瑞　刘孝堂
被采访人： 方振山（男　84岁　属鼠）
　　　　　　 姜立安（男　77岁　属羊）

当时我到滨州去逃荒了，我母亲得病死了我才回来的，当时我两个兄弟在家。我母亲就是得霍乱死的，得病一天就死了，她叫方洪氏，死时约40岁。我们村还因为霍乱病死两人，杜任氏，女的，40岁左右，姓程的，男的，60岁左右。得了霍乱病之后脚上抽筋，泻、呕。我没亲眼见，不知道身上有什么症状，这些都是兄弟说的，他现在在东北。

治疗就是扎针，放血，放黑血。这个病很急，又叫紧霍乱。

见过日本人，路过这儿，打仗，打齐子修，打八路军，

姜立安（左）、方振山

对老百姓用枪挑，用刺刀杀人，老百姓一听说日本人就跑。日本人在这儿没据点，齐子修在蒿庄有据点。

采访时间：2007年2月2日

采访地点：东昌府区梁水镇蒿庄

采 访 人：杜 慧　杨向瑞　刘孝堂

被采访人：刘守会（男　76岁　属羊）

民国32年一天抬出去13口，当兵的加老百姓共13口，得病之后发高烧，我弟弟也高烧，后来过来了，跟他一块儿的另外两个高烧的都死了，当时人们迷信，迷信弄得人不能治疗。

刘守会

没听说有拉肚子，不过我弟弟跟死的那13口人得的不是一种病。

听说过霍乱，他们得的这个病都说是紧霍乱，我当时已经记事了，听人说是这病。当时咱老百姓得了病，一摸很热，就说是紧霍乱，也发热。

急的病两天就死，不过我还没见过得霍乱的，当时人们都不知道具体

是什么病，一死得快就说是紧霍乱。我听别人说的，紧霍乱来得快。

当时抬那死掉的人的尸体的，没有活着的了，都没了。

采访时间： 2007 年 2 月 2 日

采访地点： 东昌府区梁水镇蒿庄

采访人： 杜　慧　杨向瑞　刘孝堂

被采访人： 王凤林（男　86 岁　属狗）

马金乡（男　79 岁　属龙）

王凤林（左）、马金乡

大贱年是民国 32 年，1943 年，我当时十八九岁，跟父母逃荒到东北，父亲、母亲、妹妹都死在外面了，就我跟我哥爬着回来了。

听过霍乱，叫霍乱热，大贱年的时候就有。不知道有几个，得了病，浑身抽筋，我们村一个娶到外村的闺女回家来赶集，还没到家就死在路上了，当时就说是霍乱热。

当时还有瘟疫，我们村当时据说是一天死了 18 口，都是得瘟疫死的，一是因为热，一是因为饿。

得了霍乱，听说是扎针治，放出来黑血，头上、腿上扎针，有的就能扎好，是谁扎过针就不记得了。

宏伟村

采访时间： 2007 年 1 月 31 日

采访地点： 东昌府区梁水镇宏伟村

采访人： 张　伟　曹洪剑　袁海霞

被采访人： 江乃云（女　88 岁　属猴）

娘家江庄。贱年时，上大梁山，嫁妆早没了，基本上逃了两年，民国31年和32年逃荒，回来了一趟，看了看又走了。听说放粮食种，一个人半斗，回来了几趟。那会儿带着孩子。

伤寒跟霍乱都没听过。

老吴、老齐抢着吃，家里根本没东西还抢，屋子都没了，他们爱怎么抢怎么抢。

江乃云

黄庄村

采访时间：2007年2月1日
采访地点：东昌府区梁水镇黄庄村
采访人：姚一村　刘　英　王穆岩　杨兴茹
被采访人：乔广林（男　80岁　属龙）

一直住本村，没上过学，一点文化也没有。

民国32年逃荒到了梁水镇，挨饿，跟舅舅到济宁州逃荒，做买卖，卖东西，十来天来回一趟。

乔广林

有霍乱，紧霍乱，人说毁就毁，那年得这个病的不少，一得病就憋，有抽筋的，我已经记不清时间了。那时候没医院，也没有时间看，死了就埋了，治得急的也有治好的。我脑子不太当家了，实际那时我十好几（岁）了。灾荒年以前以后都有，是急病，说得就得。那时候年纪小，不懂得。

民国32年死的人不少，饿死的多，有病死的，发疟子，长疥，浑身刺痒，淌黄水。看及时能活，看不及时就死。

季 庄

采访时间： 2007 年 1 月 31 日

采访地点： 东昌府区梁水镇季庄

采 访 人： 刘明志　雒宏伟　李廷婷

被采访人： 胡春来（男　86 岁　属狗）

胡春来

　　小时候，在学校里念过书，念到小学还没毕业，到了高小家里不让念了，那时候家里很穷。

　　咱这附近有运粮河，上过水，民国 31 年旱，民国 32 年发水，是那黑岩山爆发的，水钻到井眼上，我们坐着大船坐到河南，没挡头，地震那年，也可能是民国 31 年。

　　上大水后人得潮湿病，人得病说不清什么病，人很硬，还有黄病，人眼珠子都是黄的，治病时，放上蜡，用黄表纸贴在肚脐眼上，抽上两三下就好了。

　　霍乱听说过，多，这会儿也有，坐着好好的，一会儿就不清楚了，不知道怎么回事。上大水时有，现在也有。那时村里有一个人在打牌，六七十岁了，说得这个病，嗷嗷着就不行了，当时不清楚了，慢慢又缓过来了。我得过羊毛疹，那时有十几（岁）了吧，十一二（岁），没办法，找不到医师，后从河南过来一个人会看，用针，弄了个碗，拉了一个刀口，用针刮疹口，往外拉。但当时痛得不行了，家里人就不让再治疗了，就等着死了。

　　当时有得病的，上哕下泻，用针扎冒黑血，扎青筋起疙瘩的地方，家里有得这个病的，俺姐姐就这样死的。不传染，都说是吃得不好，出去跑又受了一肚子寒气，当时都觉得出点汗就好了。

当时吃井水，发水时井里冒泡沫，上边来人说这井里有毒，那会儿韩省长就派人来撒药，说是解毒的。

日本鬼子过来后，周围有在这住的，在街上也见，见过日本飞机，飞机往下打，打范专员。日本人给村里人吃饼干、罐头，后来就断了，吃了之后不知道怎么样，那些人是因为家里也有孩子，想家，喜欢这里的孩子。

打仗时死的多了去了，那会儿中国枪炮不行。还有黄沙会、红灯会，看见鬼子就打，看见中国队伍就收起来。那时整天逃兵，日本鬼子还没进山海关，人就没影了。

民团是保地面的，也扛不住，为了不丢东西，专门打老缺。打日本（人），都是范专员组织的，那时各人顾各人的，不管别人的，只顾逃命。

采访时间： 2007 年 2 月 2 日
采访地点： 东昌府区梁水镇季庄
采 访 人： 朱洪文　李秀红　李莎莎
被采访人： 季佃发（男　88 岁　属羊）

我识字，上过私塾。

民国 32 年大旱，没听说过霍乱，在冠县也没见过得霍乱的。

日本鬼子来过这，在场里吃了顿饭，没抢东西抓人。20 多岁时，日本鬼子和八路在冠县打过仗，八路的领导叫赵建民。

采访时间： 2007 年 2 月 2 日
采访地点： 东昌府区梁水镇季庄
采 访 人： 朱洪文　李秀红　李莎莎
被采访人： 季连义（男　82 岁　属牛）

我不识字，大旱年去了沈阳，在饭店里干活。

19岁从沈阳回来没听说有大规模的瘟疫，在沈阳没见过大的瘟疫。在西北方向二三十里有个庄有得霍乱的，那个庄被封闭起来了，就那个庄得了。没听说这个村有得霍乱的，得了霍乱有的死得很快，有的很慢。

日本鬼子到村里逛，抓鸡，抢东西，也抓人。有杂兵报信，日本抓了八个去日本当劳工，有个劳工从日本逃回来了，在那一顿吃两个窝头，挖窑。

江 庄

采访时间：2007年2月1日
采访地点：东昌府区梁水镇江庄
采访人：白 玉 张 翼 付 昆
被采访人：江甲葵（男 81岁 属兔）

江甲葵

这大水可是发过，就是那年，日本人来的那年，民国26年，就日本进中国的时候。从西南来的，是黑岩山来的水，人倒没淹死，它就是慢慢涨，涨了好几天。七月里庄稼快熟了，红高粱、谷子，什么庄稼都淹了，上地里捞去。咱这地势高，哪记得多少天，得一个月。

旱灾是经常的，过贱年，民国32年，我十六七（岁）了，从五六月份开始，三四个月不下雨。你问我多少天我不记得了，反正得好几个月。

有霍乱，那会儿净得霍乱的，也有死的，也有不死的，没听说谁得了，那时还小，那时候我有十来岁，都说是霍乱扎针，放血。那年死人倒不多，也叫瘟疫，治不好。一家人就是一个半个的，不知道怎么引起的。我就得过，恶心，扎了针后，两天就好，浑身动弹不得，没劲，不拉肚子，光浑身乱扎旱针。我跟我母亲、父亲，那会儿自个照顾自个，一块儿吃饭，霍乱不传人。有生病的是上水以后得的霍乱病，上水以后地里净水，潮湿。大水还没下去，村里净水，闹了两三回。

日子不好过，饿死好多人，地主都进城去了，家里没人。老百姓的地也没人种了，粮食都给你夺跑了，俺庄饿死一半人还多。要不是被人抢，咱这也饿死不了这么多人。

日军啊那早来了，我这个村是经常地过，这里没烧杀过，进过村两回，也没杀过人。日本人进的那一回我跑了，他们在马颊河打的枪。皇协（军）是二鬼子，帮日本人，净抢净夺，民国 32 年他们正兴旺着，都挺壮实，一个人拿着个棍子，有么（东西）就给你背走了。那时候还没有民兵，民兵晚了，有共产党后才有民兵，解放后，打蒋介石的时候。

黄沙会，在东北，黄沙会也是保护庄稼人的。吴连杰啊，他跟鬼子联合，他不能算是好人，有造枪局，共产党来了把他杀了，他能是好人了？当兵的背着他抢，共产党来就把它消灭了。共产党我怎么没见过啊，小米加步枪。在这住了，没住几天，起早来的。共产党不要粮食。

康家堂

采访时间：2007 年 2 月 2 日
采访地点：东昌府区梁水镇康家堂
采 访 人：张 伟 曹洪剑 袁海霞
被采访人：康月明（男 83 岁 属牛）

康月明

民国 32 年逃荒，庄上 100 多口，饿死一半，能走的都走了，那时我在家，十来岁。

有寒病，发疟子，霍乱，什么也有，寒

病是发烧发热，死人，那会儿没西医，解放后才有。有病也被说成是饿死的，那时候榆叶都没了。

聊城有三支队，头目叫齐子修，范筑先的人。齐子修抗日，不当汉奸，跟共产党过不去，他原来是国民党的人。三支队有两三万人，有七八九旅，还有几个特务旅，三支队的兵抢东西，也挨饿。

老程庄

采访时间： 2007 年 1 月 31 日

采访地点： 东昌府区梁水镇老程庄

采访人： 陈福坤　梁建华　刁英月

被采访人： 程东皋（男　81 岁　属兔）

程东皋

我上过学，上了五六年，中学都没有念，念了初小再念的高小。9 岁上学，念到 14 岁，14 岁被人带走了，被杂支队带走了，带到了堂邑县城，齐子修领的，他的下边人。这里以前还叫老程庄，归堂邑县管。

民国 26 年上大水，日本鬼子进中国，民团来到姜庄同日本鬼子打。再往后就没有发过大水，听说是从黑岩山来的大水，是秋季的时候，平地里有六七尺深的水，范筑先用炮把城北十里铺地方的运河东岸打开了，水就下去了。水上了十来天，村上路南的房子都塌了，路北打围墙了没有塌。

民国 31 年大旱，没有种上麦子，秋季里庄稼也没有收好，高粱上有许多虫子叫"天狗蝇"，粮食有很大的气味，很难吃，难吃也得吃，就因为没有吃的。

皇协（军）是在日本人手下当兵的二鬼子，把人抓去要粮食，说没有就关起来。不同的人要，有三拨人来要。民国32年的时候见过日本人的飞机。

庄上（原来）有2000多人，民国32年的时候死了440多口，不一定怎么死的，有饿死的，有病死的。没有钱得病得死啊，没有听说有霍乱抽筋病，那时候死了也没有人埋。

民国32年不能说没有下雨，下了指把雨，没有发什么大水，就民国26年的时候上过大水。

采访时间： 2007年1月31日
采访地点： 东昌府区梁水镇老程庄
采访人： 陈福坤　梁建华　刁英月
被采访人： 程金路（男　87岁　属鸡）

程金路

没有上过学，没吃的没喝的还念书？

家里有父亲母亲，一个大哥哥，兄弟六人，大哥哥死得早，没有过贱年的时候死的，过贱年的时候走了四个，去了关外，我没有走。

我22岁的时候给齐子修当过兵，没有打过日本，跟八路军区队打过，在冠县打过，八路军从南方来的，都穿草鞋，就打过那一回。八路军说话愣好，都叫我们齐子修的队伍叫"老缺"。那是晚上，八路军来摸围子，晚上打的。后来齐子修散了，当兵当了3年就回来了，25岁回来的，在家种地了。

这里上水时，水下去还没有耩麦子的时候，日本人来过。

民国32年的时候庄上大旱，没有下雨，"民国32年，鲁西过贱年"，这是共产党编的歌。民国32年走得没有多少人了，在外面的多，没有过贱年以前有六七千人，逃荒以后，庄上有三四十户，七八十户口人都到黄河以南要饭去了，上关外的也有，不是招工招去的，咱这有在那的熟人。

在这里饿死了不少人，没有病死的，见过上吐下泻的，挺厉害的。没有看病的，那时候去哪看病？没大些（多少），在庄上见过一两个，是老人，其他家人没有得的，都死了。吃草以后就上吐下泻，那时候都吃那个。

小时候，过贱年的时候没有听说过霍乱，十六七（岁）的时候，那时候有发疟子的，传染，我也得过，发过好几回，尽哆嗦、尽冷。也有治好的，扎针扎好的，往后背上扎，本庄上有会扎旱针的人，也用拔罐，在肚脐和脊梁上扎，能好。

见过得霍乱的，浑身不得劲，也有过来的，没听说死的。不是年年发，不传染，能看好，这都是听别人说的，不知道怎么得的。发疟子也是年年发，过了麦的时候发，没有听说别的地方有得病死的。

有寒病，鼻子往外淌血，别的没有听说过什么，治好了以后活过来了。

老任庄

采访时间： 2007 年 2 月 1 日
采访地点： 东昌府区梁水镇老任庄
采 访 人： 姚一村　刘　英　王穆岩　杨兴茹
被采访人： 任鲁信（男　74 岁　属狗）

我在东北日本人教的学校里上的学，教数学、日语、国语。

我是民国 31 年腊月出去的，在家挨饿，大旱。

听说过霍乱，人突然间就死，得扎针放血，开始不知道怎么治，死得多，后来扎针放血就好了，就听说民国 32 年有这病。村西头有人得了这病，一夜就死了，得这病的人不多。咱这算无人区，西边三里的庄子都没人家。不知道这病哪里来的。

采访时间：2007 年 2 月 1 日

采访地点：东昌府区梁水镇老任庄

采 访 人：姚一村　刘　英　王穆岩　杨兴茹

被采访人：任明文（男　74 岁　属马）

任明文

　　我一直住这，没念过书，灾荒年我 10 岁，那时候饿不死就是好的。

　　民国 32 年天旱，没种庄稼，杂支队要，抢。年轻的下东北，小孩也死得不少。大水是灾荒年以前，地里都能跑船，民国 32 年没上过大水。

　　有霍乱病，村里没医生，没法看，那病很厉害，死得快，死的倒是不多。我大奶奶就是得了霍乱，抽筋，腿麻，上吐下泻，不知道啥时候得的。

　　死的人大部分都是得那病，治不起，没钱，也没医生，扎针管点用。老程庄很多，听别人说的，别的地方也有得的。堂邑县东边，堂邑县是无人区，人是连饿加病的，也是这病，这剩了没一百人。死得不少，连饿带病的，死的人埋各家坟地里，挖个坑就埋。喝井水，自己开菜园。

　　见过日本飞机，日本人不管霍乱，没人管。红枪会是个集团，几十个人的小集团。

采访时间：2007 年 2 月 1 日

采访地点：东昌府区梁水镇老任庄

采 访 人：姚一村　刘　英　王穆岩　杨兴茹

被采访人：任陈氏（女　82 岁　属虎）

　　过贱年在娘家，王屯，王屯属堂邑县，一年没下雨，高粱、棒子很小，没耩上麦子。直到民国33年四月才下雨。

成天过兵，张诗庄是杂牌兵的围子，梁庄也是围子。

霍乱病没听说，没听说什么上吐下泻的，什么病都没听说过，都是饿的，靠天吃饭，饿死不少人。就没听说过什么抽筋的病。

任陈氏

李廷白村

采访时间：2007年2月2日
采访地点：东昌府区梁水镇李廷白村
采 访 人：杨　冰　孙建斐　李　斌
被采访人：李金江（男　75岁　属猴）

民国32年这个村都成无人村了，只剩几个老妈妈、老头。

那年闹粮荒，种的秋高粱，按现在的说法是招米虫，那时候说是天狗蝇，高粱半颗粒也没结出来，老百姓吃不上饭了，人都逃荒了，往南去，上东北，往各处去的都有，我逃到济南了，那有个姑家。

俺这个村那年死人可多了，全家全家的，大部分都是逃荒饿死的，没听说有得病死的。我那时候就是得病走的，得的瘟疫，得病后瘦，没吃的，迷糊，没劲。

霍乱我知道，浑身烂，见过得这种病的人，俺庄上就有，民国32年以后得的。这个病不论什么时候，很多人得，找大夫扎针，得这个病死的人倒不多，小病，那时候一得这个病就找人扎针，扎腿，放血。

还有一种病，鼻瘊，鼻子长瘊子，那种病也得扎，扎鼻子。还有一种病叫蒙头钉，头蒙蒙的，头疼，那也得使针扎。这两个病死的人也不多，小病小灾都是。

霍乱不传人，见过给霍乱扎针，扎手，扎脚，扎肘关节内侧和膝关节内侧，放血，有紫色的，有红的，紫色的血不好，厉害点，扎了以后回去睡觉去就好了，小病小灾的。得霍乱病的就是身上烂，不知道有没有上吐下泻的，可能有点，我没得过那个病，不知道。霍乱不传人，家里人没有跟着得的。当时都找村里的一个大爷扎针，按现在的说法，他会点儿针灸。扎霍乱的叫快针，扎上拔出来以后，再淌淌那个血，放些血，就好了。会扎针的那个人已经不在了，头一年才死了。叫霍乱这是那时候老人传下来的，别人叫么咱叫么，不知道为什么会有霍乱。

还有种病叫寒病，是哪个"寒"字闹不清，寒病和霍乱不一样，寒病是寒病，霍乱是霍乱，寒病就是不愿吃不愿喝，就跟现在说那个瘟疫病差不离。

日本人来没来过村子记不清，那时候小，等到大了，日本人就快完了。

采访时间：2007 年 1 月 31 日
采访地点：东昌府区梁水镇李廷白村
采 访 人：朱洪文　李秀红　李莎莎
被采访人：李长林（男　83 岁　属牛）

我念过私塾，上过几天洋学，是公家办的，国民党办的。

民国 32 年大旱年有蝗灾，大旱年以前，16 岁那年上大水，水从聊城一直冲到临清，撑船都行，从西南来的水，据说是一条青河，水来得很猛，俺这个村上水都深，这里都淹了，这个村南边水都到人胸口，现在路基高了。

民国 32 年我 19 岁，头一年是水，第二年是旱，快收高粱时，高粱全臭了。玉米棒子结小穗，长得很少，都靠吃高粱，可六月下霜，刮东北风，风停了就下霜。大旱后有很多蚂蚱，飞的时候，把天盖严了，看不见太阳了，这一会儿，就把院子盖满了。我就是过贱年那年走的，我20岁在天津，21岁年底从东北回来，22岁教书，1947年入了党。

这里没瘟疫，我知道俺这里一家在沈阳住着，一家六口，得了瘟疫，光一个闺女回来了。没听说过霍乱病，重点是挨饿，有点粮食就叫抢跑了。

民国32年当时没八路军，附近也没有国民党，三支队来过，民国32年前有三支队，三支队（头目）是齐子修，吴连杰的杂牌兵也闹腾，互相打，在京杭运河东里是三支队，西边里是吴连杰（的杂牌兵），（两支队伍）成天打。那时土匪显不出来了，很小的时候土匪多，这没有黄沙会。

日本鬼子在东北方向的土闸住着。鬼子路过这个村，没进来抢东西抓人，没来过小庄。

梁乡闸

采访时间：2007年2月2日

采访地点：东昌府区梁水镇梁乡闸

采 访 人：姚一村　刘　英　王穆岩

被采访人：崔保兴（男　70岁　属牛）

崔保兴

逃荒回来有得病的，当时村里人不多，得病的很多，死了一二十人。我9岁那年发疟子，说冷就冷，说热就热，喝羊粪蛋加红糖，吐黄水。

那时日本人还没走，以前没这病，以前

没有霍乱。人喝井水，没听说过鬼子下药。

这里八路军打齐子修，老齐不抗日。

采访时间：2007 年 2 月 2 日

采访地点：东昌府区梁水镇梁乡闸

采 访 人：姚一村　刘　英　王穆岩

被采访人：杜金建（男　77 岁　属羊）

杜金建

　　一直住这村，没大上过学。我上了梁山那，上那边拾麦子，春天去的，住了一年多就回来了。闹过霍乱，家里没人了，有上东北的，有上胶东的，村里只落下三四家。

　　马颊河是小河沟，这里民国 26 年发水，民国 32 年干旱，闹过霍乱，我那时还没走，霍乱发烧，浑身没劲。我家里没得这病的，别的家不知道，大部分人是走了以后闹的，拉肚子，是肠炎，抽筋，很急，三四天，四五天就死，不很多。我一个婶子是这病，发烧，跑肚，浑身没劲。没人治，饭都吃不上，等死。那时候喝井水。

　　霍乱病一家家的，传染病，一传就一家，霍乱病是从北边刮风刮过来的，不是人带来的，听说的。民国 32 年以前这病很少，民国 32 年厉害，没有没霍乱的地方。

　　那时齐子修在这里，日本鬼子也来过，灾荒年以前没日本鬼子，民国 32 年以后有日本鬼子。灾荒年以后日本飞机擦着房檐飞，没见往下扔东西。

　　灾荒年没八路，这里住杂支队，齐子修碰见谁打谁，八路军、日本鬼子都打。他是从北边过来的，是南下时一个连长留这里的，可能是张作霖的部队。

采访时间：2007 年 2 月 2 日

采访地点：东昌府区梁水镇梁乡闸

采 访 人：姚一村　刘　英　王穆岩

被采访人：侯凤举（男　83 岁　属牛）

侯凤举

民国 32 年灾荒年，有霍乱病，发烧，传染，一家子人尽发烧，能病死，腿乱，走不动，有得病的就死了，咱家也有死的。得病的不少，周围村子也有，那时候没好医生。

我见过得病的人，得病后不饿了，不吃饭，脸瘦，发黄，腿乱，得病七八天就死，不知道病从哪里来的。

上大水以后人就下东北了，上大水以后高粱冻了。

蒋介石把黄河炸开了。

采访时间：2007 年 2 月 2 日

采访地点：东昌府区梁水镇梁乡闸

采 访 人：姚一村　刘　英　王穆岩

被采访人：侯凤山（男　74 岁　属狗）

侯凤山

这个村一直叫梁闸，梁水以前属堂邑县，现在归聊城。

民国 31 年开始旱，旱了 3 年，我逃荒到了东北，民国 31 年走的，冬天走的，民国 32 年旱。

我走了七年，这边的霍乱不知道。东北闹霍乱，霍乱就是不退烧，要捂上被窝发汗，一家能死好几个人，用针扎，不知从哪里传来的，叫寒病，霍乱急得很，听说的。

东北那时候归日本管，没有检查身体的。

侯富祥

采访时间： 2007 年 2 月 2 日

采访地点： 东昌府区梁水镇梁乡闸

采 访 人： 姚一村　刘　英　王穆岩

被采访人： 侯富祥（男　80 岁　属龙）

我一直住这村，那时候属堂邑，梁水镇属堂邑。

民国 32 年我逃到了东北，阳历 8 月份走的，在那住了十年多，那时候这里旱。民国 32 年霍乱，要扎针，得的人发烧昏迷。得病的不多，死的不少，那时候看病的少，死得急。别的村也有，西南、西北厉害。

齐子修住这里，和八路军打仗，不一定打鬼子。

王兴华

采访时间： 2007 年 2 月 2 日

采访地点： 东昌府区梁水镇梁乡闸

采 访 人： 姚一村　刘　英　王穆岩

被采访人： 王兴华（男　81 岁　属兔）

梁水镇中心就在现在这个地方。民国 32 年灾荒，我没逃荒，我爷爷、爸爸都逃了。这个庄剩下二三十口子。

那年天旱，不下雨，从 1940 年开始旱，高粱长臭虫，没种上麦子，就知道明年是贱年了。

乱传染，能死人，这村死得剩了二三十口子。马颊河往西，一村村的没人了，这是无人区边界。这病是夏天，过贱年的时候得的，以前也有，不严重，是急性病，死得快。得病了没人治，埋坟地里。那时候喝井水，没有人下药，是天旱造成的。

鬼子到这来过，那时这里没八路，八路在马颊河以西。齐子修在这住过，三支队是范筑先给他编的，一共有 32 个支队。

有书，聊城出的，写了日本鬼子犯的罪行。

刘官营村

采访时间：2008 年 10 月 4 日

采访地点：东昌府区梁水镇刘官营村

采 访 人：张 伟 谢学说 钟冠男

被采访人：杜芸田（男 77 岁 属猴）

杜芸田

我姓杜，叫杜芸田，77（岁）了，属猴。我上过学，小学，那会儿十四五（岁）了，以后一直在家种地。我 1955 年入的党。

民国 32 年记得一部分，旱荒，齐、吴两家闹兵灾。那旱啊，哪一年想不起来了，民国 32 年挺熟，你一说好像是民国 32 年，民国 31 年、32 年都旱了，庄稼没有，有也给你抢去，闹不熟。谁也耩不上地，他将粮种闹了，不让耩，他得要粮食吧？

有是有雨，下了七天七夜，我十三四（岁）吧，现在 77（岁）了，秋天有高粱叶的时候下的雨，高粱长起来了，长得稀松，淹倒没淹。

那时候有逃荒的，有饿死的，饿死是饿死了，饿死的有，前庄的，一个老妈妈、老头饿死在炕上了，腐烂了。那年饿死了的多了去了，年轻的都跑了。俺父亲俺母亲带着俺上沈阳了，下完大雨之后去的。我那一年出去逃荒了，忘了哪一年回来的。民国32年都没回来，谁也不敢回来，回来干吗？啥也没有。当时这里属堂邑，是无人区，从这上斗虎屯，上西顶到辛集，上南顶到堂邑，上东到梁水，整个洼像个锅一样，出去这个圈就好，哪一家都有人。就是齐、吴两家闹的，都是饿死的，没人管了。

下大雨我在家里，齐、吴两家抢吃抢喝，看谁家冒烟就上谁家去了，到那里吃点闹点。榆菜、灰灰菜也是吃的菜，地里弄乱了，它就长，扫一些菜种，吃那个，没有嘛了，吃野菜。

下大雨之后没病的，连吃都顾不上，谁去看病去，上哪找先生去？霍乱俺这边叫小瘟疫，感冒，症状想不起来了，上吐下泻的没听说过那个事，霍乱没这样。我得过小瘟疫，连头发都脱了，感冒重了，年头记不清，没过15岁，小。得小瘟疫的人数闹不清，没有给看的，光成天捣鼓嘴了，顾不得那个，吃还吃不饱呢，得小瘟疫后饿死不少，没人管，全跑了。

日本在堂邑、梁水镇、黑虎镇住着，倒不抢东西，吓得人都走了。扎针没听说过，没见过日本人。圈内圈外都没大些人了，圈外有在家里的，圈内饿死的、走了的没人了。没听说过有扎针治好的病，谁管病啊。

有被日本人抓走的，上北边了，他说给日本人当劳工，挑土篮，一个月给你多少钱，给你钱，你去吧，在那里都饿死了，那些劳工住厂里，给他效力。到日本了，都散了，没人管了，闹不详细。我一个舅被抓去了，上山东德州禹城了，又坐闷罐车拉走了。我舅叫什么？大名叫什么想不起来了，许什么的，向东北离这15里路，许庙是我姥娘家，他没回来，走了以后也没给信，就断了。我听说没有一个回来的，都饿死了，（去）挑土篮，日本人来了，说给你多少钱，都呼愣走了。

那时吃井水，圆圆井，提上来，烧开了再喝，没有听说往井里投东西的。

采访时间： 2008 年 10 月 4 日

采访地点： 东昌府区梁水镇刘官营村

采 访 人： 张　伟　谢学说　钟冠男

被采访人： 刘秉铎（男　77 岁　属猴）

刘秉铎

我叫刘秉铎，77 岁。

民国 32 年天旱倒不旱，人都走了，春季里也不旱，那一年地里种的豆子、高粱。秋天下雨了，下了几场雨不记得了，麦子不长粒了。雨水还挺好，豆子少，高粱让风给刮坏了，秫秸老粗，不结籽。麦子收了，少，合一亩地五六十斤，也收得不好。那时春粮食多，秋粮食不多。

收也白收，禁不住他们要，他们抢，老缺特别多，有牛牵牛，有马牵马，从车口屯到马颊河向西再到柳林都没人了。齐、吴两家两下里要粮食，白天要，夜里抢，老吴的兵来抢，再加上老缺来抢，有牛就牵牛。院里灰灰菜、草一人多高，树皮都吃了。

林乡现在归临清，柳林向这逃荒去外边的多了，去哪也有，关外的，河南的。我也出去了，我家五口人，父亲、母亲，民国 32 年剩了父亲和我，两个哥哥让冯二平抓走了，当兵了，走了没影了。那时要抓人当兵，老吴、老齐都来抓，谁抓着给谁干。我是秋天走的，回来时间长了，逃到山东德州禹城。

人都死了，死了没人埋，病死的有，民国 31 年生天花，我母亲就生天花死了，起水疱。那一年（死的人）多了去了，民国 32 年那一年我家五口人，生天花死了两口，我母亲和我弟弟生天花死了。我父亲是民国 32 年饿死的，民国 31 年在山东德州禹城，民国 32 年春天在山东德州齐河，饿死在齐河黄河涯了。霍乱病没大些，就是天花，霍乱有，听说过，没见过。记不清哪一年有霍乱，天花倒亲眼见到了。

人都走了，没人了，我也没在家。那时这里属堂邑。有日本人上村里来，我不在家了，我在外面住了六年才回来。有让日本人抓去干活的，打围子，没有抓到去日本、东北的，就在这里打围子。到别处的那早，我听说过，抓了来抢，三光政策，有牲口牵着，有被子抢着，有鸡提着，那个早，在过贱年以前了，到了以后抓兵抢兵就晚了。

打针没有？没看见过。在北边地里看见一个穿黄衣服的，人都跑了，把门一锁，抱着孩子就都跑了。

刘庄村

采访时间： 2007 年 2 月 1 日

采访地点： 东昌府区梁水镇刘庄村

采 访 人： 范 云 刘金盼 焦延卿

被采访人： 付伶伦（男 84 岁 属鼠）

付伶伦

俺母亲是民国 32 年去世的。

民国 32 年上半年天旱，都吃菜种，没人耩没人种，磨面子吃，后半年下雨了，不是多大，时间不是多长。秋天有蝗虫，拿着棍都轰，掉到了河里，挖一溜壕拿棍子捣，尽黄蚂蚱，有味，鸡都不吃，贼蚂蚱，光会蹦不会飞。

那年没钱，不行，房子不大住的都拆了，当柴劈了卖，家里缸、使用家什都推到黄河南卖了，回来买点粮食吃，走到半路就被杂牌兵给翻了。

咱这的妇女去要饭了，亲姑子都谁都不要谁，有的饿得动不了。家里东西都卖给黄河南了，两口子都顾不了谁了，男的也不要女的了，女的就到黄河南找个男的过日子，后来老些回来的，在那边生儿生女当上老婆婆的有的是，现在都不敢提，怕丢人，没对象的嫁过去的多了去了，从那边过来的。俺这里小名叫军的给人拆房子，砸死在那了。

那会儿有三四百人，过贱年饿死人多了去了，都没人了，剩几个赖扎皮，这些人家里没么，就这儿挖挖看有东西没，你偷我，我偷你。

我8岁没的父亲，就光我母亲两个过，俺父亲下关外，去打工挣钱，死在关外了，光剩我跟俺娘两个。姐姐比我大8岁，我姐姐家是梁水镇银庄，她15岁，我姐夫岁数大，人家弟兄三个穷。俺姥娘家给人做饭赚两个钱。我有个妗子，孬，说你在这儿没什么意思，叫我母亲走。

俺娘让我拿小镰割麦子，在这儿割两把，在那儿割两把，叫地头粮，黑头不出去，都是白天出去。那天下午叫福家楼的逮着俺了，把筐揣了，把俺母亲翻了个子，没打，赶过年，找庄上俺三叔，给了两个馍馍，过年干蒸窝窝，搁那儿了。

俺娘给人纺线，一兜30斤，纺三斤线，纺三斤线换一斗高粱。这个高粱没法吃，没豆子，掰开净白茬，不好吃，产几个豆子，几个棒子，都偷吃。榆叶结娃娃，那个娃娃多，磨些个榆叶窝窝，她吃，捧着吃，我拿着吃，娃娃有毒，吃得俺娘脸胀，那就是过贱年。

我母亲不算饿死的，她是抽筋霍乱，那时候没医院，庄上有扎针的扎针没扎过来，这可怎么治啊？弄个席一卷，我推个小车，找了几个人，借了4斤小米，找了个锅，熬了个干饭，那会儿4个人4斤小米，你说他们，那时候谁一个人能吃一斤小米啊？你说够，他们给我一点没剩下，我就看着人家吃，我自己饿着。以后我就挪到俺姐姐那边去了，这儿过不下去了，到姐姐家去了。

有其他人得这个病，一屋子，传染，有的是得霍乱抽筋。好几个庄有一个医生，肚里疼，快得很，早起还在洗衣服，到吃饭就肚里疼。发过大水，我母亲得这个病在发水以前，那时河里水很多，不是下的水。

那会儿霍乱有的是，俺村里就有，村里两家都抽筋霍乱，霍乱抽筋持续的时间不长，在要饭的时候，没碰到过类似的病。

可是上过水，忘了几年，我记得上了两次大水，叫那个小船，弄个鸡蛋放在盘子里王爷。俺这边没桥，那水到腰，九月初四，河里也没船，弄个缸，把我母亲搁缸里，推过来的。那会儿上大水吧，迷信天旱，敲鼓鼓，插着柳枝，一大群人，在那儿阿弥陀佛。天旱的，许三天下了雨，唱大戏，不下，许五天，谢雨的戏，那会儿，迷信我这儿什么事都经历过。马颊河，没开过口子。那时候马颊河窄。

民国32年村上没日本人，日本人没过来，尽杂牌兵，杂牌兵都是齐子修的，抢吃抢喝。过了民国32年以后，鬼子拉着大炮，这里也吼，那里也吼，人走到哪儿飞机跟到哪儿，走着能跟飞机说话，保护下边的鬼子，（飞机）飞不高，转悠。也没用飞机撒过东西。

日本人看到小孩给糖块，不打小孩。鬼子说话咱不懂，有些说鬼子来了就跑，逮着鸡烧鸡吃，逮住牛烧牛吃，饿慌了。日本人没检查过身体，都带着大米饭，有饭盆子。

日本人没抓人，梁水镇叫攮死一个，叫他带路，路上都老百姓挖那个壕，一人高，怕鬼子开炮车，鬼子走到那儿没法走了，他叫人给攮死了。

龙王庙村

采访时间：2007年2月2日
采访地点：东昌府区梁水镇龙王庙村
采访人：吴晨虹　魏　涛　李　龙
被采访人：刘昌义（男　83岁　属牛）

刘昌义

民国32年我十七八（岁）。

民国32年下大雨，八九月吧，棒子看熟了，谷子收回来了，下了七天七夜，房子都漏了。没听说马颊河有口子，没听说哪里发水。没下凌子，这里不大下凌子。民国20多年上大水，那年我11岁。

这民国 32 年闹年头，也别说旱，不是旱的，活活饿的。高粱捂了，闹灾，六七月份，不算很旱，闹贱年，闹病饥。老百姓南逃北奔，出去也是年头逼的，那时村里有 280 多口人，这 30 里，有齐子修的人，有吴连杰的人，还有皇协（军）。种了二亩棒子，被老朴，齐子修的兵，带的人抢去了。俺在家吃菜籽，地里找野粮食吃。我在家一共留了 4 斤白干粮，老朴的人来了，找出倒出 2 斤，留下 2 斤，那边的人来了，挖出来，拿双卡子打了我两下。皇协（军）打着日本人的旗号拿东西，日本人没有几个。

人生病这个事无所谓，那时候谁都在地里找破粮食吃，晒点菜籽什么的，闹不清谁生没生病。我当时在本乡住着，听说过霍乱，很急，我也感染了，在斗虎屯。我当时 20 岁，就是那年下大雨了，有十几个人得了，北街死的有三四个，当时庙台子来水了，大水过来了，不知道怎么得的这个病，听说北街有人得霍乱死了以后五六天，我得的霍乱，以后没听说有人得霍乱。当时听说了霍乱都很着急，没听说有烧香拜佛的。

我找人扎的，扎胳膊窝放血，扎针的说是霍乱，血是黑色的，挺快就好了。当时难受，发高热，忘了干哕不干哕，忘了拉不拉肚子。我是民国 32 年得的，下大雨以前就有得的。没听说别人怎么治，就在斗虎屯得的病，得了后也没有回家。家里其他人没有人得病，北街得病的人有人抬，抬人的没听说有得病的。

我那时在斗虎屯当老吴的兵，他的兵别的没有人得。不断有得霍乱的，紧霍乱死得很少，腿抽筋，浑身难受，拉不动，走不动，当时斗虎屯千百口子人。

没见过日本人给检查身体，没见过日本人给人打针。见过有给小孩糖吃的。见过日本飞机飞过，是日本打乔街，好像晚几年。

那时候喝井水，没发现有人往井里放东西。当时我七八岁，日本人还没来，怕被下毒把井盖都盖上了，防备日本人的细菌战。光听说闹细菌战，日本人来了之后就没有这回事了。没有听说过牲口得病，没听说过日本人决堤卫河，有听说过放水淹日本人。

采访时间： 2008 年 10 月 4 日
采访地点： 东昌府区梁水镇龙王庙村
采 访 人： 张　伟　谢学说　钟冠男
被采访人： 刘昌义（男　84 岁　属牛）

我叫刘昌义，84（岁）了，属牛。我认两个字，上过学，9 岁念书，稀松，公社里召集搞的，上的小学。种了一辈子地。

民国 32 年，我那一年 19（岁）了，下过大雨，下了七天七夜。那一年我在斗虎屯，离这十来里地，没吃的，下雨下得房子漏，地里庄稼就没了，也没人。沿围子是皇协（军），给人抢吃抢喝，给人抢粮食种，也有种上地的，种上的也给吃了。连棒子秆正月里收的，民国 32 年老些个野庄稼，有六七天不见一个粮食粒。

有逃荒的，俺上黄河南了，我是民国 31 年逃的荒，回来第二年了，回来也没人，又出去了，人家那里斗虎屯安稳，没有抢吃抢喝的，一直在那里住着，住了一年多。这边饿死了不少，有人拿东西，吃了两天饱饭撑死了，西边过来的，天津的，撑死了。

民国 32 年，这个时候再早点，阴历八月二十多，下雨下了七天七夜，下大雨时我在斗虎屯，饿得狠了就有点病。

霍乱我咋不知道啊，我还赶上了呢。斗虎屯北街头一晚上赶上，第二天就往外抬，我也得了，没死，症状和感冒一个样，叫人扎扎，扎胳膊放血，就跟瘟疫感冒一样，温度厉害，没拉肚子。我就听说北街死了几个，就是霍乱，吃些出汗的，弄点草药，不知道是不是哕，反正是感冒，扎扎，放放血，不是跟鲜血一样红红的，有点黑。我扎完血，算是没把我处理了，有的头一天得了，第二天就埋了。

那病传染，就是民国 32 年得的，时间得五六月，下大雨以前。斗虎屯北街，也是个村，街大，又是个集，有南街北街的，有几个得了，不知死了几个，反正来回几个，治好了几个。我见过日本人，他上农村来也就是扫荡，打齐子修和吴连杰，抢咱们庄稼人。他围子没在咱这，在前边村上住着。日本人来过，来这里买烟，连烟给抢走了。

日本人没打过针，没听说。没有人给抓走的，没听说来这里抓人。

有个当工头的走到蔡村给打死了，小名叫马四，是劳工头，八路来了，查到他是劳工头，给枪毙了。

民国32年喝井水，我小时井上锁井口，怕人下药了，那时也就十来岁，锁井口，有盖，喝这井水烧开了喝。其他村也得锁，传下来的，没听说别的。

采访时间：2007年2月2日
采访地点：聊城市东昌府区梁水镇龙王庙村
采 访 人：吴晨虹 魏 涛 李 龙
被采访人：刘景华（男 78岁 属蛇）

我今年78岁了，家就在这。民国23年，国民党在这成立乡公学校，没听说日本人有在这建学校的。

民国31年，捂高粱了，不出粒，民国32年，说旱又不旱，耩上地我就走了，家里没有人，没耩麦子。到六月份下凌子，从河南来家了，又在沙镇住了半月，那年才14岁。俺父亲领着俺，俺小，到处转，要么吃的俺都跟着他。庄上没有人了，只剩下三户，都出去了，一家一户的走，都去河南鞍山。那年下凌子之前还不旱，谷子高粱还行，收成还好，军队一闹腾就不行了，老吴、老齐在这，（还有）乡公所，日本皇协也要供给，那时候有据点，不是经常要，一个月要一次。

民国32年下雨了下得很大，有八天吧，这没河，就一条马颊河，就一个河，河底六七米宽，是放水的河，轻易来不了水，没听说掘口。那时候靠天，没有什么机械，没得什么病，没听说邻村有得什么病的。一直没听说过有传染病，有肿黄肝炎，气鼓，一摁一个坑，复发就麻烦了，现在人家说叫肝炎。玉生和他爷爷专治这个病，俺不知道这个病怎么治。

　　过贱年，当时见过日本人，市集当时住着二鬼子，皇协。没见过穿白大褂的日本人，没见过给老百姓打针的。日本人纠集农民给棒子吃，我有吃过，还给小孩糖吃，假充好心眼。老吴、老齐都和日本人通气，济南、河南都被日本人占着，没有给检查身体的。日本人不孬，孬的是汉奸。高丽棒子和日本人一块儿，没要过给养，灾年发东西，还是中国人狗腿子坏。吴连杰在乡里要人，从庄里出工打围子，在里面驻兵，个人带口粮。有去当兵的回不来的。

　　有听说过黄沙会，都是农民，入了黄沙会都能睡安生觉，鬼子来了之后，就没有了。

采访时间： 2007 年 2 月 2 日

采访地点： 东昌府区梁水镇龙王庙村

采 访 人： 吴晨虹　魏　涛　李　龙

被采访人： 刘玉生（男　78 岁　属马）

　　　　　　邢九玲（女　79 岁　属蛇）

刘玉生（右）、邢九玲

　　刘玉生：民国 31 年，旱，霜打高粱，民国 32 年不旱，民国 32 年以后闹了蝗虫。过贱年饿死的人多，俺爷爷、爹、兄弟都是过贱年死的，饿死的。

　　我 6 岁那年上大水，马颊河决口子，淹东不淹西，咱这边是高地，淹不着，不知是谁决的口子，那时十多岁，记不清了。

　　那时得病的还没有现在的多。有得霍乱的，哪一年都有，是旱情造成的，不传人。不扎不好，淌鲜血，没听说得霍乱死的。伤寒传染，忽冷忽热，浑身发抖，得病的人也不多。那时候什么是饿的，什么是病的，这很难说。

　　这没抓劳工，有招劳工的，假日本人给日本人招劳工，马四来给日本人招工，被范专员范筑先的二闺女抓住，枪毙了。有打防疫针的，打胳膊肘那里，后来没得病，不知是谁打的。没见过穿白大褂的日本兵。日本人给中国人照相，打防疫针，打得胳膊胀。

邢九玲：民国 32 年我 14 岁，去范县要饭，上车前要打针，疼，胳臂抬不动，疼了一个月，针管铁丝一样，愣粗，那么长（示一指长），打完针就不管你了。到黄河南要饭，要坐车，在车上要打针，凡是上车的都要打，大人小孩都打，小孩都打，有证明书，要给他看，打针的人说的话听不懂，给打针的人也穿黄大褂。

采访时间： 2008 年 10 月 4 日
采访地点： 东昌府区梁水镇龙王庙村
采访人： 张 伟 谢学说 钟冠男
被采访人： 刘玉生（男 79 岁 属马）
　　　　　　邢九玲（女 80 岁 属蛇）

刘玉生：那一年灾害不少，天旱，闹草荒，闹乱，杂牌兵抢吃抢喝，有老吴的兵，老齐的兵，再加上家里没收成，没嘛吃的，饿死的人不少。一家里有饿死两个的三个的，就这情况，没少饿死人。这住不下去了，逃了的很多，房子也都被拆完了，门都没有了。年轻的，小孩，有的是妇女，不少上南去的，上北去的，也有上东去的，妇女改嫁不一定上哪去，有的一个庄上剩三个四个的。

有在家的，有跟着毛主席八路军混事的，没混事的都走了。到后来下雨到什么时候了我也闹不清了，就是旱。要饭的忒多了，都关上门。麦苗子、树皮都吃。我到了河南，家里有六七口子，我跟母亲上河南了，父亲饿死了，我们是民国 32 年下半年走的，在外住了三年。坐日本人火车要打防疫针，坐他的车也要证明，那个针对人没好处。

邢九玲：民国 32 年，我那一年 14 岁，现在 80（岁）了，我娘家是姚庄的，姓邢。民国32年就那年，剩点掴的高粱给老人，就走了。我和妈妈上山西了，要饭去了，在火车上日本人给打的针。走到柳镇，在邯郸上的车，在车上打的，打一针胳膊八个月抬不起来。我和妈妈到了山西洪洞县，打了没给证书，上他的车买他的票就给打，跟锥子一样，攘一下。打针没给证书，提前都有证明书，良民证。

刘玉生：良民证就跟咱身份证，跟烟盒一样，有人名、相片、卡的印子，有那个就能买票。上了车以后再打针。那时候没霍乱，解放后有过一次。

吕　庄

采访时间：2007年2月2日

采访地点：东昌府区梁水镇吕庄

采访人：张　伟　曹洪剑　袁海霞

被采访人：吕文彩（男　82岁　属虎）

吕文彩

大贱年时，我十七八（岁），记得比较清楚。这儿死得少点，往西死得多，过大贱年这庄上不算苦，从这里越往东越好，往西坏。逃荒的不多，死了十来个，有的是下来粮食后，肠子饿细了，撑死的。民国26年发过大水，往后没发过，那年鬼子进中国。

民国32年没什么传染病，水肿的多，但没死人，没听过霍乱。发疟子的不少，没死过人，有发药的，能治好了，不知道药是从哪里买的，村上没有看病的先生，没有扎针出黑血的。民国32年得霍乱的不多，本庄上得的，没治好的。

马 庄

采访时间： 2007 年 2 月 2 日

采访地点： 东昌府区梁水镇马庄

采 访 人： 姚一村 刘 英 王穆岩

被采访人： 吕清泉（男 75 岁 属猴）

吕清泉

　　我从小住这村，原先叫马家湾，解放后叫马庄，原先与夏庄是一个庄，叫马夏庄。

　　过贱年时我 11 岁，大旱，没种上地，头一年种的高粱。民国 32 年村里开始逃荒，剩下两家半，我没逃，家里死了好几口子，饿死的。民国 33 年开始有人回来了，年景稍微好点了。那时逃荒回来的，没人了，没人种庄稼，一地地的野谷子、绿豆挺好，跟老天撒的似的，一上午就能弄两三袋子，都是些野谷子、野绿豆。过贱年后粮食下来，撑死的不少，半年不见粮，吃一顿好饭受不了。

　　民国 32 年闹霍乱，春天二月底到三月开头开始得霍乱，晚上得病，半夜就死。眼窝塌，耳朵听不见，缩腮，抽筋，一会儿抽筋抽成很小的一个人，一直到抽死，我母亲就是这样，被扎过来了，差点死了。得霍乱的不少，在家里就得这病，老人多，拉痢疾。闹霍乱比撑死早，梁乡闸上多，抽筋，不知道从哪里传来的。民国 32 年以前没听说过，就那一年多，死的人用炕席一卷就埋地里。

　　过贱年头里发大水，发水时我大约七八岁，发大水以后二三年开始旱，闹不清哪一年。黑岩山来的水，船从临清一直到聊城，范专员把七里铺的河堤打开了，水就上冻了，东边的房子被浸了。马颊河小，没发过水，运河大，有送皇粮的船。

　　那时候老齐抢吃抢喝，罗道龙也抢，那时还没八路。日本鬼子和老齐打，老齐打日本，我哥哥当老齐的兵，被日本裹走了。老齐比皇协（军）、老吴强，是范二小姐（范筑先之女）的军队。那时候在河西，如果说你是探子，就活埋了，共产党在临清西面。

采访时间：2008 年 10 月 4 日
采访地点：东昌府区道口铺镇安庄
采 访 人：薛 伟 杨文静 柳亚平
被采访人：马 氏（女 82 岁 属兔）

马 氏

我娘家是马庄的，离这七里地，娘家那会儿有好几口人，有爷爷奶奶。那年谁知道种了多少，反正没大留下来，那边没这收得好，没这粮食多。俺来这 19 岁，那年没嫁过来，还在娘家。

那年没下雨，旱，旱得没种上麦子，那会儿没井没法浇。有去要饭的，那会儿都上河南，推着衣裳上河南换点麦子，都去。我没去，那会儿都不叫赶集，大闺女不叫出门。

这也招过蚂蚱，我那会儿 30 岁了，俺在这里打过蚂蚱，那会儿打蚂蚱，都怕蚂蚱吃了庄稼。俺这个村那几年不断淹大河，得 20 多年了，调了大河（改了河道）就没淹过。

日本鬼子咱上哪里见去？没记得得病的，俺那些人没大有病的，俺没扎过针。

那时候吃井里的水，当街有个大井，都上那里挑水去，净吃那个水。

南黄庄

采访时间： 2007 年 2 月 2 日
采访地点： 东昌府区梁水镇南黄庄
采 访 人： 朱洪文　李秀红　李莎莎
被采访人： 刘玉枝（女　80 岁　属龙）

上过识字班。

民国 32 年过贱年，没听说有霍乱病，有水肿病，吃野菜吃的，有毒。刘庄也没有得么的。

1941 年、1942 年左右发过水，水没进村。吃井里水。

日本鬼子没来抢东西抓人，没见过飞机。

采访时间： 2007 年 2 月 2 日
采访地点： 东昌府区梁水镇南黄庄
采 访 人： 朱洪文　李秀红　李莎莎
被采访人： 王　育（男　81 岁　属兔）

南黄庄一直属于梁水镇，听说过霍乱，有天花病。民国 32 年前后，得霍乱的到处都有，有的人浑身发烧，上吐下泻，扎针出黑血，村里得这病死的人不多。这病传染，以前旧社会叫这种病叫霍乱，不知道为什么有这个病。

日本鬼子路过这村子，带走了三个人。

排李村

采访时间: 2007 年 2 月 1 日

采访地点: 东昌府区梁水镇排李村

采 访 人: 范 云 刘金盼 焦延卿

被采访人: 李景魁(男 80 岁 属龙)

李景魁

　　我要过三年饭,在黄河南,民国 32 年、33 年、34 年,正月出去,一年都在外面,家里没么了,都叫当兵的抢去了,杂牌兵,国民党兵,头是吴连杰、齐子修,都在这儿闹,抢粮食,都没什么吃的。

　　俺那个村原是 180 多个人,到民国 35 年回来就剩 20 多个人,都饿死了。

　　民国 32 年,灾荒,不太下雨,没耩上麦子,高粱冻了,不能吃,冻得早,冷得早。平时要饭为生,一个人在路边就死了,饿的,冬天又冷,摔那里就死了。那时吃野菜、野种子、勺子菜,加上点糠。没听过霍乱抽筋,那时候人瘦,光骨头,有么吃么。

　　见过日本人,在我们村走过,走了几趟,没见抢东西。这里没据点,没碉堡。穿绿衣裳的是咱中国人,见过中国人装的日本人,皇协军,叛徒。

　　飞机飞过,时间忘了,打聊城在那里过,炸过西南角十来里地的安泰集。

　　我那时还小,没上这边来。吴连杰乱抢乱拿,俺老丈人就是被打死的,要钱,不说,吊梁上,打,打死了,打死后,老丈母娘还年轻,就走了,找人埋也没锄头,就撂坑里埋了。

　　发水倒不记得,到那以后,在家种地,一个母亲一个弟,吃也吃不好，在家过。过了有几年，1945年以后，八路军就在河西过来，把坏蛋都打跑了。有个黄沙会，在东南角，没听过别的。俺那有给黄沙会打死的，他在那里当杂牌兵，逃荒走了，走到那里，徐庄，被逮住打死了。黄沙会都干么闹不清，也不抢东西，用铁皮枪，可能打日本人，跟日本人闹。

过了民国32年，有一回蝗灾，在天上飞，月亮都看不见了，蚂蚱吃粮食，到哪儿哪儿打，天灾。

采访时间：2007年2月2日
采访地点：东昌府区梁水镇排李村
采访人：杨 冰 孙建斐 李 斌
被采访人：李景魁（男 80岁 属龙）

民国32年地都荒了，民国32年前有100多口人，民国32年后死得剩不多了，走的走，逃的逃。

有人得病死的，有种病叫寒病，有些从关外回来的人得的，死了两三个。我民国31年前在关外住着，日本人在那占着，不能住了，就回家，我父亲就是那样死的，他给日本人当劳工，做饭。日本人来招劳工，我父亲就去了，在抚顺，死在抚顺了，我父亲是民国29年得的病，得寒病就是一窝窝的死，抽不抽筋我不知道，反正就是寒病，我那时还小，听老人说的。

我讲的寒病就是这个意思，上吐下泻，得那个病以后活不了，民国32年没这个霍乱抽筋。过贱年那年没人得病，都是饿死的，村都荒了，草有一人多高，都是国民党那个兵，杂牌兵乱的。

日本人是民国32年下半年或者是民国33年在这里走了一遭，是在谷子熟的时候，那时候有那个杂牌兵反对他，他来打杂牌兵。在村里没给小孩吃过东西，飞机不断来，都是打仗的时候来，打桥集那年来过，没见过飞机往下撒过什么东西。

发水那年是民国 26 年，黄河开口子来的水，都能乘船，过贱年那年没上水。

前李村

采访时间： 2007 年 2 月 1 日
采访地点： 东昌府区梁水镇前李村
采 访 人： 姜国栋　李　琳　刘婷婷
被采访人： 韩洪英（女　91 岁　属蛇）

韩洪英

没念过书，俺裹脚了，那时候不知道，十来岁就裹了。过贱年那年结的婚，大妮都 30（岁）了。那时这村就叫前李，那时候百口人，现在村上 550 口。

灾荒年就推着小红车上河南，从家里拿着东西到河南换点红山药、萝卜吃，我饿得皮包骨头，吃点菜，上地上拔菜，吃椿叶，什么都吃，那年不下雨。

那时得病死了就当饿死了，那会儿也没记得霍乱病，咱庄上死了老些人，死人都死哪埋哪，死路上埋路上，还有叫狗吃了的，没出现出血病。也有冻得厉害了，紧着不好，没有人得瘟疫。

民国 26 年上的大水，就是秋里，七八月来的大水，黄河来的大水，高粱露着头，不记得发完大水有传染病。

也记不清什么时候发过蝗灾，反正有过，蚂蚱吃庄稼，满天像星星，没人吃蚂蚱，就是把它们撵壕里。

日本人来过咱村，咱没见过咱就跑了。日本人也抢咱东西吃，没人叫咱们检查身体，不知道日本人给咱打针，没见过飞机。在咱村抓过人，不知干什么了。

老兴让老齐给抓去了，拿钱换回来了。那时候有点粮食都藏起来。

乔 集

采访时间：2007 年 1 月 31 日
采访地点：东昌府区梁水镇乔集
采 访 人：陈福坤　梁建华　刁英月
被采访人：乔明江（男　75 岁　属猴）

乔明江

民国 32 年耩麦子的时候，咱村有个乔西福，男的，50 岁，耩完麦子，晚上回来上吐下泻，晚上死了。第二天听大人说的，他一个闺女和一个儿都没有事，邻居也没有事，听他儿说的，住在一起的人都没有事。灾后死了 300 多口人。

采访时间：2007 年 1 月 31 日
采访地点：东昌府区梁水镇乔集
采 访 人：陈福坤　梁建华　刁英月
被采访人：孔老奶奶（女　80 岁　属龙）

民国 32 年的事我记不清了，十来岁的时候记得发过大水，我是 16 岁的时候过来的，民国 32 年不记得发大水。

民国 32 年饿死了老些人，饿死了谁也不知道，光听说是饿死的，有没有病死的不知道。

那年我 16（岁），没见过日本人，之前在家的时候见过，日本人干啥我不知道，那时候我才十来岁。

邱 庄

采访时间：2007 年 1 月 31 日
采访地点：东昌府区梁水镇八甲刘
采 访 人：张　伟　曹洪剑　袁海霞
被采访人：邱金枝（女　75 岁　属鸡）

邱金枝

我叫邱金枝，娘家在河东邱庄。

民国 32 年俺那庄上就剩下五户人家，死的死，亡的亡，饿得都在床上躺着，第二年年轻的回来看到老的都死在炕上了。

饿得要饭，孩子老婆也不要了，换成粮食，解放后又有要回来的，有要不回来的。那是人吃人的年月，靠卖老婆孩子活着。

那会儿全是靠天吃饭。马颊河几辈子了，下点雨存点水，不下雨就没水，一亩地就打两口袋粮食。到那年没收秋，也没耩上麦子，地里荒草枯坡，村里看不到人。民国 33 年老天爷下雨了，刚好能种庄稼，从河南带了点东西回来种庄稼，那会儿哪有什么河水，全是靠下雨。

娘家离这里七八里地，俺跟俺娘出不去了，人家出去要饭的都比俺强，家里老人饿死的多了。俺五口人七天吃一小碗谷子，弄点灰灰菜，放在水里煮熟，饿得没劲。俺娘开出一小块地，让我去种点豆角，几十里地，点完了都走不回来，拿着小碗走一会儿歇一会儿，眼发黑。家里死的死，亡的亡，年轻的走了，有年纪的走不动。

咱这儿没发过大水，听老人说上过大水，南边黑岩山山啸，地里普遍淹了，没淹死人。上大水比贱年好过，俺那会儿生的人，都叫大水。

得霍乱病的，有过，听老人说一个胡同里抬出去六七个，上大水得霍乱都在贱年前，老人传下来的，没听说霍乱具体死多少人，反正死的不少。庄上没老中医，集上有，能号脉。三个庄五个庄挑不出来几个，那会儿屈死的人多了。

日本进中国我见过，我也见过日本鬼子来过，那是贱年前。

当时除了三支队还有皇协（军），有个土炮楼，就一个，离这里五里地，齐子修、吴连杰（吴海子）闹矛盾，吴连杰没有番号，记不清了。还有个栾小秃，也是杂牌军，解放后被抓去枪毙了。

采访时间： 2007 年 1 月 31 日

采访地点： 东昌府区梁水镇朱家瓦房村

采 访 人： 张　伟　曹洪剑　袁海霞

被采访人： 邱世兰（女　86 岁　属狗）

邱世兰

我今年 86（岁），属狗，娘家邱庄，叫邱世兰，没念过书，念不起，那时候不兴念。

我 18 岁嫁过来，那会儿还是乱，八路军来了也不知道。庄稼人害怕，俺去河南逃荒了，那会儿 21（岁），在那里住了两三年，24（岁）回家里来了。老头参军去了，后来挂彩送回来了。

俺这里过贱年都到河南要饭去了，家里没人了，门也没了，窗也没了，都让人卖了换东西吃了。

那会儿地薄，不下雨，那年旱，都少种了一年，种的旱麦，那会儿难过，一年一亩地合几毛钱。周围庄上，都是吃高粱馍馍，没有白馍，有七八亩地的也舍不得吃，地里的小棒子跟小核桃似的，他们也是挨饿，地都不种了，都往聊城去了。

大贱年庄上死了120多口，俺从河南要饭回来，住了一晚上。那会儿走路走着走着就歪了，这死一个，那死一个，赶集在路上就死了，买点粮食，让人夺去，哪一年都没那年困难。

这儿上过大水，我15（岁），不知道什么年代了，在贱年以前。水从西面过来，船行多快水跟多快，七月十五到八月十五，涨了一个月，到了九月才耩上麦子。

霍乱病的事我倒不知道，民国32年那年300多口死了120多，不出门，没听说扎针出黑血的事。

匪老多，吃的喝的穿的都拿走，不知道是谁，反正是老齐的人搞破坏，二鬼子也多。鬼子来过，可不少，来这儿住了两天，老吴一来就跑了。老吴打老齐，很乱，老齐的兵也是抢。把整牛烧了吃了，那是日本人，来了也没干点啥，给些馍，祸害完就走了。

荣堂村

采访时间：2007年2月1日
采访地点：东昌府区梁水镇荣堂村
采访人：姜国栋 李 琳 刘婷婷
被采访人：荣锡昆（男 78岁 属马）

荣锡昆

我小时候上过两天学，上私塾，学百家姓。

那年民国32年，大旱，那时我17（岁），高粱不结粒。齐子修在，齐、吴两家闹。想当初，堂邑俺各村都没人了，我往河南逃荒去了，后来回来了。当时咱村上有五百来口子，剩下二三十口子，那些不是完全死的，还有投亲告友的，逃到黄河南的，现在有600多口子人。

那时得寒病，发热，不吃不喝，可叫我难了，有人已经得了，吃不进去，不出血，这个病传染。医生也不敢治病，都跑了。我那时去治去，碰到一个得病的人，叫我帮他个忙，吃了点面，到第二天就死了，生生的饿死了。

民国31年、32年有得这病的，我逃荒回来。已经33岁了，还有得的，连饿带死，死老鼻子人了，没人治好，死了，俺村上没医生。解放后有针治的，但不是这个病，寒病没治好的，持续了一年多，解放了就没了。那时，小永庄、大永庄、苏堤都有，霍乱病死得不快，吃汤药的，也有吃好的。咱村上也有，有个三个两个的，不传染，发热头疼，不吃不喝，跟寒病一个病，听人传的说是霍乱，就过贱年那时候。

日本鬼子进中国是民国26年，我9岁，那年发大水，天灾，从黑岩山来的大水，山啸，一人高的水，咱这连淹带饿带治死，死老鼻子人了。灾荒年那年没发生洪水。

俺这儿有日本鬼子讨伐，宫儿里王（音）、凤凰集有八路。我差点挨日本鬼子搂，看见日本鬼子就跑，日本人见不得人跑，你一跑，他以为你不是好人，逮住是好的都放了，不是就整你，有翻译说"苦力的干活"，日本（人）就没杀我，放了。

日本鬼子杀人，看不是好人就杀，凤凰集叫人杀了多少！那是共产党的窝，党员多，日本人扫荡就扫荡这种地方。

日本鬼子不办好事，皇协（军），黑家（夜里）睡着觉，把你围起来，咋办唉，皇协（军）最孬了。日本人不抓劳工，干活使皇协（军），（皇协军是）他手下。那时皇协（军）孬，说日本鬼子不懂咱的话，皇协（军）说什么你听什么。日本人一见你把手伸出来，先看你手，没茧子的不是好人。

日本鬼子不给咱打针看病，你死了活该。下来喝咱的水，从井里打了水就喝，也不消毒，没听说过他们在这下毒，别的听说井盖上，下毒，咱这没有。

见过日本鬼子飞机，飞得很低，近桂树上，没见过他们扔东西，听说聊城扔东西，外边八路围着，里面饿着，日本鬼子往下扔吃的。

黄沙会住在石槽王，黄沙会是好人，他们使大刀、红缨枪，收坏蛋梁山，梁山是一个人，大坏蛋。黄沙收了梁山，梁山在谷大楼，我那时很小，不记得，到最后都没了，石槽王死了老些人。

采访时间：2007 年 1 月 31 日
采访地点：东昌府区梁水镇宏伟村
采 访 人：张　伟　曹洪剑　袁海霞
被采访人：荣玉香（女　75 岁　属鸡）

荣玉香

我叫荣玉香，娘家荣堂，离这里八九里地，先属于八甲刘，然后是梁水。属鸡，今年 75（岁）。十五六岁上的学，村里先生教的。

过贱年时没下雨，高粱都没出粒。第二年下了雨，没耩上麦子，就耩了些春绿豆、春棒子。

解放前马颊河没来过水，那时候下点雨就积点水，不像现在，说放水就放水。马颊河涨水开口子我去了，那时我 18（岁），是在解放后。

过贱年那会，民国 32 年时我 9 岁，10 岁逃荒要饭。11（岁）嫁过来，还没婆家。那年大人要饭去了，我在家里，过麦时摸到什么吃什么，逮着一个知了龟，生着就吃了。父母到聊城东要饭了，村里人都走了，甭说小孩，大人也没了，都让老齐带走了，村里剩下没几个，都饿死在家里。

没记得具体有多少人，那时不到 200 口，饿死四五十。八路军打聊城，都说是民国 32 年。头年八路军在荣堂住下了，下了点小雪，那会儿地里光秃秃的，屋里都长草，有兔子、野棒子、野甜瓜，地里都有。过了贱年到家里种地，到地里拾点绿豆、小草种，轧轧，放锅里烧着吃了，拾了麦子还没吃呢，就让汉奸抢了。

荣堂闹过病，霍乱，血寒病，血寒病鼻子嘴里冒血。那都过了贱年了，刚过，也没先生看，弄点袜底泥，和着水喝，什么时候想吃东西就好了。那病招人，一个人得后很多人就得了。先是俺哥哥得的，然后是我，然后俺爹，我得病的时候，炕上的血干了后一层一层地揭，头脸浮肿得很大，家里人问我想要什么，我说想要棺材，这个病死了三个几个的。

霍乱是过了麦了，也是民国 32 年后，这家也有，那家也有，死了三个五个，都是有年纪的和小孩。喝苇根，喝草根，乱喝，过来的很多，没死大些。

血寒病两个月就过去了，我在炕上躺了一个月。听村上的老太太说用针扎扎霍乱就好了，霍乱闹了个把月，一二十天，过麦的时候闹的，血寒病一个半月后有的霍乱，周围村子没有得那病的。

吴连杰也听说过。头头也有逮住的。日本人没给过农民东西。

松树李村

采访时间：2007 年 2 月 2 日

采访地点：东昌府区梁水镇松树李村

采 访 人：刘明志　雒宏伟　李廷婷

被采访人：胡金堂（男　77 岁　属羊）

胡金堂

民国 32 年，杂牌兵抢吃抢喝，头一年旱灾，没种上麦子，高粱伤了，没吃没喝，闹荒灾，第二年才种上麦子。

日本鬼子没来村上人就跑了，闹老缺，

151

人都往南跑，当兵去了。谁记得谁是鬼子，只打着小红旗，哪儿是日本人，里面顶多三五个，日本兵都是皇协军，是中国人，咱这没来过日本人，那时共产党来划无人区，都是饿死的吓死的，还有逃荒走的。

得病，霍乱多，劳力得的多，秋时候忙，干活累的，又加上地气潮。得了就在腿上胳膊上扎扎针，放血，发黑，民国 32 年也有得的，抽筋，是冬天冻得。

采访时间：2007 年 2 月 2 日
采访地点：东昌府区梁水镇松树李村
采 访 人：刘明志　雒宏伟　李廷婷
被采访人：李洪喜（男　72 岁　属猪）

李洪喜

那时上学可困难了，民国 32 年后是公家的学校，庄里委托了先生教《三字经》《百家姓》，我小学还没毕业。

民国 32 年，咱这儿来了杂牌兵，抢吃抢喝，庄上没人了，现在有八九百口人，民国 32 年只有 230 多人，都逃荒到河南、河东、东北。闹得收成不行，种高粱，七月里下臭雾，高粱没收，接着闹荒灾，年纪大的吃草种子，用碾压成面子。

得病那时咱还小，饿死的人不少，马颊河大堤那边人都饿死在那里，传染病记不清。霍乱是在热天，大约在五六月，是民国 32 年以后，发烧，那时老人没药，喝百草疙瘩，出出汗就好了，老先生给熬汤药，浑身烧，嘴脱皮。

马颊河发过水，以前少，到了一九五几年挖的大河，再没淹过。当时出门就脱鞋，我那时有 30 岁了，春上有过地震，40 多年了，那地震大着呢。

梁水镇西边有个国民党的据点，是杂牌兵，他们各霸一方，一个在摆渡口，是齐子修，一个在张诗庄，是江凯敏，还一个在吴家海子，是吴连杰。

日本扫荡，这儿没路过，那时我八九岁，在这上南有扫荡的，那会儿还没有共产党。没听说过拉到日本国的劳工，我没见过日本鬼子，他们没上咱们村来。

土闸村

采访时间： 2007 年 5 月 2 日

采访地点： 东昌府区梁水镇土闸村

采访人： 齐 飞 胡 利 杨代云

被采访人： 孔繁河（男 85 岁 属猪）

日本人扫荡时看壮的就抓，当时是三支队的队员，齐子修是队长，齐子修有两三个旅，两万多人，一直到河南，齐子修被日本人扣下了，下命令收编了他的部队。后来武器被收了，当时我跟着一个民团长转悠，巡逻，被逮着了，我们是走着到的聊城，到济南时坐汽车，一车装四十来口人，不知道做没做体检的。

1943 年冬天，大约十一二月，我到聊城监狱，住了十几天，又到济南新华院，在济南西北角，在新华院住了不到两个月，春天去了日本。

在新华院每天出去干活，干土木工程，挖沟、修工事，有监工吓唬人、打人。在新华院不能动弹，不然拿皮带抽，一开始上厕所都有人监视。外面有电网，监工有日本人，中国人也当监工，三四十个人里面选一个人当监工。在新华院吃陈米、黄豆做成的稀饭。能吃饱，但消化不了，一天三顿饭每顿饭都一样。没有女的劳工。

新华院没有医生，经常有人死，每天死十几个人，新华院有几百亩。

埋人的坑大约在新华院西边。晚上睡通铺，一个屋六七十个人，屋子有
48—72 平方米，到日本之前先查体，剩下的还在济南干活。在日本时穿
麻布，和日本人穿的不一样，冬天和夏天衣服不一样，在北海道穿有绒的
衣服，其他的工友有挖煤的，去的时候有登记。

有一批到了日本国，有 200 人，本村里就我自己。后来本村又去了两
个，叫康军和刘凤玲。去日本的时候在青岛上的船，从济南到青岛时有一
个跳火车的，被逮住了，头受伤了，包了包头又上了日本。

我们在日本北海道干活，挖土、开土山，修土洼挡水，修水银工场，
冷的时候不能干活。下雪的时候搬到九州，离名古屋不远，在九州也干土
工，修飞机场，一直到回来，一人一辆轱辘马，监工也是中国人，有两个
大队，一个大队有 100 人，管理人带着棍子。小队长姓孔，是个南方人。
吃橡子面，日本人也吃，后来吃棒子面，日本人吃大米，当时在日本有人
看病。

干活是从早到晚，干活中间只休息一个小时，只要不累就干活。在日
本时住的房子是木头的，有两层，那时候少了 20 个人，据说是逃跑的，
我们这一队没有逃跑的，跑出去的在深山里。干了一年半的活，知道抗战
赢了就开始反抗，有一个日本小孩到工地玩，一个小队长跟小孩要了一张
报纸，他每天拿报纸，知道抗战胜利，于是就不干了，回来之前三四个月
就知道了这个消息。那个小孩没吃的，去工地要吃的。

看见美国飞机发传单，内容上要求写上你是哪国人，目的是救人，传
单用英语写的。

去日本的时候跟华北劳工协会签的合同，这个协会是国民党组织的协
会，在新华院的时候不允许工友说话，在日本可以说话了。日本人遣送我
们回来的，每人 2000 日元，先到天津兑换，然后就不管了，工友都回来
了。从天津走回来的，到家的时候已经冷了。

我回来后在梁水镇中学教书 31 年。

采访时间： 2007 年 2 月 2 日

采访地点： 东昌府区梁水镇李廷白村

采访人： 杨 冰 孙建斐 李 斌

被采访人： 梅付英（女 77 岁 属羊 民国 32 年在娘家土闸）

民国 32 年过贱年，都逃荒去了。我要饭去了，过贱年我 12 岁，在娘家，大人领着去要饭。

没记得有发水的，就是旱，先是连着三年一滴雨也不下，最后下雨了，不记得下多少天了，反正下雨以后就丰收了。

那年先是闹兵饥，后来又六月下苦霜，苦霜就是冷霜，庄稼都冻死了，先是招了一回天狗蝇，天狗蝇过去了，霜就来到了。高粱还没出壳就完了。饿死很多人，人真都没有了，剩下没几个人。天气冷，就过起贱年了，高粱都完了。

没听说有人上吐下泻、浑身抽筋，反正都是饿，霍乱老辈子就是扎针，扎腿。霍乱怎么没得过啊，就是扎针，扎腿，放放血这就好了。不是过贱年得的，是以后，没少扎过腿，以前没别的法。什么叫扎好啊，就是扎上了舒服了点，就拉倒了呗。热天里好得这个，得这个病就腿乱，拉不动腿，走不动，再没别的事，扎腿，扎腿上的青筋，放血，放出血来就觉着轻灵了，就好了。逃荒以后也扎过腿，反正腿一乱就扎。霍乱那个倒没死多少人，都是饿死的，霍乱不传人，哪有说霍乱传人的，得霍乱的不少。

采访时间： 2007 年 5 月 2 日

采访地点： 东昌府区梁水镇土闸村

采访人： 齐 飞 胡 利 杨代云

被采访人： 孙文城（男 87 岁 属鸡）

上过小学。民国 32 年我不在家，我四月走的，在外边住了 3 年，在济南，之前开饭铺。过贱年，无人区，那时我 20 多岁。

民国 32 年上大水，从南边来的水，也有下的水，都淹了，阴历七月上大水，已经收完高粱了，没挨饿的时候也上水。先发水，后来日本人来。

没听说有招人的病，有霍乱，没有出现抽搐的情况。

有抓到日本去了的，先在济南十一马路大院里，日本人关劳工的平房，有几亩地大，大门朝南，干散活。日本抓人的时候我在家，那时候许则宽去日本挖煤了。

河东有个碉堡在贾寨。

采访时间：2007 年 5 月 2 日
采访地点：东昌府区梁水镇土闸村
采 访 人：齐 飞 胡 利 杨代云
被采访人：许则旺（男 80 岁 属龙）

民国 32 年没发大水，事变之前发过大水。我读过私塾，没上过高小。

日本打围子，占据点，在东边。有齐、吴两家杂牌兵，吴海子是吴连杰家，他爷爷被齐子修活埋了，我同村的贺凤玲被日本鬼子扎死了，死的时候 40 多岁。有被抓到日本去的，叫许则宽，现在死了。

民国 32 年过贱年，饿死很多，没人埋，埋庄里了。吃野菜，吴连杰的兵夺粮食籽，他抢去吃，人都是饿死的。这里没有伤寒病，很少有霍乱病，分不清怎么死的，是断断续续的，没有集中死的，那时候没有专门医生。

日本人没有给吃的，没有打针的，（他们）看手，没有茧子都杀死，（我们）见了日本人都跑。有很多鬼子，强迫（我们）加入他们。那时候这归堂邑管，把枣树砍了做围子，不知道鬼子的番号。不知道日本人挖过大堤。

民国 32 年时这没有国民党的军队，那时候有地下党。那年这是无人村。

采访时间： 2007 年 5 月 2 日
采访地点： 东昌府区梁水镇土闸村
采访人： 齐 飞 胡 利 杨代云
被采访人： 张金友（男 75 岁 属鸡）

1943 年七月里发大水，是日本人来之前。10 岁左右的时候发大水，第二年日本人打区里。

不知道哪一年有发霍乱的，很多，一天就死了，只要死得快就叫霍乱。没看日本人给病人黄色的药丸。不知道症状，也不敢去看，可能是传染病，年纪大的容易得病，有一家死两个的。日本人走了之后才得了这病。我只知道这个村子有得病的，过了大约一个月这个病才没了，不知道有撒过病菌。

王铺村

采访时间： 2007 年 2 月 2 日
采访地点： 东昌府区梁水镇王铺村
采访人： 刘明志 雏宏伟 李廷婷
被采访人： 王宗峰（男 69 岁 属虎）

我上过小学，上过六年，这个村叫王铺，那时候属于堂邑，现在属于梁水镇。那边的河叫京杭大运河，马颊河从西南往东北去的，和京杭运河交叉。马颊河解放后决过（堤），解放前没有。解放前刚挖的一条小河，不大。

民国 26 年，那时候是听说，不是亲见了，国民党掘的，淹日本，炸的黄河，在馆陶开的口子，六七月份，（持续）一个多月吧。

民国 32 年没水，大旱年没种上，再加上日本鬼子，今天来押，明天来押，人都跑了。日本人当时这小村没来过，这也没人啊。吴连杰是咱下边的一个民团，也算不上好人，反正一开始是个民团，维护这一片社会治安的。

那时候局子，就是乡政府，跟现在的派出所一样，也有武装，围子就是高墙围着村里一遭。俺这个村没围子，王家岗有，和王铺是一个村，后来分开了，有200多年了。

日本人烧过牛，打死了俺村一个人，我那时还没出生，我听说的。年轻的妇女都跑净了，光剩俩老头，日本鬼子打死一个老头。

人光跑了，光知道跑了，人跑了就去逃荒去了，一年多没人，回来剩下了一百人。

八路军也是来吃鸡，他是晚上来，住小屯，他晚上来，他是光吃，不打人。

采访时间： 2007 年 12 月 1 日
采访地点： 东昌府区梁水镇王铺村
采 访 人： 白　玉　王素根　张　毅
被采访人： 江玉莲（女　80 岁　属龙）

娘家在蒋庄。我当时十六七（岁）了，那年结婚了，那年过贱年。怎么不饿，饿得到黄河南里拾麦子去，吃孬东西。我生病了，抱着孩子往黄河南，抱不动。

那会儿也不知道什么病了，谁得病谁就死，那会儿死个人不算事，那会儿我走不动就爬。村里没听说有得霍乱这个病的，那倒没听说，光知道饿死的。得病的见过，我就扎过，没有放黑血，扎旱针。

那会儿有吴连杰，日本打仗，日本打老吴。日本没让人干活，没听说过，咱没注意这个事。日本人见过啊，就见了一回，日本人来了，咱那牛，火烧了，烧鸡，他也不拔毛，不会吃。人都跑了，祸害啊。有跑不出去的。

也得有个 60 多年了,八路军过来老缺就没有了,俺这些人是八路军的亲戚,俺小孩他爹就是八路军,俺娘家侄儿,三个侄儿,两个是八路军。那会儿俺小孩他爹上南边大厂县,他那会儿还是个排长,那时候(我们)结了婚,十八九(岁),他比我大两岁。那时候他和我不在一块儿,他打围子,打老缺。老缺把俺公公的牙都打掉了,那会儿不叫他书记。

民兵怎么没见过啊,俺哥就是民兵,那会儿当民兵,他是民兵连长,打国民党,老缺来的时候,他那会儿小,在河南了。

王屯村

采访时间: 2007 年 2 月 1 日
采访地点: 东昌府区梁水镇王屯村
采 访 人: 刘明志 雒宏伟 李廷婷
被采访人: 韩庆喜(男 81 岁 属兔)

韩庆喜

梁水镇以前,大概是 1950 年以前,归堂邑县地头,原来属博平县,现归茌平县。

这 1964 年出现过七级地震。民国 32 年上过水,从西南黑岩山来的,房子离水近的都淹了。有个马颊河,有年岁了,有几百年了,也来过水,不知哪儿来的。

民国 32 年特苦,一个是天不下雨,没种上麦子,另一个是高粱招天狗蝇,不结粒。村以西,草长了一米多高,有的老妈妈饿得没得吃,五六十岁的人到村里烧草种子,回来压面子吃。那时人死了,死在铺上,饿得只剩骨头。饿得都逃荒了,都没头发了,谁也顾不得谁了,夫妻也不相认了。民国 32 年,正月初一,我去了济南东边,那年我 16 岁,逃荒去了。

民国32年，死的人多得很，堂邑就没人了，河东好点。那时有无人区，人都死在炕上。野兔子多，一天能逮八十几只，兔子都能踩出路来叫兔子路。

那时得病，还是饿死的，吃棉花种子，吃了就拉，就死了。霍乱那是民国26年以前的事，没听说过上水。俺母亲就得过，发热，鼻子淌血，皮都不敢挨，传染，没先生也没治。当时不少得这病的，拉肚子、哕、上吐下泻，以后再也没听说过。

那时伤寒和霍乱差不多，有扎针的，那会儿老先生给我东边的一个两三岁的孩子扎尾巴股。没听说过什么情况，反正都死了。那孩子是民国26年以前和我母亲一年得的，我母亲那会儿没死，以后得心脏病死的。

那时日本鬼子枪（杀）一大堆，杀人，在运河摆渡口村杀了三个人，小任庄杀了两个人，梁水镇杀了几个，其中有个叫胡正月的。

北屯有拉到日本国当劳工的，咱这村有挑土篮子的没回来的，有个小名叫发生，另一叫老虎，他们都姓刘。日本飞机见过，咱这有扔过炸弹，没扔过别的东西。

红枪会是群众组织的，拿着枪打日本人，临清的北清河桥死了不少，他们攮日本人去了，被日本人用机关枪打死了。三支队也打日本人，头头是齐子修，有个民团团长叫江开敏，打牵牛的，打抽大烟的。那些人是从日本人那里弄来的白面。

解剖，听说过，北京、天津兴那么说，咱这没有，日本人也不给什么吃的，也没体检过，没打过防预针。

采访时间：2007年2月1日
采访地点：东昌府区梁水镇王屯村
采 访 人：刘明志　雒宏伟　李廷婷
被采访人：李玉凤（男　84岁　属鼠）

民国32年挨饿，那会儿粮食这里调走那里调来的，发大水，黑水，那会儿我八九岁，一到晚上涨老些水。

运河没发过水，西边挖得发过水，说是一群蚂蚱带来的，那年蚂蚱多，旱，地里叫蚂蚱吃了。快过完秋时来的水，高粱都漂起来了，发水后死的人不多。

霍乱转筋有过一回，没少死人，没记得什么症候，那时没医院，扎针在心口，用小刀挖开，说是挑出筋来剪断就好了，后来就

李玉凤

好了，我那会儿得十好几（岁）了。不拉肚子，兴发烧，咱这片死得不少，俺家没有，小孩得的多，叫热霍乱。

日本鬼子来还记得，那时上庄子扫荡，吓得人都跑了，跑到庄稼地里，还没见日本鬼子来就跑了。日本鬼子把聊城给包了，把皇协兵包在里面，上古楼去了，那年可没少死人。

那会儿老缺多，村上见过，只净抢净杀人。抓劳工是常有的事，没上过咱这，有被抓去日本国的，有国民党叫去当兵的，没人敢跟日本走。没听说过黄沙会和红枪会。

采访时间： 2007 年 2 月 2 日
采访地点： 东昌府区梁水镇王屯村
采访人： 白　玉　张　翼　付　昆
被采访人： 王梅发（男　81 岁　属兔）

　　　　　　王杨氏（女　84 岁　属蛇）

王梅发（右）、王杨氏

有人在民国32年饿死的。我去过南方，待了半个月回来的。

聊城有日本人，还有三支队，为（抢）地盘打仗。八路军是打日军的，民兵是打地主的。

民国32年没水，以后有霍乱。民国36年发大水，发过个把月。

民国32年日本人还在，（穿）黄军装，撵鸡，宰鸡，就在这儿住了一天就走了。

这庄上有霍乱，很少有，有得这病死的，上吐下泻，扎旱针，也吃药，有放血的。俺那时三十来岁，死的人不少，放血后就死了，都得头疼、高烧，那时小，具体不知道。大病我没得过，家里其他人也没得。

村里有两个井。

采访时间： 2007年2月2日
采访地点： 东昌府区梁水镇王屯村
采访人： 白　玉　张　翼　付　昆
被采访人： 王凤同（男　88岁　属猴）
　　　　　　　王立业（男）

王立业（前排左）、王凤同（前排右）

我那时候上了小学，上的不容易，上了五年小学。

民国 32 年是我二十二三（岁）的时候，日本鬼子到村子以后，扫荡，要东西。村里人都没有地方住。

采访时间： 2007 年 2 月 1 日
采访地点： 东昌府区梁水镇王屯村
采 访 人： 刘明志　雒宏伟　李廷婷
被采访人： 李艳凤（女　77 岁　属马）

李艳凤

民国 32 年，只知道上水了，可能是六七月，泡了高粱，人到水里捞高粱，没种上麦子。到第二年饿死不少人，那年我不知道有得病的。

我九岁时过贱年，到第二年种上了谷子，吃的泡豆子，肚子不行，拉死了。上水时我九岁，我娘死时我 14 岁，吃谷子吃得拉，那时只有我母亲一人得病。上大水那年，没记得死多少人，挨饿。

霍乱转筋，热天死的，症候咱忘记了。俺娘家在北边也没听说过，以前堂邑不是这儿的，是冠县的。鼻子嘴出血这回事也没听说过。

日本鬼子来之前，人都跑了，那时我还小，没结婚。鬼子先上梁水镇，村民就往北跑。没记得日本人杀人抢东西，那会儿才十二三岁，日本鬼子没去王屯，没伤过人。

大运河通临清，从这流到西北，后来不用这个河，就把河给平了，东边都是平河后盖的房子，还有个河道北边就都种上地了。马颊河发水的事不记得了。

王辛庄

采访时间：2007 年 2 月 2 日

采访地点：东昌府区梁水镇王辛庄

采 访 人：朱洪文　李秀红　李莎莎

被采访人：隋箭银（男　77 岁　属羊）

　　我识字。王辛庄民国 32 年属于堂邑县。

　　知道霍乱，这村得霍乱的不少，民国 32 年有得霍乱的，扎针出黑血，都死了，得病后，发热，有的人上吐下泻，头痛。村子里当时有中医，给得霍乱的人吃药，先生告诉的，这病叫霍乱。看不出，得病的人瘦，一般半个月就死了。没听说那些人抽筋，不知道是不是传染，这村得这病的人不少，不知道病是怎么来的。

　　那时吃井里的水，没听说过日本投毒这事。

　　日本鬼子经过这个村，没进村，没派人来看过。飞机不断地过，没有扔东西。见过八路，没见八路与日本打仗。

采访时间：2007 年 2 月 2 日

采访地点：东昌府区梁水镇王辛庄

采 访 人：朱洪文　李秀红　李莎莎

被采访人：王绍文（男　85 岁　属猪）

　　我识字，上过私塾。17 岁去了枣庄，在那里七八年，去学买卖。

　　民国 32 年前发生过霍乱，见过得霍乱的，得病的扎旱针，吃药，得病后发烧，有救过来的，有没有的。拿旱针扎，扎出来的血是黑的，起个疙瘩，扎腿，扎胳膊。村里得这病的不是很多，是个老太太扎的针，人家都说是霍乱，哪里乱扎哪里，筋是红的，麻。周围几个村没听说有得霍乱的。

民国32年回来后没见过鬼子、八路。

夏 庄

采访时间：2007年2月2日
采访地点：东昌府区梁水镇夏庄
采访人：姚一村 刘 英 王穆岩
被采访人：杜连举（男 79岁 属蛇）

杜连举

没上过学，认字稀松。

民国32年过灾荒年，旱得地里叶子能点着了，饿得人死了抬不出去，死了没人管。没闹过霍乱，差不多都是饿死的，没上吐下泻的。没听说过霍乱。

民国31年上大水，大约70年以前了，马颊河上的水，水一气儿到了聊城，那是黑岩山山啸来的水，上大水时我大约9岁。

这边汉奸抓兵，我偷跑到了东北。汉奸抓兵到梁水镇，有一个连长、排长。那时大概20多岁，鬼子不断上这里来，把抓的人带到聊城，不是当兵，就是杀死。

肖 庄

采访时间： 2007年2月1日
采访地点： 东昌府区梁水镇肖庄（肖黄穆村）
采 访 人： 姚一村　刘　英　王穆岩　杨兴茹
被采访人： 孔繁海（男　90岁　属蛇）

孔繁海

这以前属于堂邑县，我是孔繁河的哥哥。

民国32年饿死老些人。有传染病，霍乱，上吐下泻，抽筋的少，什么病都有。紧霍乱，抽筋，摔倒就完。闹肚子，会扎针的在脚后面扎，一会儿就过来。紧霍乱不太多。灾荒年有得病的，不太多，饿死的多，灾荒年以前闹不清了。

采访时间： 2007年2月1日
采访地点： 东昌府区梁水镇肖庄（肖黄穆村）
采 访 人： 姚一村　刘　英　王穆岩　杨兴茹
被采访人： 孔祥勤（男　78岁　属龙）

孔祥勤

民国32年没收东西，1941年就没下雨。那年高粱烧包了，麦子没种上，加上皇协（军）、三支队在，土匪是老齐、老吴、罗兆龙、江凯敏，过河东是郭牛。人在家都坐不住，都出去逃荒了，去东北、胶东、陕西。我去天津了，民国30年就走了，第二年回来的。

那个时候我小，没听说霍乱，抽筋，孔繁海得过霍乱，紧霍乱。

采访时间：2007 年 2 月 1 日

采访地点：东昌府区梁水镇肖庄（肖黄穆村）

采 访 人：姚一村　刘 英　王穆岩　杨兴茹

被采访人：肖树腾（男　71 岁　属鼠）

肖树腾

　　民国 32 年我在家，那年没发水。发水早，我不记得了。灾荒年以后闹的蝗灾，大约 1945 年、1946 年间。

　　老多得霍乱的，得霍乱，不抽筋，上吐下泻，一天就死人，民国 33 年闹的，得了病就撑着，不好看。

　　咱这边是无人区，肖庄原来有七十来户，连死的和逃走的，一共剩下了 4 户。无人区是堂邑以北，家里几乎没人了，肖庄那一年死七十来人。

　　这个病传染，很快就过去了，以前没听说过，后来听说是从西北临清传来的，说日本科学家研究了东西，把药撒到河里了。解放以后就有人说，（药）放到临清的河里。日本一投降就听说这事了，谁传的不知道，没闹明白咋回事。

采访时间：2007 年 2 月 1 日

采访地点：东昌府区梁水镇黄庄村

采 访 人：姚一村　刘 英　王穆岩　杨兴茹

被采访人：肖文秀（女　79 岁　属蛇）

　　这个村名叫黄庄，娘家在肖庄。民国 32 年在娘家呢，在拐李王住了三年。

　　没听说霍乱，没听说过这个病，咱不知道，听说肖庄有。

这民国 32 年以前上过大水，马颊河上过水，咱这也开过口子。那年咱这有土匪，老齐的兵。

小李庄

采访时间： 2008 年 10 月 1 日
采访地点： 东昌府区于集镇王庄村
采访人： 张　伟　胡　琳　谢学说
被采访人： 王青美（女　81 岁　属龙）

王青美

俺娘家姓王，这里也姓王，娘家在西边的小李庄，离这里有二里地。我 81（岁），属大龙的，18（岁）嫁过来的。民国 32 年那会儿我在娘家，日本鬼子还在这里。

那个灾荒年，榆叶也吃不上，饿死的人可不少。小李庄么也没收，么也没见。病的我记不得，反正饿死不少，在咱这里饿死五十来口，在小李庄不记得饿死多少口了。我就记得蒸的那个榆叶，看不见面，饿了就吃点。没收，反正是闹灾，大贱年。我那年也就是 14（岁）。

结婚头一年，日本鬼子就在这里呢，我 18（岁）结的婚，腊月初八结的婚，就跑到屯里去了，俺牵着牛，怕汉奸来抓人，跑的时候就抓了两个老头去。汉奸，走到白庄那，说："你个老家伙，拽不动你，80 多岁了。干什么活啊？"连人带走了，他跟咱要钱，要拿钱赎去。

去日本干活的没有，那时候日本鬼子在这里，他见天的上咱这里要给养。

两次灾荒年，头一次灾荒年，我还真没嫁呢，第二次灾荒年，就有小孩了，第二次就进入高级社了。

小任庄

采访时间：2007 年 2 月 1 日

采访地点：东昌府区梁水镇小任庄

采访人：白 玉 张 翼 付 昆

被采访人：任得福（男 77 岁 属羊）

　　　　　梁鸿奎（男 73 岁 属狗）

　　　　　刘文英（女 77 岁 属羊）

我叫任得福，上过两年学。这个村原来有 130 多口，民国 32 年饿死的不少，没生病死的，没全家死的，有跑出去的，有回来有不回来的。我去过东北，见过日本人。

民国 32 年发大水，没生病的，水是八月份来的，庄稼也被祸害了，水有一人多深。

当时我十几（岁），听过

左起：梁鸿奎、任得福、刘文英

霍乱，有（得）霍乱死的，得的人不多，这是又热又饿才得，有的是在赶集的时候得的病，不传染。

见过日本兵，在聊城乱打一气，他们不在附近住，不断来烧木头的车。日本兵和中国人一样，黄军装，有不戴帽的，有布的帽子，也有铁的，从这路过，要鸡蛋要鸡，日本人来了都逃跑。日本人还给小孩糖吃，吃了没事，我小，不害怕。

小王村

采访时间： 2007 年 2 月 2 日

采访地点： 东昌府区梁水镇小王村

采 访 人： 杨 冰 孙建斐 李 斌

被采访人： 王建陶（男 75 岁 属鸡）

民国 32 年人都跑了，我那年 10 岁，过了秋逃的，第二年秋天回来。

那年每亩地收不到百斤麦子，好麦子也就上六十斤，人都是饿死的。没见过人上吐下泻的，抽筋的见过，一个女的，那会儿记得叫抽筋霍乱，就扎针，扎哪不知道，那个女的叫什么不记得了，抽死了。那会儿哪有医生啊，有病就扎针，拔罐子。那女的是秋天抽的，逃荒回来那年，谷子熟的时候抽死的，她到哪里逃荒去的不知道，当时往南往北逃的都有。她家里人没事，也没传人，她婆婆会扎针，说是抽筋霍乱，扎也没扎好，附近的村子里没得抽筋霍乱的，没再听说。

日本人来过一次，我那年七岁，日本人来的那年还没过灾荒，日本人是来打杂牌兵的，打老吴、老齐、冯二皮。

日本人抓劳工，抓到日本，挖煤窑，挖山洞，我一个舅姥爷，马村高庄的，叫日本人抓去了，没回来。

见过日本人的飞机，在河南的时候也见过，逃荒之前也见过日本人的飞机，是打桥集的时候，不打仗的时候没有飞机。

采访时间： 2007 年 2 月 2 日

采访地点： 东昌府区梁水镇小王村

采 访 人： 杨 冰 孙建斐 李 斌

被采访人： 王建义（男 85 岁 属鼠）

过贱年饿死的不少，我 1942 年那年都逃荒了。那年这庄上就剩一家，有两个老妈妈，别人都走了。下黄河南，俺是春天走的，在外住了一年。

那年死的人多，有得病死的，死的时候样子都不一样，也有抽筋的，霍乱，一会儿就抽死的。那会儿没有医生，一乱，大夫都跑了，看不了医生。（得）霍乱死的人有，多不多闹不清。

日本人进过村子，哪年来的，来干甚的我都记不清了。

许 屯

采访时间： 2007 年 2 月 2 日
采访地点： 东昌府区梁水镇许屯
采 访 人： 姚一村 刘 英 王穆岩
被采访人： 李金海（男 75 岁 属猴）

李金海

我一直住这，这原来属堂邑。民国 32 年我逃荒到了高唐，民国 32 年正月初五走的，1950 年回来。

那时候老齐、老吴的兵混乱，吴连杰来得早，老齐晚，民国 32 年老吴住这，后来老齐住了，老齐打鬼子。

人都逃走了，剩下三两个人，不知道家里有病。

采访时间： 2007 年 2 月 2 日
采访地点： 东昌府区梁水镇许屯
采 访 人： 姚一村 刘 英 王穆岩
被采访人： 邢同伍（男 75 岁 属鸡）

霍乱哆嗦，扎不过来就死，死得快，老人得的多。这庄上有得的，有一个半个的，灾荒年过后（得的）。民国 33 年热天气，饿的，热的，是我逃荒回来才知道的。

民国 32 年冬里逃荒，闹兵，吴连杰的杂牌军，是打红军的。老齐打日本，鬼子也打老齐。

邢同伍

闫谭村

采访时间：2007 年 2 月 2 日
采访地点：东昌府区梁水镇闫谭村
采 访 人：姜国栋　李　琳　刘婷婷
被采访人：闫开功（男　81 岁　属虎）

我小时候没念过书。

灾荒年没下雨，那时候有齐、吴两家，梁水镇那是老齐，咱这是老吴，老吴不叫你耩地，连粮食种都给你抢走了，没粮食种，种不上粮食，不完啦？

闫开功

咱这有一个得霍乱，他死了后，浑身黄，胳膊腿也不硬，人家死了，腿、骨头节、胳膊都挺硬，他挺软和儿。老妈妈给他扎旱针，没扎过来，俺娘给他扎的，就他自己得的霍乱，光知道是这病，不知道啥症状。村里没别人得这病的，灾荒年以前得的。

那时，咱村里不到 300 人，饿死了 200，死了后大部分埋了屋里头了。那时，就在屋里扒开埋了，我没埋过人，那时小。不知道其他村里有得的，那病传染，他没传染他儿，就他岁数大，得这病，躺屋里十来天，俺妈哪天都给他扎，没扎过来。

我那年在虎屯死了一回，那时虎屯有集，我住店，下雨那一天，一膝深，要了馍馍我没吃，给了娘了，后来我都饿晕了。俺娘给我扎，第二天俺娘要了吃了，我又醒过来了，我气性大，得这病。

灾荒年的时候，日本没往咱村扫荡，从南边关路上过来了，去聊城去，穿个大皮靴，哗哗的，小个子。

民国26年，西南那个黑岩山，山啸，发大水，不知道黑岩山在哪里，发完大水，没得这病的。

杨天洪村

采访时间：2007年2月2日
采访地点：东昌府区梁水镇杨天洪村
采 访 人：吴晨虹　李　龙　魏　涛
被采访人：杨延明（男　86岁　属狗）

民国31年干得没种上麦子，高粱掯了，没出壳。民国32年，天旱，蝗虫（把）谷子都给啃了，没吃的，大贱年。天狗蝇，贴在高粱上，黏高粱，蒸了面，愣黏愣黏的。

齐、吴两家抢粮，闹兵灾。民国32年，村里原来有五百来人，死的，跑的，只剩下两三户。野兔子多，大街上草一人多高，地没人种，村子荒了，在田里一脚就踩老些个小子儿。饿死的都没人埋，饿死的多，在家的都吃不上饭。人就下关东，跑河南，在家就饿死，有的死在屋里没人埋。

后来下大雨，秋后八九月收的谷子，雨下得不小，没听说得病的。

民国31年人都没走呢，民国32年才走的，都没人了。我给老吴当兵去了，我家里挺穷，没过灾荒年，我就去当兵了，16岁当的兵，给吴连杰当了十年兵，后来又闹抢，打老吴了，又给共产党当兵。我 1943 年二月当了八路军，1944 年春日本的铁壁合围，冲出去能活着。围的路塘，俺冲出去了，向南去了，日本人有飞机坦克，俺们小米加步枪，当时当的是八路军。冲出去一个团，其实是四个连，老百姓被包围了，没听说杀人，铁壁合围失败了。

民国 32 年饿死的多，霍乱听说是听说过，传说霍乱病厉害，咱这地方没听说得过霍乱，听说症状是干哕，上吐下泻。我那时候在邢家屯、板桥吴、斗虎屯、吴良庄、范庄当兵，斗虎屯没听说得过霍乱。我民国 32 年在板桥吴、吴良庄当过医生的，1950 年以后来家当的，板桥吴离这有四里路。

见过日本人，少，尽皇协军，帮日本人打中国的，二鬼子和日本人是一色的，日本人说了算。没见过穿白大褂的日本人，没见过给中国人检查身体的。日本人和皇协军都喝当地的井水，见过日本人的飞机飞过，但没见过扔东西的。

马颊河原先小，愣窄，民国 26 年，就是 1937 年，开了口子，上大水，在小李庄，向咱这里流，咱这挡不住，当街一米多深，范专员派人在东面泄了个口子，把水放了出去。不知是飞机炸的，还是炮轰的。

听说有个卫河，在临清，没听说有决口子，民国 32 年没决口子。

袁庄村

采访时间：2007 年 2 月 2 日
采访地点：东昌府区梁水镇袁庄村
采 访 人：刘明志　雒宏伟　李廷婷
被采访人：袁凤城（男　81 岁　属兔）

民国 32 年，没收粮食没下雨，我在河东要饭。

这民国 26 年上过大水。

民国 32 年没少死了人，饿死的有，得霍乱的也有，都是那几年。腿挛，扎针，放血就好了，不抽筋不拉肚子，拉肚子的是痢，不发烧，不传染，那时没有得这个病死的。霍乱哪年都有得的，过贱年之前也有得过的，过去贱年就好了，现在老些年不兴这病了。那时吃井水，我十来岁时得过霍乱。

袁凤城

那年闹日本鬼子，西边有老吴，东边有老齐。杨天洪村宋团长住那，是国民党吴连杰的第三团，他不杀人，只要东西吃喝。

日本飞机往下扔传单，宣扬日本好。鬼子来过咱村，来打仗，没打过人，不要东西。也没给咱村打过针，没体检过。鬼子扫荡是民国 32 年，在这村没杀人，打军队，（打）八路、老齐，不打老百姓。村里人没叫日本逮着过，咱这是无人区，我也是那年出去的。那时整个堂邑县都是无人区，共产党来是两三年之后的事。

我在华东野战军陈毅的部队，参加过解放军，那时打仗不是打就是跑，国民党新五军十一师是专门追八路军的。

采访时间：2007 年 2 月 2 日
采访地点：东昌府区梁水镇袁庄村
采 访 人：刘明志　雒宏伟　李廷婷
被采访人：袁麟瑞（男　78 岁　属马）

民国 32 年，人吃人的年头，大人领小孩去要饭，把小孩扔在路上。咱这也是无人区，旱，也闹兵饥，当兵的抢吃抢喝，把老百姓都赶跑了。

那年我在堂邑，我的四爷爷在堂邑做买卖，村里没人了，院里草有一丈多高，回来后炒草种子吃。

得病的，那可是，见天上外埋人，饿死的饿死，病死的病死，净拉痢，拉血，不疟，不抽筋。传染病可不少，不大会儿，人就闹死了，我母亲也是得那病死的。人没吃的，谷子收了，吃谷面子吃的，到后来就得那个痢病，叫紧口痢。那会儿看不起，这会儿说是痢。听说过霍乱，也是经常的，都是腿拉不动，那年有的是，人没劲，不拉肚子，也不疟，看不起，就叫老太太乱扎扎，扎了出黑血，是有病烧的。

袁麟瑞

上大水也是有过，是民国 26 年上的大水，得痢疾是在民国 32 年前，少，霍乱多。解放后霍乱就很少了。

如果看着你不顺眼，日本鬼子拿刺刀挑死你，日本鬼子离这里六里地时我们就逃跑了。扫荡时才开飞机，飞机见过，传单也扔过。村里人没有被抓到日本国当劳工的。咱村有日本人打的围子，吴连杰是吴家海子的，老齐在摆渡口，皇协军和日本人是一路的。

采访时间： 2008 年 10 月 3 日
采访地点： 东昌府区沙镇谢家村
采 访 人： 薛　伟　杨文静　柳亚平
被采访人： 袁秀珍（女　86 岁　属猪）

我娘家是袁庄的，18 岁嫁过来。过贱年时还没嫁过来，受罪了。家穷，也没念过书。

我家里五六口人，哪有大些（多少）地？

袁秀珍

穷，吃不上饭，都要饭，面黄肌瘦的，要饭的人多，都要饭，整天饿得都没肉。哪里都是挨饿，啥菜都吃了，要饭也要不上了，成天受罪。老人舍不得吃，给小孩吃，饿得东倒西歪的。

那会儿啥病都有，咱不记得了，扎针，我都怕针，我记不清楚了，没听过霍乱。

日本鬼子我没见过，抓人咱没见过。

那时候都喝井里水，成天转悠那个井，推水车，那也捞不着好东西吃，可受那罪了，那会儿都是泼水的，不泼就没吃的、没喝的，现在这都享福了。

岳庄村

岳金才

采访时间：2007 年 2 月 2 日
采访地点：东昌府区梁水镇岳庄村
采 访 人：姜国栋　李　琳　刘婷婷
被采访人：岳金才（男　80 岁　属龙）

上过学，念的私塾，逃荒出去，在东北念的。

记得灾荒年的事，吃树叶子，土匪把你的粮食种拿去吃。灾荒年的时候我回来了，那时咱村三百来人，连走带逃饿死剩十来个人。

听说过霍乱，浑身发热，也哕，闹，拉肚子，没看见抽筋，得这病的有 70 多口子，我一个兄弟就得了这病，还没一个月就死了，就灾荒年那年得的。那时家里还有娘，父亲两年前死在东北，我、俺兄弟，一家三口，他跟大家一块儿玩，串门子去，回来就发热了，没几天就饿死了，没染上俺娘俩，俺就去逃荒了。俺兄弟叫岳金友，比我小两岁，如果活着现在有78（岁）了，民国32年阴历三月死的，春天，不记得具体哪天了。

咱村就安庄有个医生，没听说过有治好的，安之泰专门治这病，给别人扎针，扎胳膊扎腿，一个也没扎好，都死了，他就逃走了。

得病死了后，不发黑，不发热，身上不硬，挺软哩。其他村里也有不少得这病的，安庄、赵庄、侯庄、近庄都有得这病的，都死了很多人。那时喝土井里的水，那时牲口都没了，就别说牲口生病了。听大人说，那是霍乱，我还小，俺娘说的，大夫说这是霍乱。

灾荒年也有得血寒病的，也发烧，鼻子流血就快好了，我没见过（得）这病的，见过得霍乱的，死了后，买不起棺材，直接埋后边自己地里。有得发疟子的，经常有，我还发过呢，冷过一阵子，热过一阵子，这个他招人，那时我二十来岁，日本人还搁（在）这里，忘了咋活的了。

灾荒年的时候，日本鬼子经常来找兵，逮起来，打，治死你，咱村老百姓不大逮，那时共产党还没过来，他逮杂牌兵，老齐的、老吴的。没见穿白大褂的日本鬼子，他们穿黄色的，老吴穿灰色的，老齐也是黄色的。

鬼子喝咱井里的水，不喝咱家的水，烧的水也不喝，怕下毒，他不抢咱东西吃，自己带着。鬼子在咱村上抓苦力劳工，给他干活。叫你给指路，一般都抓到十来里地，不发钱，给你吃的。不知道劳工回来有得这病的，听说别的村里有抓到日本国修煤窑的，咱村没有。

见过日本人的飞机，黑的，飞得不高，咱聊城就有，日本人修的飞机场，看不清上面啥图案，没见过往下扔东西，灾荒年的时候见的飞机。看见过日本鬼子招兵，没检查身体，没听说过他给咱检查身体。

灾荒年那年没发大水，之前，黑岩山山啸，石头裂开，水呜呜的往上窜，淹了好几个省哩。咱山东省淹完了。

张樊村

采访时间： 2007 年 2 月 2 日

采访地点： 东昌府区梁水镇张樊村

采 访 人： 姚一村　刘　英　王穆岩

被采访人： 樊凤山（男　74 岁　属狗）

樊凤山

没上过学。这原来归堂邑管。

民国 32 年逃荒到郯城，正月走的，那时村里没人了，大部分人走了，逃荒，井台长得净草。

闹霍乱时我正在家，见过病人，上吐下泻。听有年纪的传说，是日本人撒的毒，解放后听说的，五几年。这里没大有，上吐，喷雾式的，头不舒服，转筋，扎针，不好治，病很急。霍乱民国 32 年以前也有，少。没听说病了有多少人。得病在六七月，干旱，民国 32 年下大雨之后。那时候喝井水。

这有杂牌部队，三支队，民国 32 年风调雨顺，但是吴连杰夺粮食，种不上地。

采访时间： 2007 年 2 月 2 日

采访地点： 东昌府区梁水镇张樊村

采 访 人： 姚一村　刘　英　王穆岩

被采访人： 樊神仙（男　74 岁　属狗）

一直住这。民国 31 年臭高粱了，有虫，天狗蝇。民国 32 年过贱年，民国 32 年我逃荒了，四月走的，过麦后回来的，没一个月，出去拾麦子。

那时有霍乱，听说的，得病的不少，民国32年前后都有。急病，扎针能扎过来，拉不动腿，腿没劲，针灸治。

那时吃井水，井上不盖盖子。

采访时间： 2007年2月2日

采访地点： 东昌府区梁水镇张樊村

采 访 人： 姜国栋　李　琳　刘婷婷

被采访人： 樊永俭（男　82岁　属牛）

樊永俭

小时候没上过小学，那时（在）国民党的班上过几天。原来就在张樊村，现在村上有800口子人。

那时民国32年过灾荒年，杂牌兵闹得吃不上饭，把粮食种都抢走了，这吃不上饭了。那时过民国32年，100多户剩了3户人。我出去逃荒了，1941年去了，1943年回来的。灾荒年我16（岁），我父亲死了。

听说过霍乱，先叫瘟疫，症状很厉害，具体村里没有听（说谁）得过霍乱，光听有这个病，传染人，霍乱病，传染病，求神拜佛的不多，反正喝药水，迷信呗。寒病也听说过，具体闹不清。灾荒年发疟子的也不多，多是饿死的。这些名都听过，不知道村里有没有得病，有病也看不起，没先生看。有饿死的，没么吃，房都卖完了，好残忍嘞。

有一回，说日本鬼子来了，都跑，我拿个篮子往地里稍棒子，装个样儿，日本鬼子苦力的不抓，他从我身边过去，没管。第二拨有人管，叫我跟他走，挎着子弹袋，送他们送到博平城里，没叫我干啥活，到城门口就回来了。

没见过日本鬼子给咱检查身体，不给咱打预防针。日本鬼子喝咱的水，用小洋勺从咱井里打水喝，打上来就喝，没见消毒。没见抓劳工，听说村里有几个叫抓到日本国干活了，抓了六七个，俺村里没一个回来的，累死了算完。

日本鬼子挑死咱村两个人，那会儿我十五六（岁），1942年那会儿，日本鬼子进村时，建国他爷爷在地里叫人划着了，弄得净血，他回来碰到日本人，（日本人）一见他胳膊有血，就怀疑他是兵，就把他挑死了，他叫樊永祥。另一个叫樊建业，他一藏，叫日本鬼子看见了，就挑死了，另一个藏麻籽坑里边了，没看见，他没死。

见过日本鬼子飞机，呜呜的飞得不高，飞机上有红月亮，往下打机枪，没见过往下扔东西，一打旋就溜走了。

民国32年没上大水。民国26年，1937年上大水了，听说水从黑岩山来的，日本鬼子还没来中国那时。鬼子1939年腊月里来的聊城，我还没穿棉衣裳。

采访时间： 2007年2月2日
采访地点： 东昌府区梁水镇张樊村
采 访 人： 姚一村　刘　英　王穆岩
被采访人： 郝金贵（男　81岁　属虎）

一直住这村，那时候属堂邑，是堂邑的边儿。

民国32年过贱年，没收成，加上有杂牌兵，我逃荒到南边，离这二三百里地，民国32年以后逃的，二三月走的，麦子才黄梢。我民国33年才走的，民国32年在这里，民国33年没下雨，没上冻。我9岁时上过水。

灾荒年有霍乱病，紧霍乱，以前也有，咱村以前也有，不知道霍乱病什么样。村里有霍乱，这个病严重，时间不长就没了，得病的不多。

人都逃荒要饭，下关外，咱村都走了，有两个得病的，也稀松了。

张诗庄

采访时间：2007年2月1日
采访地点：东昌府区梁水镇张诗庄
采访人：姚一村　刘　英　王穆岩　杨兴茹
被采访人：江春耕（男　88岁　属羊）

江春耕

一直住这村，民国32年闹灾荒，这一片最惨，有杂牌军，有齐子修，日本鬼子在城里，吴连杰在这，日本鬼子驻扎在聊城、堂邑。

那年灾情严重，秋天寒流来得早，高粱没熟就死了，麦子又没种上，再加上杂牌一混乱，跟群众逼粮要粮，成了灾荒。

外逃到河南、东北、陕西，闹成无人区了。年轻的当兵混口饭，妻离子散。这个村有杂牌打的围子，还好一点，往西三四十里，往北到临清，叫无人区。村上逃得没人了，扒了房子卖梁，净草，兔子。那年逃荒到河南，拉着剩家具到河南卖东西，维持生活，换点粮食糊口。民国32年逃荒，没收就走，最惨的是民国33年，成了无人区。

那时得病不知道什么病，有水肿病，走着路，好好的，倒下就死了，没听说上吐下泻的病。顾不上这些病，不知道是传染病，只要死就是饿死的。

日本鬼子扫荡，打杂牌军，在村上过了两次，没落脚，过去就没事。日本人用刺刀挑人，杀人跟玩一样，打齐子修，上西边，打齐子修打毁了，日本鬼子集中兵力扫荡，调别的县的人。以后，八路军宣传，打游击，救灾，组织群众生产自救，发粮种，民国33年开始恢复。

小时候念过孙中山创办的洋学，在本村张先生那念字，念了年把就散了，念到三年级就失学了。十几岁就出门了，16岁上东北，那时日本鬼子占了东北，上东北找一姓张的，找活干，给日本人烧澡堂，抹地板，伺候日本人。到二十来岁，我一寻思不行，就回家了，种地糊口。日本人说我是"亡国奴"，在小黑板上写"支那人，亡国奴"，我把黑板上的字擦了，写上"打倒日本帝国主义"。

上大水的时候在东北，听说的，说聊城下大水了，不是民国32年，我那时才20多岁，听说是马颊河，说聊城的大水能开船。范专员在聊城，扒豁子放水，把水放东边去的，这是听说的。

采访时间： 2007年2月1日

采访地点： 东昌府区梁水镇张诗庄

采访人： 姚一村　刘　英　王穆岩　杨兴茹

被采访人： 江庆春（男　89岁　属马）

江庆春

一直住这村里，以前村子小，解放前一直属梁水镇。梁水镇小，以前镇中心在街里，不远。

民国32年过贱年，饿死老多人。我逃荒到东北，大约五月份的时候，在那里住了一年来的，人家嫌我菜（笨），又去了牡丹江，给公家修火车，给共产党修。日本鬼子一进万里长城就知道毁了，中国大得没边。

听说过霍乱，过贱年的时候，见过病人，转筋，没法看，很快就死了。几月份记不清，逃荒以前就有。有榆叶的时候得这个病，有的上吐下泻。病的人不少，庄上死了一半，加上走的，饿死的。

那时村里有五六十户，死的人（家里）有人的就埋，没人的就被野狗撕了。民国32年以前没有这病，病的老人多，不传染，不知道从哪里传来的，周围村也有，没大夫治，有治好的，扎针，喝偏方，这树根那树根，枸杞子根什么的。扎针扎哪咱不敢看，村子里不怕传染，顾不上。这一片都有，说不上哪里厉害，不知道闹多久，五月份之前有这个病。

得这个病时鬼子来过，侵略中国，说不好有没有撒毒，鬼子有给咱吃。日本鬼子抢、砸，净中国人装的日本人，日本人吃自己的饭，抢鸡，鸡仔，日本人都带着药。

见过日本鬼子飞机撒传单，不撒吃的，村里井都上盖，怕日本鬼子下药。听说日本鬼子下药，实际没下过。村里得病时没其他什么特别的，没虫子。日本鬼子没检查过身体。

民国 32 年上过大水，西边大堤都漫了，只露高粱穗，马颊河堤都漫了，从西边来的水。民国 32 年秋里上了大水，淹了以后逃荒去了，没河了，连河都漫了，是不是卫河不知道，得病时吃不好，喝不好，上水，得病差不多时间。

鬼子进中国，下水是连着，连淹 13 年，年年淹，从西边来的水，得病死了有漂走的，有埋在各人地里的。

有红枪会，一家一杆红缨枪，也叫黄沙会，不管事，管不了。

采访时间： 2007 年 2 月 1 日
采访地点： 东昌府区梁水镇张诗庄
采 访 人： 姚一村　刘　英　王穆岩　杨兴茹
被采访人： 刘振河（男　75 岁　属猴）

刘振河

我一直住这，这叫张诗庄，属梁水镇。梁水镇以前小，镇中心在这，以前堂邑是县，梁水镇归堂邑，斗虎屯也属堂邑。

民国 32 年没下雨，没收庄稼。北边有老吴的兵，这边是老齐的兵，日本鬼子净在聊城。逃荒，春天逃的，开始地里不收庄稼，麦子没种上。

民国 32 年底民国 33 年，我爷爷得霍乱死的，各家都遭霍乱，不知道什么病症。霍乱病传染，听说的，爷爷埋后边的老太太，修砖坟，回来就死了，很快。那一年死的不少，别的村也有，紧霍乱，一种传染性的病，那会儿得病就死。那时村里几乎没人了，是无人区。得霍乱的时候粮食下来了，原先饿，下来粮撑死一些，再加上病，没人了。

咱喝井水。

民国 32 年没发水，民国 26 年发的，黑岩山来的，我逃荒出去一年，回来没听说发大水。马颊河一下雨就来水，河不宽，小河沟，不发水，没听说过"连淹 13 年"。毛主席的时候淹了几年，村里地势洼。

采访时间：2007 年 2 月 1 日
采访地点：东昌府区梁水镇张诗庄
采访人：姚一村　刘英　王穆岩　杨兴茹
被采访人：张得义（男　80 岁　属龙）

张得义

张诗庄都没逃荒，外边人都上这里，败坏东西。这民国 26 年发大水，民国 32 年没发大水，民国 32 年有逃荒的，到东北去。

民国 32 年旱，那年大旱，下点小雨，霍乱死的不少，抬不出去，浑身转筋，不吐也不泻，光疼，嗷嗷叫。俺奶奶是医生，给人扎针，回来就死了。庄上死了 40 多个，那时村里 400 多人，男的女的都死。我见过病人，得病的人疼，死得快。针灸也能救人，救不多，是新病，以前没听说过，秋天得的病。死人后，有的买个大棺材，没有的埋了算。

没听说日本人投毒。当时喝井水，不上盖，鬼子没投毒，不是我说，日本人没那么孬，皇协（军）孬。年轻人没得的，净老年人，六七十岁的得。皇协（军）得不得不知道，那会儿医学没那么发达。医生叫霍乱，以前没听说过，以后也没听说过。那时我小孩，脑子清醒，记得清，咱周围别的村也有，就这里最厉害。

那时日本人早来了，日本人不大来，还有游击队，打架。不得罪日本人，日本人不杀人，那时有三支队。鬼子不怎么杀人，还给咱小孩糖吃，吃了也没事。

民国 32 年这里有红枪会，不管事，红枪会有大头儿。

张水坑村

采访时间：2007 年 2 月 2 日
采访地点：东昌府区梁水镇张水坑村
采 访 人：李廷婷　刘明志　雒宏伟
被采访人：王谭氏（女　92 岁　属兔）

民国 32 年，是灾荒年，我逃荒去了，去了东北的吴家洼，没在家。
没听说过霍乱这个病，也没见过，有痨病，咳嗽。

采访时间：2007 年 2 月 2 日
采访地点：东昌府区梁水镇张水坑村
采 访 人：李廷婷　刘明志　雒宏伟
被采访人：佚　名

灾荒年的时候我去要饭去了，那会儿是小日本来了，来抢东西，要东西。那年没下雨，没水，没收粮食。

民国 32 年没少死人，都是饿死的，有得霍乱的，民国 32 年之前就有霍乱，最近几年才没有了。我就得过，难受，不得劲，腿软。有哕的，有不哝的，扎针，扎腿肚子，出黑血。得这病没什么感觉，不拉肚子，不发烧，也不知道传不传染，村里得病的人不少，治不了。俺家里就我得的，霍乱扎扎针，放放血就好了，没什么法。没有得这个病死的。哪年都得这个病，过去夏天就好了。那时候吃井水。现在没霍乱了，老些年就没了。

我见过日本飞机，往下扔传单，宣扬大日本帝国好。日本人来过，在咱村里没打过人，来要东西，没给过东西，没检查过，没体检。

民国26年上过大水。

采访时间：2007年2月2日
采访地点：东昌府区梁水镇张水坑村
采访人：刘明志 雒宏伟 李廷婷
被采访人：张振山（男 80岁 属龙）

张振山

民国32年是过贱年，不下雨，找么也没得吃，那会儿小，还念着书，人都逃跑了。

民国32年，得病死的多了去了，那时说饿死病，饿死的多，没医生。得霍乱，一个村死百十口子，我那爷爷就是饿死的。

我是民国31年走的，我们去了天津，在那干活，在那待了四年才回来。后来共产党也来了，还给牛，给屋子。我1947年大参军，当兵工去了。

张堂村

采访时间： 2007 年 2 月 1 日

采访地点： 东昌府区梁水镇张堂村

采 访 人： 范 云 刘金盼 焦延卿

被采访人： 付仁田（男 83 岁 属牛）

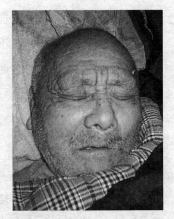

付仁田

　　家里比较穷，弟兄 4 个，在家干活，是老三，给人烧火，管顿饭。

　　民国 32 年，这里穷，开始旱，后来又下雨，得什么病，传染，就在这片，听说是瘟疫，也饿。闹荒灾时，只剩自己给人烧火，奶奶在家。

　　民国 32 年要饭去，1944 年被日本抓劳工给抓走了，抓到济南，到青岛，又到北海道挖煤。整个煤矿，日本人是老板，中国人挖，隔一段时间看，不行就拉出来闷雪里。日本人喜欢中国小孩，让他扛砖头，日本投降后又给送回来了，到天津塘沽。那一批抓了三个，回来两个，死在北海道一个，回到这儿也早死了。

　　到 1946 年回来，参加了中国人民解放军，刘伯承的兵，下到大别山，参加了渡江战役，打蒋介石，淮海战役也参加了。1946 年入的党，解放后在部队是连级干部，在重庆连级干部科学习，毕业后在那里培养干部。那会儿没解放，他的档案都没有。

　　他打仗那时候躺山沟里，用死人盖住，连长都死了，用刺刀刺伤了，冰凌扎的腿都是血。

　　后来水土不服，打完仗非要回来，回来看看，见了父亲母亲不愿回，就安排在火车站报科，工资不高。1962 年穷，吃不上，俺都回来了。家里母亲打水都解决不了，回来后，在俺大队里任干部。

采访时间： 2007 年 2 月 1 日
采访地点： 东昌府区梁水镇房屯村
采 访 人： 姚一村　刘　英　王穆岩　杨兴茹
被采访人： 严霜梅（女　79 岁　属蛇）

严霜梅

　　娘家在张家堂，梁水镇。上大水那年我 9 岁，连人都淹了，路上水齐胸高。

　　民国 32 年灾荒年，我在娘家，霜打了高粱，捂霉，过了麦，棒子又遭蚂蚱，大年下，人去打草种。我没逃荒，有上河南的。

　　闹霍乱啊，我那年就差不多死了，过了民国 32 年，我那三兄弟、婶子、嫂子都得霍乱了，三兄弟死了，我让张诗庄一老太太扎过来的，我刚好之后，俺兄弟就没扎过来。浑身冷，也乱也冷，不打哆嗦，拉肚子、吐、发烧。西头有个姓肖的赶集回来，犯病，抬到我家，没扎过来，死在家里茅子里了。

　　死得急，得病的多，得病的也有年轻的人。俺兄弟小我一岁，我那年也就十五六岁。在家里干着活就得病。灾荒年以前没闹过，灾荒年以后好点，过了秋闹的病，八月里了，周围村也有，哪里厉害不知道。不知道为什么得这个病，吃不好，喝不好，吃菜窝窝。那时候喝井水。

　　那一年谷子挺好，收了谷子，队长领半大孩子到地里打蚂蚱，俺娘在这里照应了我两天，回去也得了病。俺这头，知道得这病的好几个，就兄弟没救过来。得病扎针扎指甲尖，出黑血，扎了针，当天就好。人家那老妈妈没少救人，得病时除了老的、儿女，旁人没人管。

　　我见过日本飞机、汽车，吓得了不得。

镇中心

采访时间：2007 年 2 月

采访地点：东昌府区梁水镇

被采访人：干富成（男　77 岁　属羊）

上过学，没几年，就几个月。那会儿有三支队，（头目是）齐子修。咱这个村那年还有两个人，别的村光有房子没人，不敢待那住。

有病就是霍乱症，扎腿，扎胳膊，放出血来就好了，要不浑身乱。那会儿净砖井，洗洗头来，就死了。那年我也得过，上年纪的扎的，让我抱着柱子，扎腿，就好了，那会儿没医院，有个先生，叫他看看，抓点药，懂的就给人家扎扎，那会儿不吃药，也不花钱。

那会儿卖么的都有，要多少都卖给你。三支队在这住着，他不叫抢老百姓的东西，管不严，就抢去。来了两回洋鬼子，也叫皇协（军），跟日本联合，当街住着，他把枪架一堆，得给他扛活去，不去还不行。俺这还有一个叫汪精卫带走了，这人后来回来了。

采访时间：2007 年 2 月

采访地点：山东省东昌府区梁水镇

被采访人：王怀之（男　78 岁　属马）

民国 32 年咱这得霍乱的不多。有的回家得霍乱就死那了，没治过来的。

那会儿没解放，有大支队，没医院么的，在那扎扎针，不知道有扎好的没。

沙　镇

菜园村

采访时间：2008 年 9 月 30 日

采访地点：东昌府区沙镇菜园村

采访人：薛　伟　杨文静　柳亚平

被采访人：郭镇生（男　88 岁　属蛇）

民国 32 年，秋里地里没收，麦子也没收，从前几年就没下雨，地没种上，那几年净旱。

蚂蚱飞满天，一群一群的。大豆虫多。

日本鬼子来了，家里人都跑了，那叫跑罚灾。给他们汤，不喝，怕咱给他们下药。汉奸孬，他们打着日本鬼子的旗号，一个村就两三个日本人。

那年灾荒年，没大水。头几年，毛主席不行了的时候，上过几回大水。

听说过霍乱，村里没有见过这种病，春天生疹子，三月，那会儿我十七八岁，光生疹子，没听说过吐的泻的。

楚 庄

采访时间： 2008 年 9 月 30 日

采访地点： 东昌府区沙镇楚庄

采 访 人： 李莎莎　王　瑞　钟冠男

被采访人： 楚景尚（男　77 岁　属猴）

楚景尚

　　我一直在村务农，没有上过学，不识字。

　　民国 32 年，没下雨，麦子没长好，是贱年，冬春没下雨，至五六月才下雨，能种上庄稼，没别的灾。秋天有蝗虫，从南方来，一到 4 点多就看不见天。不记得那时候有没有发大水，我没经历过。

　　那时候，有的人家有吃的，有的没有，我家小时候穷，十几岁我就要过饭。那时地少，靠天吃饭，人到黄河南、堂邑逃荒。

　　日本鬼子的事记不很清了，当时我十二三岁，见过日本人，穿的绿衣服，戴帽子，和电视上一样，说话听不懂。那时候小孩子不懂什么，见了日本人害怕，因为日本人孬，抢中国人东西，对妇女做坏事。我记得不多，但听上年纪的人说过。日本人没有来过咱村，主要是在聊城、沙镇，日本人有翻译官，翻译官是哪头硬就靠哪头。日本人对小孩不做什么，就是要东西要白面，没听说过日本人在村里抓人，老百姓一听说来日本人就走了。

　　那时候这一派那一派的，有汉奸、三支队、日本鬼子，有好几派，地方上还有土匪。

　　那年得病的不多，不知道那有人上吐下泻的，没有这家也死人、那家也死人的事，堂邑一带有人病死的。

大张村

采访时间： 2008 年 9 月 30 日

采访地点： 东昌府区沙镇大张村

采访人： 张 伟 胡 琳 谢学说

被采访人： 许春莲（女 85 岁 属鼠）

许春莲

娘家王化庄的，18（岁）嫁到大张，那会儿上不起学，那会儿上啥？那会儿穷。

六月二十九结的婚，娶来了三天就挨饿了，那会儿挨饿。该不饿死人啊？

天旱，又不下雨，又没井，又没河。六月里下的雨，又淹又旱，下大雨就淹，那雨下得净水，都不种棒子，净种高粱，种棒子它不结粒，净饿着。

那会儿里，啥也没有，地里不长，麦子这么高（大约 20 厘米），不结粒。那又没水，干呱呱的，它又不长。不收粮食，也不结麦子，那时候一亩地才能收那个小香篓一香篓，它不结粒，你打啥。

灾荒年来到这里，一个妹妹，连我四口人，地还不少哩，有二十四亩地哩，那年就不该种地，它不长。它不收粮食，就没么吃，人就都死饿呗。这槐叶，吃得净光，树皮都吃光了，啥都吃，饿急，就这槐叶搁在笸子上，蒸蒸咱就吃了。那一年都饿死了，我王化家那边的老人都是那年老的。

逃荒的不少，哪里都有去的。家里四口人都去了山西，就灾荒年那年去的，我 19 岁那年上山西去的，十一月里吧，反正去了两个月，在那里过的年呢，在那里过了个年，过了正月就回来了，到了二月初六就来到家了，来到家就饿着呗，都饿迷糊了。

那年死的人多了去了，有病的也没有医院，没人给看。霍乱病，没听说，没听说有那个霍乱病。不知道是病，是饿，就死了，都饿死了。

那会儿该没日本人啊，有，有汉奸队，汉奸更孬啊，还有土匪。这里没抓劳工，反正人都净跑，藏。

二张村

采访时间：2007 年 2 月 1 日

采访地点：东昌府区沙镇敬老院

采 访 人：吴晨虹　魏　涛　李　龙　孙天舒

被采访人：张化金（男）

我住在二张家。当年跟着八路军过黄河，所在连叫铁帽子连，过了黄河，打到阳山，干了三个月，我就回来了。

民国 32 年我住在河南，四联村，那会儿那家穷得慌，连柴火都没有。

发大水那年吃树叶，树叶都吃光了，那是民国 32 年，好多人都饿死了，我父母都饿死了。那一年我上地里割草去，采地上小甜瓜，割那点麦子。

当时闹灾荒得病的当然有，那时净水肿病，一摁一个坑，黄病，死得多，吃树叶吃得脸肿，肿肚。

没有听说过霍乱，净得水肿病、肝炎、得大肚门。发过水第一年就下雨了，没事了。

日军他一看你不顺眼，就拿刺刀攮你，杀人不眨眼，是个祸害，他挑你。那会儿就是，不依他，他就拿刀挑你。抢东西抢人，要钱要兵，抓皇协，要带枪，几家兑钱买一副。三街有炮楼，有鬼子，有汉奸，你当他的兵就是汉奸。

葛 庄

采访时间： 2008 年 9 月 30 日

采访地点： 东昌府区沙镇葛庄

采访人： 李莎莎　王　瑞　钟冠男

被采访人： 葛宝山（男　78 岁　属羊）

葛宝山

　　我上过学，一直在务农，一九五几年上的学，农村学生念《百家姓》，上小学上到六年级。

　　民国 32 年靠天吃饭，过麦了 40 多天没下过雨，种不上玉米，后来下了点雨，大小不知道，能种上玉米了。

　　那时村里都是吃粗粮，有的家够，有的不够，我家差不多还行。民国 32 年饿死的多了，盛庙死得多，一个村就跟没人似的，咱这村逃荒的不多，有个别户走了。

　　听说过霍乱，有六七十年了，大概是民国 32 年。张立存，发高烧，迷糊，听老人说过，他死了几十年了，得病后没多久就死了。不知那人下雨前还是下雨后死的。张长发的哥哥，死时 20 岁左右，不知得病后多久死的。没听说过有传染性。当时吃井水。

　　有蝗虫，像云彩一样，哪一年不知道了。我 8 岁时发过大水，黑岩山爆发，从南边来的水，到十字街往家中灌水。

　　日本人的事记不详细了，记不清我当时多大岁数。我没见过日本人，听说过，有一个村北的叔要砍他头，但没砍成。听说过都害怕，不知住哪。

采访时间：2008 年 9 月 30 日
采访地点：东昌府区沙镇葛庄
采访人：李莎莎　王　瑞　钟冠男
被采访人：葛林栋（男　74 岁　属猪）

葛林栋

　　我是工人，在沙镇中学干过，上学上到三年级，家里穷，上不起学。

　　民国 32 年大贱年，不下雨，旱了一季。麦季没收，不记得什么时候下了雨。我去河南逃荒了，就在民国 32 年左右去逃荒，没一年就回来了。那年这边还好点，越往北饿死的越多。那年没有蝗灾。

　　我听说过霍乱，传染病，那时候送信的要俩人，怕一个人路上死了，咱这里没有霍乱。当年吃井水，庄里有一个井。

　　发过大水，闹不清在哪儿，发过洪水，黄河水，记不清那时多大，听说黄河水，那一年雨水也很多，在民国 32 年以前。

　　日本人来时记得我七八岁，日本人和现在一样，我亲眼见过，在河南也见过，骑着马，穿大皮鞋，没翻译官，大官有，没记着来过村里。日本人问老百姓话，他不懂中国话。

　　日本人住哪儿弄不清，开着车，骑着马。沙镇有炮楼，一个角一个，有四个。日本人让一个人带路，带好了就把你放回来，带不好就杀了。当时这一片都是乱支队，沙镇东楼的和土匪一样，也有王魁一，是乱支队的一个头，沙镇的。

耿 庄

采访时间：2008 年 9 月 30 日
采访地点：东昌府区沙镇耿庄
采 访 人：薛　伟　杨文静　柳亚平
被采访人：龙凤兰（女　79 岁　属马）

　　大灾年那一年（我）十三四岁，旱，麦子就三粒两粒的。不下雨，老天爷没落雨，家家户户没吃的，饿死的很多。俺家有几十亩地。

　　有生疹子的，就那一家瘟疫，不是一村一村的。

　　上吐下泻的那叫霍乱。霍乱是不断的有，那不算灾。那病老人传小孩还可以，有时还能救过来，小孩传老人就不行了。我那时吃了五副药，打了一针就好了。见过扎针的，东袁庄有人会治霍乱，现在早死了。

　　在俺娘家没见过日本鬼子，在这也没见过。

采访时间：2008 年 9 月 30 日
采访地点：东昌府区沙镇耿庄
采 访 人：薛　伟　杨文静　柳亚平
被采访人：周新春（男　77 岁　属猴）

　　民国 32 年，树皮都没有，把啥都吃了。大路西死了多少人，那都是饿死的，那会儿真困难。

　　当时这边瘟疫是一家传一家，当时死得一家一家的，俺父亲就是这样死的。当时俺家里五口人，父亲、母亲、两个妹妹，那年我 13（岁），父亲死了有 64 年了，种冬瓜的时候得了瘟疫，浑身动弹不了，头发都脱了，两个妹妹也得了，那不是霍乱，是瘟疫。没扎针。见过扎针的，一般的扎好了。

后王村

采访时间：2008 年 10 月 3 日

采访地点：东昌府区沙镇后王村

采访人：张 伟 钟冠男 谢学说

被采访人：王西传（男 80 岁 属蛇）

王西传

我没上过学。那年反正饿死了老些人，一季没收，麦季没收，到了秋就下雨了，下雨就能种地啊，种谷子的时候下得不小，打秋收了。

有逃荒的，这里都没人了，都上河南了。民国 32 年没收麦子我就出去了，到四五月份里，人家河南收麦子了，别提那个了。都没人了，都下河南了，上关外了，不能提那，提那真是……

这边饿死了七十来口。到后来三支队也走了，下江南了，也没吃的。当兵的，没有日本人，就是三支队。

后李村

采访时间：2008 年 10 月 4 日

采访地点：东昌府区沙镇后李村

采访人：王 青 何 科 曹元强

被采访人：李广莲（女 77 岁 属猴）

我叫徐李氏，没出嫁的时候叫李广莲，77（岁）了，属猴的，没上过学。

民国 32 年该不是旱？旱得没吃的没喝的。我是 16（岁）进的这个门，娘家是后李，现在提起来就难过。

1943 年我没出去逃荒，地里旱，庄稼没收。在后李算没饿死多少人，俺那一块儿没有逃荒的。我也闹不清，听说有蚂蚱，吃得谷子都光秆。不记得下雨，没发过水。

日本鬼子上后李去的时候，我小，俺后李有皇协军，他住小围子里。日本人到过俺村，没住过，他没抢什么东西，没抓过人给他干活，日本人喜欢小孩，给梨糕吃。

不记得霍乱，没听说过霍乱。那时候水烧开喝。

李广莲

李老庄村

采访时间：2008 年 9 月 30 日

采访地点：东昌府区沙镇李老庄村

采访人：张 伟 胡 琳 谢学说

被采访人：刘李氏（女 81 岁 属龙）

刘李氏

我娘家是前面那个村的，是李杨集。没有上过学，穷得顶不住劲，还上学哩。就那年灾荒年嫁过来的，过了年下正月里。那时候我们家有八个，一个老公公，一个老婆婆。

那年不下雨，又没机器，没这没那，怎么浇水啊。你挖个井，人还没劲打呢。地里没收，到五月里就下雨了，耩上庄稼出来了，这就收了，七月里下来了棒子跟芋头了，七月十五，棒子就能吃了。

20 亩麦子就打了 20 斤，俺就拿这 20 斤麦子当本，推了一黑家（晚上），清早起来做成了 20 斤面的烧饼，烧饼卖了，回来，落得俺吃一顿。比方这棵树，就是整大棵树，就剩这么个大疙瘩，发个叶马上就捋了，人吃树叶，有就吃，没有就吃棉花种、棒子芯。再没有就出去逃荒。

一个庄上饿死几十口子，有的就逃荒了，下河南，向河南拉东西去换钱，下东北，也有饿死在东北的，也有过了两年回来了。逃活生的，也都活了，在家里，也没都饿死了。小孩都去要饭了，没人了，出去了有多少咱闹不清，得死几十口。

没听说传染病，霍乱没有。俺庄挺平安，俺庄挺好，打那以后挺好。日本人都不下乡下，都在城市里，下来少。没有劳工，不记得有土匪。

李 庙

采访时间： 2008 年 10 月 3 日
采访地点： 东昌府区沙镇李庙
采 访 人： 李莎莎　王　瑞　胡　琳
被采访人： 王邦同（男　84 岁　属牛）

王邦同

我年轻时当了几年兵，当八路军，当了一年，打仗叫俘虏了，就跑回来了，没上过学。

大贱年知道，不记得哪一年，那会儿过去有 50 多年了，当时我二十几岁了，不到 30（岁）。那会儿挨饿，吃树叶子，天旱，不收庄稼，那年吃树叶子都吃光了。到后来才下的雨，秋天里头下的雨，下的雨不小，记不清几月份。

贱年那会儿没有蚂蚱，贱年咱这饿死的人不多，逃荒的不多。

咱这上过大水，从西南来的，70多年前发的大水，水很深。

霍乱病不懂得，没听过，俺记不清了。咱那会儿吃的是井水，村里有两个井，吃的净是地下水，烧开水喝。

李庄集村

采访时间：2008年9月30日

采访地点：东昌府区沙镇李庄集村

采访人：张 伟 胡 琳 谢学说

被采访人：李广生（男 86岁 属猪）

李广生

我上过学，是私塾，小学算是念了一念。在村里，除了当老百姓还是当老百姓。

1943年的头年该种麦子的季节，到这个时候，一直没雨，没下雨，好歹庄稼刚耩上，露出苗来，冬天没雪，接上春天没雨，旱死了。收麦子就是四五月份，咱这里麦子根本就没收，麦子没结。过了麦就没下过正经雨，好歹种了点，下得很少。

树叶子都吃光了，榆叶摸不着，那是最好的叶子，椿树叶、杨树叶，啥都吃了。

饿得没法了，我下河南了，（当时家里有）四口人，我的妻子，一个儿，一个妹妹。（我）到了寿张那边，寿张那边收的好哇，拿咱的东西（比如）衣裳、柜箱，能上那里换粮食。四口人，他们都去不了，除了我自个去，拿着东西换点粮食，（才能）维持生活啊。

剩那些，都上东北逃荒了，俺家里那时候有十来口子人，俺父亲，两个弟弟，一个妹妹，都下东北了。腊月二十六，上东北走的，腊月哩走的，家里没粮食了。

那不能再艰难了，堂邑是无人区，没人了，那边比这边还严重，一个庄一个庄地没啥人，都跑了。上岁数的，年纪大的都饿死了。年轻的都跑了，有的人出去到现在还找不到影，别说啥时候回来的了，有的是几年以后，有的就找不到了，不知道死哪了。

齐子修，他有专门要么的人，不给就打。还都上咱这民间来要，不给他不愿意。他要是不要，咱这里挨饿挨不这么狠，粮食都叫他要走了。

有抓到日本国去的人，他叫李成文，叫日本抓劳工了，抓到日本去，没回来。除了新村回来了，姓李，叫李新村，他也是抓劳工，他家里有人，他是解放以后回来的。

霍乱没经过，咱这大部分都是饿死的。

采访时间： 2008 年 9 月 30 日

采访地点： 东昌府区沙镇李庄集村

采访人： 张　伟　胡　琳　谢学说

被采访人： 李维武（男　86 岁　属猪）

李维武

先上的小学，解放后又上的学，又上了一年。

1943 年我也是那个三四月份去的，上河南那边卖东西，小衣裳卖了，换点粮食吃。哎呀，我家人多，有父母、妻子，有我，没小孩。我净来回跑，我卖东西，他们跑不动，我净推着小车，倒腾家伙什。齐子修还净要，跟村上要粮食，要柴火，不给就揍人，揍村里当官的。

都挨饿，大部分是饿死的，没粮食，人是吃粮食的，不吃粮食不行，吃菜就不行，再有点病，就死呢。别说看了，净吃叶子饿死了。

霍乱没有，俺这片里没听说过。那时候死了就死了，没人埋，家里没人。

刘盐场

采访时间：2008 年 10 月 3 日
采访地点：东昌府区沙镇刘盐场
采 访 人：张 伟 钟冠男 谢学说
被采访人：刘文田（男 79 岁 属马）

刘文田

我叫刘文田，文化的文，田地的田，今年 79（岁），属马的。没有上过学，也识两个字。先当兵，我是 1946 年参的军，没去过朝鲜。我这也不是退伍，误假，回不去了。1947 年大反攻，1947 年部队南下，我是 1951 年回来的。我啥也没干，务农了，种地了。我是在河南开封的，现在挪到郑州了。

民国 32 年，我那会儿逃荒要饭去了。我那时候才 13（岁）呢。没什么吃的，那人饿死老多。我的亲婶子和一个叔伯妹妹都饿死了。那会儿哩，七八口子哩，俺婶子那边 3 口，俺这边 5 口。我是头民国 32 年，头年走的，上德州，上石家庄，家里没法过了。1946 年二月里回来的，待了两三年。我那个时候待那里，给人家当长工。

都是它不收，没庄稼，白瞎。不下雨，靠天吃饭。民国 32 年，过了麦什么时候下的雨啊？民国 31 年旱。俺村饿死了不得有十五六口子啊，光俺家饿死了两口。没听说什么传染病，净饿死的，没吃头，吃山芋叶子也没有，就这椿树叶子都吃了。没粮食，还不饿死啊，吃草籽。

都跑了。上东北的，下煤窑的，都没回来。刘德海的一个叔伯哥，就民国31年走的。日本人招工去的，到那里下煤窑了。后来一解放，他出来了，在黑龙江工作，给共产党工作，他就在那里，（现在）也死了。

采访时间：2008年10月3日
采访地点：东昌府区沙镇镇刘盐场
采访人：张　伟　钟冠男　谢学说
被采访人：刘云山（男　84岁　属牛）

刘云山

（我叫）刘云山，今年84（岁）了，我属牛的，没上过学。

我那会儿，还大点，出去要点饭，赶个集，要个饭。我那会儿家里六口，有兄弟、姐姐、妹妹。俺这里没有干别的，都务农。

就一个旱，一年多没下雨，那麦子糠上，干得没出来。第二年阴历五月份，下的雨也不大，种上了点小棒子，紧打紧出来。后来下了点雨。没有洪水。

饿死还不少呢，有十五六口。没有得传染病死的，净饿死，没有霍乱。没有扎针。

那时候吃井里的水，烧开了，生的也行，夜天里，你打出点来，能喝点就行。

不少人逃荒了，唉呀，也有向南的，也有向东的，也有向北的，上河南，上黑龙江。一个刘德海他哥哥，上东北去，给你开路费，到那里下煤窑了，招工招了去的，云清死在那了，在黑龙江下煤窑。这会儿也得90多岁了。

日本人那时候也不大来，抢东西，小鸡、牛都给你牵了走，吃了。有土匪，都叫老缺，都叫他们二鬼子，抢你东西吃喝。

马官屯村

采访地点：东昌府区沙镇马官屯村
被采访人：马春姐（女）

我没上过学，那时候哪有上学的。

民国 32 年的事我都记得，民国 32 年都吃糠咽菜，还吃树叶，那时有很长时间没有下雨。那年没水灾，就是光旱，旱了一年，我不记得下没下大雨。

那时瘟疫不少，有渴死的饿死的，渴死的多，死多少人记不得了。我见过得传染病的，有发疟子发死的，也有干哕的，有得病两天就死的，也有一天发疟子死的，一家有三个人一天就死了，有邻居帮忙埋了，那时我还不懂。俺庄就死了四五口，是闹瘟疫死的，是那一年发水之后。

我见过得病的，也记不清了，主要是发烧，烧的人都不认人了。那时村里没有好先生，得了病也没人看，得了病一般该好就好，该死就死。得了病基本上就治不好，一天两天就死了，那时候死得不少，大部分是饿死的。我家里人没有得病的，邻居有。那会儿头疼脑热的很多。

逃荒的也有，去河南。

牛家村

采访时间：2008 年 10 月 3 日
采访地点：东昌府区沙镇牛家村
采访 人：薛 伟 杨文静 柳亚平
被采访人：牛立春（男 82 岁 属兔）

民国 32 年大贱年，都上河南拾麦子去。一直没下雨，麦子刚打够种，不够吃。我那时候十二三岁，净吃菜、榆叶、槐叶。第二年就收了。地里没井，靠天等雨。忘记哪一年了，雨进屋了。

牛立春

喝井水，一个庄几个井，不能浇地。

我一直在村里待着，没出去，他们去河南逃荒，拾完麦子就回来了。

也有看病的，都是中医，没西医。天热得很，就得霍乱。

见过日本鬼子，喜欢小孩，在侯庄住着。叛徒二鬼子比日本鬼子还孬。侯庄那时候大围子套着小围子。

民国 32 年还过蚂蚱了。

潘 庄

采访时间： 2008 年 10 月 2 日

采访地点： 东昌府区许营乡曹家庄

采 访 人： 薛 伟 杨文静 柳亚平

被采访人： 曹潘氏（女 76 岁 属鸡）

曹潘氏

民国 32 年，当时 11 岁，在潘庄。

那年没吃头，没喝头，到了七八月下了七八天雨，下了新粮食，很多人都撑死了。

那时候咱就喝井里水，没得过传染病，那会儿有霍乱，不多。见过扎针的，那几个老先生现在都死了，得了霍乱要扎旱针，心口疼。没见过（得）霍乱死的，够树叶子，摔死的。

没有逃荒的，那时候一亩地才打一布袋子粮食，三支队还要来收粮食，讨粮食也不给，没有地。

秋天的时候来了蚂蚱神，咱就掘壕，都一堆一堆的，有吃蚂蚱的。

14 岁见过八路，见过日本鬼子抓人。

庞家庄

采访时间： 2007 年 1 月 29 日
采访地点： 东昌府区沙镇庞家庄
采访人： 白 玉 张 翼 付 昆
被采访人： 庞凤堂（男 75 岁 属鸡）

庞凤堂

我从小在这长大，没离开过这个地方。民国 32 年，那时我 23 岁，没什么大事，没摊上霍乱。

这发过大水，民国时候，说是山啸，从黑岩山来，从那以后，发过小水。民国 28 年，有人得霍乱死了。

民国 32 年没耩上麦子，当时吃糠咽菜，有得病的，饿死人。

我见过日本军，日本人有枪炮，有迫击炮，来过好几回，二十二三岁见过，来抓当兵的。见过八路军，八路也来过。

被日本人抓去很多，有个熟兄弟被日本人抓去了，在这抓走的，他是八路，他吹号，是号兵，被人抓住了，抓去做劳工，他那时十七八（岁），我 23（岁），日本投降以后他回来了。回来之后又去当兵了，回来之后去天津了。

当时兄弟被抓去的时候，还抓了很多去，在临清走的。

采访时间：2007 年 1 月 29 日
采访地点：东昌府区沙镇庞家庄
采访人：白 玉 张 翼 付 昆
被采访人：庞吉卜（男 75 岁 属鸡）

庞吉卜

民国 32 年，我那时候十多岁。念过私塾，忘了。

民国 32 年麦子没耩上，那年天旱，当时饿死人多，家里没人了，都逃荒去了，庄上没人了。我民国 33 年上关外了，去东北，混饭吃，和父亲去的。

旱完以后接着发水灾，当时水从黑岩山来的，我那时 15 岁，这没河，八里地外有个运河，运河把水挡着了，过不去，水向南走了，聊城那有个城墙，水也过不去，当时淌了三天三夜，那年那个水大着呢。

灾后没有什么奇怪的病，当时听说过霍乱病，咱这也有，得霍乱的人不多，当时不叫霍乱，发烧。还有说是什么白喉，在一九五几年。

日本人把好几个省都占了。鬼子下来扫荡，找和他作对的人，找共产党，没杀人。他们在东南有据点，炮楼，皇协军在炮楼里面住着。咱这没有共产党。见过日本人，就是说话听不懂。当时我们在庄上，吓唬我们，给小孩糖吃，我自己吓得没敢吃罐头和糖，当时吓得了不得，吓得跑，都逃到东北去了。

有日本（人）抓劳工，抓到日本去了，有去日本回来的，现在还有，他弟兄叫庞凤堂，日本失败后被送回来了。

采访时间：2007 年 1 月 29 日
采访地点：东昌府区沙镇庞家庄
采访人：白 玉 张 翼 付 昆

被采访人： 庞金厅（男　88岁　属羊）

庞为山（男　80岁　属龙）

从小在这长大，上过五年学。离开过，逃过荒，去过东北，在那干活，荒年家里没吃的。

民国31年，我没给日本人干活，逃荒去了东北，那里有熟人，有个三叔。

民国32年，这不下雨，一年多没下雨，大旱，荒年。人逃荒到黄河南去了，去拾麦子。

庞为山（左）、庞金厅

民国32年四月初六下的大雨，那年我19（岁），发过洪水，一人深的水，从黑岩山来的水，那时没河，山顶上出水，裂了一道缝，当时叫山啸，淹死一些人。这大水是在旱灾以前，以后灾害少了，这没有河，光有个运河。

民国32年当时村民有发疟子的，一会热，一会冷，浑身抽筋，不会死人，也能好，自己就好了。我当时和家里人一起住，就我自己发疟子了，不传染，得了这个病，冷一口，热一口的吃饭。得的人不少，一冷一热，浑身净汗。当时十五六，好了之后，现在没什么感觉，能吃能喝，还能推车子。

得霍乱，腿软，胳膊软，手凉，扎扎放放血就好了，日本军来的时候，正好得霍乱，这个病传不传染不知道，霍乱是由饿引起的，浑身软。得霍乱时候在发大水之前，当时十五六（岁）。

民国32年，当时这没有共产党，还没过来，有国民党，不抗日，当时国民党在这按兵不动。这土匪要吃要喝，还有三支队，杂牌军，有皇协

（军）。见过八路军的时候我得十六七，没见打枪。

飞机少，见过，扔过东西，饼干，那时自己十五六（岁），当时炸弹掉到庞一仁家了，炸弹没爆炸。当时进过虎城，里面有日军，进城门的时候要搜身，要鞠躬，我去买东西，买用的，写字的石板。城里日本人多，日本人的医生我没见过，见过日本人。我和庞凤堂熟，不知道他有个弟弟去日本做劳工。

民国 32 年，日本鬼子来要过粮食，三斤五斤的，拿不出来就打，日子不好过。

采访时间：2007 年 1 月 29 日

采访地点：东昌府区沙镇庞家庄

采访人：白 玉 张 翼 付 昆

被采访人：庞米山（男 84 岁 属猪）

庞米山

那时候正是抗日的时候，1940 年我参的军，民国 32 年回家的，老人和我大哥就不叫出去了。

我们都是三六八区，区长姓王，都是我战友，还有姓杨的杨明章，头二三年，他上外面做大使了，出国了，那也是我的战友。我在部队时的领导就是宋任穷，你听说过吗？那时候我在部队姓张，叫张立正，不叫庞米山，那时候在部队，十个里面，七八个都不是真名。在部队，我领导对我贼好，后来我回来了没再去，就落到这了。我当兵的时候 18 岁，1940 年去阳谷打仗，我的表兄弟介绍我去当的兵，他叫张立山。

那年八月十三，我打仗差点死了，就剩俺三个，卫河那边的就两把枪，都叫人皇协（军）打死了。在坡里那一仗，咱也没少受伤，鬼子也没好过，哎呀真是。

那时候打聊城，有县政府，还有莘县的，加上三六八区，再加上阳谷的两个大团，咱的人手也不少，那一仗，好，7000多名闹上了，就那一个下午，结束的时候得5点多。聊城这边，大仗小仗，打的没数。那时候城南一带，郭占成建立了皇协（军）的据点，打的围子，里面都住的皇协军。

皇协（军）是被日本鬼子利用的部队，中国人给日本当兵。国民党也有，王魁一，是国民党的杂牌。我们那时候不光打日本，打皇协（军），也打他们，还有齐子修。

那时候天上有飞机，日本扔炸弹，这种情况很少。日本扫荡，到哪个村，哪个村就倒了霉了，牵你的牛，奸淫烧杀，那经常的。

那时候咱们是土八路，白天这边主要还是人家鬼子、皇协（军）的天下。咱就是夜间出发，给他破坏电线，把这个电线给他撸了，你懂得吧？他必定第二天就要接电线，这路上咱就给放了炸弹，要是拉开战线拼，咱真拼不过人家，咱的枪炮子弹都不如人家日本的，咱就是土八路，我跟你说。

1943年咱这有灾荒，旱灾，饿死了一些人。当时我已经回来了，我1940年去的，在部队当了2年，我请假回来的，部队把我交代到人家单位，人家又开着汽车把我送回来的。

当时都逃荒去了，我跟我母亲，推着小车，去了黄河南，那边有麦子，那边收了。在那边，就是在这边买了衣裳，去那换粮食。谁知道当时去的哪个省，就是在梁山那里，那一带。俺住的那家姓丁，叫丁连城，在他家住着。人家家里有小孩，咱给人家点衣裳，咱中国人就是人心换人心。俺们当时走了得四五天，路上随走着，有集就赶集换，没集就走。

有霍乱病，得的人多，在春天的时候多，我当时20岁以下，有十六七岁，有瘟疫霍乱，那时候麦子还没出穗。那时候就是中医，看好就看好了，看不好就死了，有好了的，也有没好的。我知道有个人他娘得的是瘟疫，这来了个老妈妈，她一看，说有治这个病的偏方，给的什么？十斤白萝卜，半斤梨，一起熬的。得瘟疫时不喝，迷糊，难受，当时得那个病的人有一部分，也传人。

当时日本打山东的时候是民国 26 年，日本鬼子进中国，有水灾，黑岩山来的水，那时候日本鬼子还没占聊城，天上还下雨，那年八月份庄稼成熟了，没挨饿。这个病在发洪水之后两年。霍乱在这个村里没大怎么流行。

前丁楼庄

采访时间：2008 年 10 月 3 日
采访地点：东昌府区沙镇前丁楼庄
采 访 人：张 伟 谢学说 钟冠男
被采访人：丁广运（男 83 岁 属虎）

我上过学，白瞎，就是庄上成立的小学，那时候不支持上学。那以后就兵荒马乱的，没干过别的工作，一直都在家里咪。

1943 年那时天旱，不下雨，不跟现在一样有机械，麦子一点没见，从春里也有

丁广运

兵灾，兵荒马乱的，也是三支队闹乱套了。到秋后才种了点，秋后有点雨，下了点也稀松，洼地处行，咱这不像西边沟里，那麦子有一人多深，愣好。

那年饿死的人多了，堂邑那边儿一个村一个村的都饿死了，俺这得饿死一半。

人都出去了，都去河南了，没人了，光剩了俺爷爷在家里，他走不动了，七十来岁了，我那时候二十来岁。俺村那时候看不见人，找人找不到，都出去了。我也出去逃荒了，不出去就得饿死，我是过麦的时候出去的，上河南了，过了个把月回来的，家里还有老人，换了点粮食，推着回

来了。那会儿没有病，都是饿死的，没有瘟疫，一饿，有点毛病，就是饿死的。没听说过霍乱，咱这没有。那时也有井，喝井水，烧开了喝。

我见过日本人，他上村里来过，他为了得到民心，不抢东西，不敢抢东西。日本人人少，都是中国人。有给被日本人抓到的，投降了都给带到东北了。杜什么在东北没了，他在东北当劳工。

采访时间： 2008 年 10 月 3 日
采访地点： 东昌府区沙镇前丁楼庄
采 访 人： 张 伟 谢学说 钟冠男
被采访人： 丁术信（男 86 岁 属猪）

丁术信

我叫丁术信，今年 86（岁）了，属猪的，上过学，上学时十二三（岁）吧。景山他爷爷教的书，上学校里念了七册书。

民国 32 年没收成，叫三支队闹得没点粮食，饿死老些人。我不知道什么时候下雨了，棒子结点，结不大，到秋天里就好点了。春天连椿叶都吃，我也吃了，椿叶用开水烫烫就吃。

那年麦子不收，我种的麦子，那时说斗说升，我种了五斗，打了五升。天旱不下雨，那时靠天吃饭，没井没河，浇不上地，就是靠天，下雨就能收，不下雨就吃不上。

民国 32 年，三支队闹，围子净是兵，闹灾荒，要不是他，不能闹饿这么狠，他一闹就没点粮食。他经常到老百姓家里翻，翻了粮食就拿走。西边后王、李海子、白堂、盛庙，西边三个镇、孙倪（音）都是三支队，都是围子。后来日本人一来三支队就倒戈了，属于日本了，要是不属于日本站不住，就属于日本了，就成了皇协，头是齐子修，齐子修后来让日本人把枪收去了，连人都抓到日本国了，下煤窑了。

那时候树叶也没有了，人都皮包骨头，瘦，都饿得下关外，下河南，这里都没人了。谁在家里饿着，有吃的没走，大部分都是没吃的，到了家里能收粮食就回来了。没有得病死的，没霍乱，没听说过。

我家里那时候六口人，上关外四口，饿死两口，上关外只有俺跟俺娘回来了。我上河南拾麦子去了，后来我当兵了，当了一年多，民国32年春天去的，到了第二年八月初七回来的，我没回去。（哭了）

灾荒年春天里就有三支队了，穿绿衣裳，有枪，不长，就是步枪，大枪，在里边下操，多少人咱不知道。本来那时年轻，一二十来岁，不打听这些散事。那些人都带到日本了，也有回来的，回来的很少。周金元他哥带到日本去了，在煤窑里做饭，那些人都死的死，他饿不着，后来日本投降了就回来了，没死了。西口有一个三支队的，叫吕至青，让鬼子收走了，上了聊城，又上东北下煤窑了，也被抓走了，下煤窑了，饿死在外面了。那时候日本人没大些，净些中国人，鬼子不多，日本人住两天就走了。

绳家营

采访时间：2008年10月3日
采访地点：东昌府区沙镇绳家营
采 访 人：薛　伟　杨文静　柳亚平
被采访人：张金银（男　87岁　属狗）

张金银

我小时候家里也是种地的，那会儿种的地多，我自己种40亩地，那会儿家里有四五口人，那会儿打的粮食够吃的，到后来不行了。那会儿没病，没见过扎针的。

民国32年，灾荒年，那年没下雨，旱，

麦子长不出来，粮食不够，我家的麦子有三四口袋，回家搓成粑粑吃。我受狠罪了，我被抓去给三支队打围子，一直打到年下，平日里吃了饭就去，有空就去。到后来谷子收了，就不受罪了。

西边上河西里，不上河东来，那里有瘟疫，还有四五十里地，一大片。没见过扎针的。

见过日本人，给他打过围子。日本鬼子没大些人，就十来个人，靠他自己占不过来，咱这的汉奸给他当家，到后来走了，退回去了。

那会儿有两三丈深的井，一个庄有两三个井。

采访时间： 2008 年 10 月 3 日

采访地点： 东昌府区沙镇绳家营

采访人： 薛　伟　杨文静　柳亚平

被采访人： 张荣生（男　84 岁　属牛）

张荣生

民国 32 年没下雨，没打到粮食，到了秋天也没种没收。没吃的，吃树叶，人都走黄河南去换粮食。人都走了，老妈妈没走，年纪大的都饿死了，都不顾家了，顾命去了。那年我没出去，我跟爷爷在家过，要饭都没的要。

没听说过霍乱，没见过扎针的。民国 32 年之后闹的蚂蚱，第一年、第二年下关东的都回来了，地里净草，没人种地了，闹了蚂蚱，一堆一层，拿秸赶到壕里。

那年有日本鬼子，他当家，有汉奸，叫皇协（军），穿黄衣裳。老百姓要交粮食给三支队，他跟日本人通着。平时日本鬼子也逮人，要拿钱赎去，抓到围子里去，是汉奸给帮忙，一个围子里就十来个日本人，净二鬼子。民国 32 年，共产党来了，来了也不敢出去露面。

孙老庄

采访时间： 2008 年 10 月 3 日
采访地点： 东昌府区沙镇孙老庄
采 访 人： 李莎莎　王　瑞　胡　琳
被采访人： 刘芝芹（女　91 岁　属马）

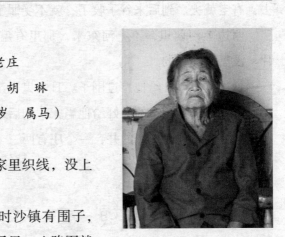

刘芝芹

　　我年轻时候就是成天在家里织线，没上过学，不识字。

　　日本人俺不记得，打仗时沙镇有围子，死了老多人，郭培德在小围子里，八路军就打小围子。

　　我娘家在沙镇刘庄，我嫁过来那会儿 19（岁），过了三个贱年，有 1953 年、1958 年，一九五几年饿死的人多，1953 年那个厉害，1943 年也是贱年。

　　霍乱病我没得过，咱这儿也没得过。

采访时间： 2008 年 10 月 3 日
采访地点： 东昌府区沙镇孙老庄
采 访 人： 李莎莎　王　瑞　胡　琳
被采访人： 孙玉光（男　71 岁　属虎）

孙玉光

　　我年轻时教初中，在冠县教的学，我上的德州师范，上了十几年学。

　　过贱年我记得，那是 1942 年、1943 年吧，当时我六岁了。天旱，没下雨，到秋季麦子一点没收，那会儿净吃野菜。下雨一直到 1944 年春天，下雨不大。蝗虫贱年没发生，贱年以后有，发生在秋收季节，蝗虫过去之后庄稼都光了。

那年也有饿死的人，有些人逃荒到了河南，那里雨水丰，吃得挺好。

日本人那时候在王堂有据点，有一个小分队，有十五六个日本人，可能还有朝鲜人，他们是 1940 年进的王堂，在王堂住了有二年，他们雇了一个伪警察局，有一个排。那些人也没有发现干什么过分的事，后来八路军把他们打跑了。

咱这发大水是 1937 年，打上土地都打湿，蒋介石炸花园口，黄河的水一直淌到这里，打了一人多高的堤，收粮食时要蹚水用缸去收庄稼，再浮回来。就收高粱，别的没有收。

咱这没记得发生过霍乱，王堂也弄不清，没有印象。鬼子投毒，在细菌战时，日本人向井里投瘟疫毒，俺村里死了两个人，在 1942 年左右，人发高烧，这病不传染。那会儿都知道是日本人向井里投毒的。当年咱吃的是井水，村里有两口井，日本人不是从咱村里投的毒，那死的两个人是出去走亲戚的，回来之后得病死的。他如果在咱村里投毒，咱村里死 100 都算少的，所以说没在咱村里投毒。那时候吃的水回家都烧开，瘟疫菌它烧不死。

堂里村

采访时间： 2008 年 9 月 30 日

采访地点： 东昌府区沙镇堂里村

采访人： 张 伟 胡 琳 谢学说

被采访人： 高凤田（男 82 岁 属兔）

我从小在这个村里住，上关外住了四年。我是贫农，八路军的贴心小棉袄。

民国 32 年我逃荒了，民国 32 年，二月二。我说的是阴历，不是阳历。上的吉林省，在那里住了 4 年，我干的活挺高级，蒸酒，在大酒店干活，后来回来了，家里也有地。我的孩子都没出去，净是些笨人，只能种地。

高凤田

这会儿人太好过了，那时候穷得啥都没有。天下不下来雨，旱，到了三月里才下了点雨，耩地耩不起，耩谷子，饿死的人多了，还有上山西去的，那都回不来。那时候吃不下饭去，栽下去就死，一晕，就死，不是真病，吃不饱，就是吃不下去，吃树叶，一撑一胀的。

有日本人，就在这里，上西边就没有了，哎呀，日本人太坏了，中国人受日本人的气，让人家说了算，还有老缺。

采访时间：2008 年 9 月 30 日
采访地点：东昌府区沙镇堂里村
采访人：张 伟 胡 琳 谢学说
被采访人：高凤西（男 87 岁 属狗）

高凤西

我家就在这个村，我姓高，叫高凤西。上过学，你别看我受穷，在家里我还是个宝贝孩子。我上学时，开始在家上学，上沙镇念了二年，又去沙镇高小，在高小念了个五年级、六年级。

1943 年家里啥灾也没闹，人多，没有吃的，没有喝的，下东北，（那是）民国 32 年，公元 1943 年。我 22（岁）下的东北。我的父亲弟兄三个，我父亲最大，我弟兄很少，早先就分家了，一人一份。我父亲这家人多，下东北去了。没别的本事，给人扛活，扛了几年活，我叔又带着我爷爷上东北去了，我爷爷年纪大了，闹病。

在东北，能吃棒子面，能维持生活。我在那待的年头挺多，扛了几年活，开过饭店。到了1951年我回来了。来了家，又回去了，又在那头做买卖，到了1955年冬天回来的。

王堂村

采访时间：2008 年 10 月 3 日
采访地点：东昌府区沙镇王堂村
采访人：李莎莎　王　瑞　胡　琳
被采访人：任连泉（男　81 岁　属龙）

任连泉

我年轻时从十几（岁）就干庄稼活，农民。小时候念过两天书，白瞎，不识字，解放后扫盲，上过两天民校，一个字也不识。

日本人来的时候我十四五岁，俺这村有汉奸，日本人有 6 个，去一个八路能把 6 个人都办了。日本人那会儿来的净学生，有一个小青年经常出来哭着喊"我们回不了国了，都在中国死啦"。

他们住在西边农民的房子里，两个院，没干过什么坏事。日本人平时啥也不干，光吃喝。咱村有良民证，像身份证一样，走哪里也没事，这是日本人办的，汉奸发的，上面有照片，日本人的照相机照的，到各村给人照相。日本人在这待了三年，后来都走了，上了沙镇，沙镇有围子，后来汉奸又滚回聊城了，后来又解放聊城，八路军过不去护城河。日本人也胆小，不敢串门，也不敢欺男霸女，农民就是不弄死他，弄死他也没人知道。

那时候谁管这片？他就是汉奸，就是跟你要钱要粮，他就吃这一片。在俺村住的是三支队的人，叫王奎一，他那会儿属于齐子修，那个三支队是从聊城地区专员范筑先叫下来的，他是他下边的一个支队。有一个参谋姓沙，有一个副团长姓赵，那个参谋长叫沙明杨，副团长叫赵洪奎，家是哪的不知道，后来走了就没再回来了，可能被八路军毙了。我这个院原来有棵粗树，炮都给打断了，房子都破了，是日本人打三支队的时候。

民国 32 年，这会儿多少年闹不清了，是贱年，农民净挨饿，这里颗粒无收，一年没下雨，地里麦子没种上，春天谷子、高粱啥也没种上。咱这儿还好，从这向北，有一个闫集，厉害，堂邑以北也厉害，那边饿死的人多了，堂邑是个镇。天旱没下雨，那时候没水利条件，头年麦子就没种上，第二年也旱，秋里过了麦，才种上庄稼。

闹过蚂蚱，共产党来后也闹过，那时候蚂蚱不稀罕，三年两年就一次，贱年没闹蚂蚱，过了之后才闹的，地里一层蚂蚱。

贱年咱这村饿死的不多，这边洼地，还能收点麦子，到堂邑就没收，堂邑有个放马场，在堂邑西边，没多大，都没人了。那会儿逃荒的多了，俺这里上黄河南、梁山一带，我没出去，那时小。村上也有几十口逃荒的，小女孩嫁到南方去了，这种情况多了，堂邑以北的嫁到这儿的多了去了。

霍乱病？这里闹过，这个名我听过，这个村小孩大人都有得的，贱年以后才得的，得的人不多，农村有的人给扎扎挑挑，出点血就好了。人走路不当家，迈不动腿，抽筋，得这病的时候我有十六七（岁）了，那时日本人已经走了，日本人在这边才住了两三年，他怕共产党杀了他们，一个小孩成天哭，他们净是些中学生。

霍乱病据说是传染，我不认识得这个病的。俺这个村有个妇女会扎针，扎针就好了，她姓孔，她母亲能治这个病，那时咱这没有医生，我过会儿带你们过去。

采访时间：2008 年 10 月 3 日

采访地点：东昌府区沙镇王堂村

采 访 人：李莎莎　王　瑞　胡　琳

被采访人：张文明（男　84 岁　属牛）

张文明

我没上过学，不识字。

过贱年还不记得？我 19（岁），去东北了，我走那会庄稼收完了，贱年那年走的，去的是吉林省怀德县。我在那里住了七八个年头，家里分地了我才回来的。家里只有一个父亲在家，家里没地，其他人都去东北了。

贱年没吃的，挨饿，不长，不收，四亩地的麦子，我一担子就担回来了。天旱，没井，不收。民国 31 年开始旱，没种上麦子，民国 32 年秋下的雨，种上庄稼了，那时我已经走了，听说的。

霍乱？我在东北那有，我住的怀德县有四五十口死了，抽筋，不让出门，这病传染。我有一个五叔是个木匠，在那一天能挣三个工，我不让他出门，说这天不能出门，外面净死人，他不听，结果三天就得霍乱死了。

咱村没东北厉害，东北厉害。我母亲会看霍乱病，我母亲当时在东北，这病传染，我母亲最后都不给别人扎了，扎也扎不好。1945 年的时候也可能有霍乱，在东北。得了霍乱就要扎胳膊弯、腿弯，出血，这病上哕下泻，这都是东北的事，不是咱村。

我去东北，在那捞籽，有吃的，吃饱了。天天见日本兵，日本兵不怕病，他们有药，天天站岗，不让人来回走。

西袁村

采访时间： 2008 年 9 月 30 日

采访地点： 东昌府区沙镇西袁村

采 访 人： 薛 伟　杨文静　柳亚平

被采访人： 张玉珍（女　84 岁　属牛）

李振田（男　76 岁　属鸡）

那时候我家里有 20 多亩地，灾荒那年，井里都没有水了，人都挨饿。那年是大旱年，没下大雨，到后来才来了场雨，那会儿也没河，现在那河是才挖的，就俺这旱灾厉害，都吃些白菜帮子、烂菜叶子。

那会儿没霍乱，都是饿死的，十家有八家上河南了。

日本人是后来来的，灾荒年之后两年，日本人才来的。日本鬼子在这边没站脚，没下来过，他光在城市里面，来乡下的没几个。也没见过汉奸。

小屯村

采访时间： 2008 年 9 月 30 日

采访地点： 东昌府区沙镇小屯村

采 访 人： 张 伟　胡 琳　谢学说

被采访人： 李玉亭（男　78 岁　属羊）

我私塾也念过，那会儿旧社会，就念了一个月，也念不起，就拉倒了，后来吃的都没了，还念什么书？以后，八路军来了，我就跟着共产党学习，在八路军的时候，我念

李玉亭

到师范毕业，又教的小学，教了十来年书。

民国 32 年，俺这里就饿死了两口子人，有一个是我的祖父，我爷爷，有我的一个二哥，这是两个饿死的。这边人都上了关外了，剩下 60 多口人，有腿的早走了，后来你想走，就走不动了，饿的。咱想走，没盘缠。要？你上哪里要去？人都没吃的。

没东西吃，我给你说，苦到啥程度？每一天都有大人吃小孩的。上树捋榆钱，是树叶都吃了，没榆钱，就吃榆叶，吃得榆树上都没叶了，没东西吃。主要的就是遭了一年的旱年，地里也薄，不收么，上边再要，这里一些，那里一些，就啥也没了。天旱，庄稼不长，那时候你有几十亩地你还就得饿着。啥时候下的雨我记不详细了，反正是秋里，到了秋里就下雨了，收啥收？六亩地收的麦子还不够吃一顿馍馍呢。

我那会儿，有我爷爷，我爷爷饿死了，没他了，还有我奶奶，我母亲，有兄弟，有妹妹，一个兄弟，一个妹妹，家里六口人。那年我没出去，走不动了，走不动了就搁这里熬呗。走了一多半人，东边哪有人啊，去黑龙江、辽宁、吉林，这里都有。头贱年能走动的就走了，后贱年想起来走，就走不动了。

叫日本人打死的，有我二爷爷，他不是枪打死的，那时候日本人来了，谁不跑？满地里跑，日本人骑着马多快！一露头的功夫，就来到了。下了马，走到根底下（跟前），跺了下，蹦了两脚，使的皮鞋，我二爷爷 80 多岁了，叫他跺了两脚就死了。

该没土匪啊？我们这土匪，光埋人，埋了多少人！那可是埋人，据说一个坑里得埋个 10 口、20 口，活埋，就咱人进去，捆上就埋了。为啥活埋？说这话，咱这里快解放了，可是还没解放哩，还待围子里，来咱这里了，打围子，围困啊，没打开。没打开咋治呢，没打开不知道啊就走了。俺这里郑家，就李海那里，都上这里来抢粮食哩，一问打开了么，有站岗的，他说打开了，他一说打开了，糊弄老庄稼人，迷迷糊糊，不知道咋回事啊，向里边去的，到了里边不知道咋回事，净他们的人，回不去了。汉奸郭伯德，也有日本人，（进去的老百姓）走不了了，把人一下子都逮起来了，逮这些咋置啊，挖坑埋了，埋了得二三十。那时候咱上里边逛着玩去，闻着就臭。日本没住在俺这里，就在沙镇，离俺这里七里地，在沙镇，搁那埋的。

得病是在家里，上吐下泻，那是霍乱，传染病，那个就是底下跑，上面哕，再吃不进去饭呢，那很快就毁了。堂邑这边就老些那个病。堂邑离咱这 30 里地，我教学就在那里住了，那时候堂邑是个无人区。抓到日本国的没有，咱这一片里我也没听说。

谢家村

采访时间：2008 年 10 月 3 日
采访地点：东昌府区沙镇谢家村
采 访 人：薛　伟　杨文静　柳亚平
被采访人：许兆珍（男　78 岁　属羊）

许兆珍

民国 32 年那年旱，饿死人，没粮食，树叶都吃光了，地里连草都长不起来。我出去逃荒了，上了南边，河南，四月里去的，五月就回来了。在那边拾麦子，去的时候带着衣裳，在那里换点麦子，拾的麦子让人端走了，我妹妹饿死了。

那年死的人不少，净饿死的。有霍乱病，俺庄上没有，不断有得霍乱症的，天一热就得霍乱。不得了，挨不了两天，我不能走亲戚，没见过霍乱死的人，我那时候十来岁的娃娃，懂得啥？

日本人来过。这边离得远点，离得近的都来了。没见过日本人抓人，日本人喜欢小孩。有一次日本人找俺爹的照片，找不到，用刀朝着你，吓得俺娘，找相片出了一头汗。

那会儿喝井里的水，砖井，咱这当街有一个砖井，旁边种豆角，种金瓜。

杨宇村

采访时间：2008 年 10 月 3 日

采访地点：东昌府区沙镇杨宇村

采访人：薛 伟 杨文静 柳亚平

被采访人：李文英（女 77 岁 属鸡）

李文英

    我没上过学，到了以后，15 岁以后，一步步往上走的。我 1953 年参加的革命，原来家里有地十几亩，分了六亩地，分的地主的地，那还不够吃的。

    民国 32 年，咱这没水，天不下雨，这杨宇村就一家有井的，一个庄上吃水就那一个井。庄稼穗一丈长，一亩地才打三斗麦子，树叶都吃光了，逃荒的都没吃的，都饿死在路上。

    快立秋时下了点雨，棒子长的跟鸡头大小，皇协截路，沟挖得老深，查过路的，有路条让过，没路条不让过，路条是庄上给的，那会儿是两党两派，路上埋地雷，夺地方，一直打到南下。

    都上山西了，来回要三个月，走着去的，九月份去的，我也去了，推小车到山西，那净山沟。在大王庄住了三个多月，到年底回来。一个村里，南头是八路军，北头是皇协（军），就是日本鬼子，晚上查户口，吓得，累得慌了就歇，不累得慌了就慢慢走，走了 20 多天回了家。

    好多都是饿死的，没病死的，净是饿死的，轱辘床底下，死在车上的，也有死路上的，谁也顾不了谁。没见过抽筋的。

    日本鬼子见过，一来吓得都跑，他抓人，都抓年轻的小女孩，他祸害人家，打东来，咱往西跑，打西来，咱就往东走，躲着走。年轻的吓得上粮食囤，有个老妈妈不给开门，弄开门后，把脑袋瓜子砍了。男的抓劳工，抓到他围子里，连信也没有，晋庄的一个叫抓走了，没回来，他姓周，他弟兄四个，他家里人是阳谷的闺女，他有一个小女，他被抓走了，他的闺女那会儿才几个月，他闺女现在在聊城市。

采访时间： 2008 年 10 月 3 日

采访地点： 东昌府区沙镇镇杨宇村

采访人： 薛　伟　杨文静　柳亚平

被采访人： 严学高（男　88 岁　属鸡）

严学高

　　小时候家里种地，过贱年，难过，庄稼不收，没下雨，都没打够种，耩了 13 亩，收了没 50 斤。过了麦下了点雨，谷子点了点。

　　贱年那会儿饿死了老些人，都上关外了，就剩我自己了，三支队也要，日本人也要，八路军也要，不给他也不行，三股都要粮。

　　看见日本人，跑，不敢见面，咱不懂他说的话。

　　那会儿没水，靠天吃饭，喝地下打的砖井。那会儿没霍乱，没有，死了拉倒，那会儿哪有医院。

袁楼村

采访时间： 2008 年 10 月 3 日

采访地点： 东昌府区沙镇袁楼村

采访人： 张　伟　谢学说　钟冠男

被采访人： 刘清法（男　80 岁　属蛇）

我叫刘清法，80岁了，属小龙的，8岁上学，念到12岁，在村里上的小学。

民国32年旱灾，就那一年旱，从头年耩麦子起一点雨也没下。地里的麦头这有一个那有一个，没麦头，五亩麦子，你说有嘛（什么）？

旱到农历六月里，收了一点谷子，下点雨，不大，很小，以后下点也稀松，没棒子，耩了晚谷子。

刘清法（左）

我家七口人，弟妹四个，父亲、母亲、奶奶。我家没逃荒，有一个梨树，梨结了一点，一天弄一锅，煮梨吃。有出去逃荒的，上河南的，上东北的不少，俺弟妹小啊，上哪去？还有一个奶奶，岁数大，不能出去了。

饿死的多了，俺家里没有。没有得病的，都饿得皮包骨头，没听说有得病的，有没有瘟疫不知道，没有霍乱，外边有，咱这没有。

日本人来了，在聊城，打济南来的，咋没见过日本人？日本人来打北边那个庄，土匪有围子，日本人来打土匪的围子，是二月，日本人看准了，先打他一枪，又打了一炮，可没少打死人，都是中国人。

人家日本人不抢，有让日本人抓去的，那去远了，有抓到日本的，刘清海，他是日本鬼子一块抓劳工走的，抓到了牡丹江，没回来，饿死那里了。有回来的，他没回来，回来的现在都死了，活着也得有90多岁了。马俊东，袁楼的，也被抓去了。有抓到日本的，也有抓到牡丹江的，有的偷跑了就回来了。

这土匪多得很，都建围子，都有围子，蒋庄、花园、胜庙（音）、后王（音）、白堂（音）、李海、王堂、沙镇、田庄。土匪也抢粮食，老百姓把粮食埋在土里，土匪用棍子插，插到就挖走了，头头不记得了，最大的是齐子修。这里没有当兵的三支队，三支队不在这里。

张箱村

采访时间: 2008 年 10 月 3 日

采访地点: 东昌府区沙镇张箱村

采访人: 薛 伟 杨文静 柳亚平

被采访人: 张同兴（男 88 岁 属牛）

张同兴

　　民国 32 年那是贱年，不下雨，靠天吃饭，秋后一直也没下雨，挨饿，天不好，挨饿的很多，人饿得爬不动，要饭也要不着。那会儿困难，吃树叶，有的是要饭的，河南、河北去的都有。

　　见过日本鬼子，从这路上过。也有二鬼子，没进村抢东西，抓人都跑聊城里了。

　　闹过蚂蚱，吃庄稼，漫天都是蚂蚱，那是棒子有十来厘米高的时候，蚂蚱过去都过去了。

　　做饭用井水，那会儿一个庄俩井，都旱死了，没水。得病的多了去了，没听说过霍乱，没听过上吐下泻的。

采访时间: 2008 年 10 月 3 日

采访地点: 东昌府区沙镇张箱村

采访人: 薛 伟 杨文静 柳亚平

被采访人: 张玉中（男 74 岁 属猪）

　　我那年才十来岁，旱，那年没下雨，路上尽薄土。生活紧张得很，庄稼没粒，根本没粒，人都逃荒去河南河北。堂邑也不下雨，堂邑走的多了，都上东北了，哈尔滨，上东北的有的就没回来，在那边安家了。

蚂蚱以后闹的，七八年，十来年，西北过来的，天上飞的黄的、绿的、灰的都有。那年没日本鬼子。日本鬼子见过，割棒子的第二年他们过来的，很少抢东西，没抓过人，那回抢了一回，没大抢些。没抓过人，没有。

有饿死的，没有听过霍乱，我轻易不得病，没扎过针，没见过扎针的。喝水用的是井水。

张玉中

张　庄

采访时间： 2008 年 9 月 30 日
采访地点： 东昌府区沙镇张庄
采 访 人： 李莎莎　王　瑞　钟冠男
被采访人： 张庆江（男　91 岁　属羊）

张庆江

我一直在村当农民，没上过学，一个字不认识。

那时天旱，没井，人靠天吃饭，收成不怎么样，不收庄稼的叫贱年。1958 年也是个贱年，饿死不少人。

那时都去河南、关东逃荒，打工找活去，我出去过，二十六七岁，过了年走的。

我见过日本人，从北边来，我给他们干过活，盖炮楼、挖沟什么的。

他们给钱，不管吃的，自己买吃的。他们不杀人，不打老百姓。那时二鬼子是咱中国人，他们啥事都做。日本人不到村里找八路，那时村里还不兴八路。那时人们都抢地雷、打仗，八路军在陕西那片有。日本人来时我二十二三岁。

日本人来时咱村里没死人，日本人过来了，咱这兵跟日本人打仗才死人了。当时咱村里没日本人，日本人住在聊城市里，日本人吃饭也得指望庄稼人。

霍乱病没听说过，没有。传染病？不知道。那时吃井水，哪个庄都有井。

堂 邑 镇

崔 屯

采访时间：2008 年 10 月 4 日
采访地点：东昌府区堂邑镇大陈庄
采访人：王　青　何　科　曹元强
被采访人：崔芙蓉（女　77 岁　属猴）

崔芙蓉

我叫崔芙蓉，77（岁）了，属猴的，娘家在崔屯，在堂邑西边，离这有八九里。

民国 32 年那年天气旱，秋天里，旱得棒子谷子没结，没耩上麦子，挨饿了。旱了一年，头年没收，第二年秋下的雨。这没发过水，过贱年旱，没发水。

我逃到河南拾麦子去了，割完麦子就回来了。俺庄上也有上北京要饭的，俺嫂子领着俺妹妹上北京、天津那去了，别的地方不知道了。有饿死的，俺大爷爷饿死了，饿死人有多少不知道。

得病的我不记得了，有得病死的，发疟子也听说有，都是要点药吃吃，发疟子浑身冷，盖上被子还浑身打哆嗦。霍乱病也听说过，有做买卖的，推小车走那死了，他们说是霍乱，不知道哪里的人。

过了贱年才有的蚂蚱，地里也有蚂蚱，有虫子，那蚂蚱有一层。

我见过日本鬼子，没抓过人给他干活，没抓过劳工。

大陈庄

采访时间：2008 年 10 月 4 日
采访地点：东昌府区堂邑镇大陈庄
采 访 人：王　青　何　科　曹元强
被采访人：许继城（男　75 岁　属狗）

许继城

　　我叫许继城，今年 75（岁）了，属狗的。

　　民国 32 年那年我 10 岁整，要说起我的历史我是个苦命孩。我 4 岁没亲娘了，7 岁没爹了。那时候日本鬼子来了四五个，上陈庄来，人都吓得跑，要像现在，来四五百也办了他呀。

　　那年民国 32 年，头年秋里没见么，多少见点粮食，棒子有一点点，麦子没构上。第二年没下透雨，就下了一点点，人都上河南了，地没人种了。没蚂蚱，没庄稼吃，净草，家院里净草，兔子都在路上跑，都上家院去了，成无人区了，约三分之二的人都走了。那时候房子带地给钱就卖，能推能担的，外卖点东西，拆房子，卸檩条，卖门，饿得都上黄河南了。

　　民国 32 年我才十来岁，我没走，我跟着俺奶奶过，俺奶奶 70 多岁了，村里能跑的都跑了。村长哪能跑？他跑了皇协（军）找谁去？

　　饿死的少不了，大约也得成百，那会儿俺庄上约摸也得五六百人，净老头老妈妈，不能动的小孩饿死了，一般跟你们这般大的，都走了。

　　得病的也有，那会儿有发疟子的，得霍乱的，就跟现在脑血栓一样，得病一会儿就死，肚子疼出虚汗，一会儿就死。发疟子比钟点还灵，到时候它就来，冷起来穿多少衣服都冻得你打哆嗦，要说热起来，光膀子汗也热腾腾的。发疟子和霍乱不是一个病，霍乱病也是饿的，肚子疼，眼黑。俺村有得霍乱的，死多少不知道，没见过，那时小，不敢见死人，这是听说的，都贱年前后得的霍乱病。

日本人抓劳工，在堂邑围庙里住着，上这来跟村长说，你庄去多少人去给他干活去。大楼里住皇协（军），东关、西关里是皇协（军），有几个日本人。抓没抓人到日本、东北去，我不知道，我说不了，他也不说抓劳工，就说招工，做什么什么去，到那管你吃，给你多少钱，那会儿管吃就行，那会儿我反正去不了，我才十来岁。

刘黑塔

采访时间：2008 年 10 月 4 日
采访地点：东昌府区堂邑镇刘黑塔
采访人：王 青 何 科 曹元强
被采访人：刘得安（男 78 岁 属羊）

刘得安

我叫刘得安，今年 78（岁）了，属羊的。

民国 32 年我 13（岁），天旱得没下雨，头一年就没下雨，没耩上麦子，旱的。第二年过了麦，春上耩谷子的时候下的雨，民国 33 年下的雨。没听说有蚂蚱，后来遭过一年蚂蚱。民国 32 年没发过大水。

那年俺没逃荒，俺村逃的不少，都逃到河南，有下关外的，俺这一块逃荒得少，俺这没饿死的。

没听说过霍乱，没有得霍乱病的，那会儿得病又看不起，庄上没医生。

日本鬼子来过，见过日本鬼子，那会儿谁理他？一说他来了都跑，日本鬼子没（在俺村）抓过劳工。北边的陈庄抓了一个去，不知道叫什么名，死在那里了，给邮钱来了，有十来年了，国家打官司赢了给的，一个人给多少钱。

路东村

采访时间： 2007 年 1 月 31 日
采访地点： 东昌府区堂邑镇路东村
采 访 人： 姜国栋　李　琳　刘婷婷
被采访人： 郝洪祥（男　80 岁　属龙）

郝洪祥

我小时候念过学，上到二年级，那时候上学不花钱。

灾荒年旱了两年哩，1941 年、1942 年。我那时在堂邑念书，饿死了老些人，也有病死的，不知道啥病。闹不清，那时候谁也不管谁，有拔罐的，闹不清啥病。

知道霍乱这个病很厉害，传染，俺村上都没人了。

1941 年、1942 年，谁管谁那时候，咱村净上河南逃荒去了。那时候，净饿死的，往河南那要饭去，人家那儿收成好哎，俺爸妈都没去。那时很多逃荒去了河南的梁山，村里都没人了，咱这乡下都是无人区，饿死了老些人。逃荒回来，连窗户都没了，院里净草，路也没有。

我那时十二三岁在堂邑念书，那时日本鬼子占了堂邑，净土匪，三支队，吴连杰是土匪头子，在柳林那一带，齐子修名义上是国民党，其实是游击队。土匪净抢你东西，你的收成不够他要的，他抢你的，一天要你20 斤、30 斤，这个杂牌军也要，那个杂支队也要，供不及。

灾荒年，主要是日本进中国造成的，他占中国的地方，堂邑城里有日本鬼子，现在的文庙小学，那时属堂邑，里边有孔子的像，日本鬼子在那驻扎军，赖城里。游击队在乡下，游击队枪炮不行，打不过人家。那时人不敢在家住，日本鬼子经常下来扫荡，他们跟中国人一样，换上中国人的衣裳分不出来，穿草绿色的军装。没见日本人穿白大褂，他不给咱检查身体。日本鬼子往村里要东西吃，交公粮，交不上公粮也不行，他也得吃哎。

我上学的时候，老师教的日语课本，现在都忘了，老师是咱当地人，咱当时被日本人占据了。学校是皇协（军）办的，包括初小、高小，还学语文、算术，叫完全小学。日本鬼子发糖果吃，对学生挺好。咱这个地区离堂邑近，属于保护区，所以他日本鬼子不杀人。

不知道当时村里有多少人，见过日本人的飞机，飞得不高，嗡嗡地响，能看见太阳旗。没看见过日本鬼子往下扔东西，一看见日本人来了，就吓得都跑了。日本人有抓劳工的，抓到关东修煤窑，修铁路的，也有抓去日本国去的，这是我听庄上人家说的，不知道抓了多少人去。

民国26年、27年，我八九岁，咱这发洪水，俺庄上都淹了，来了老些水，涝了都，坐船一篙都能到临清。就那年，日本鬼子就来了，那时蒋介石打不过日本鬼子，就把黄河改道，把这一带都淹了，水不顺着原来的河道走，在花园村把道改了，在花园把堤给炸了，花园可能是河南的。那年也下大雨，雨跟洪水同时来的，阻挡了日本鬼子的进攻，他走得慢了。阴历六七月里下的雨，下了七八天，高粱都很高了，绑个筏，把木头当船，去地里收庄稼。那时候连临清、茌平、冠县那都是灾区，黄河水改道了，水都流到了卫河、马颊河，走海河里去了。

灾荒年以后，解放了都，又闹过蚂蚱，多得了不得，在天空飞得都能遮住一部分天，飞过去庄稼就完了，一过去就听见唰唰的，棒子叶就没了，恨不得从家里就能听见响了。大约七月份，都喊了社员，拿支扫帚，这人一个一个的轰蚂蚱，轰到地头坑里去，这好像是1959年的事，要不就是1957年。

路西村

采访时间： 2007 年 1 月 31 日
采访地点： 东昌府区堂邑镇路西村
采 访 人： 姜国栋　李　琳　刘婷婷
被采访人： 路丙沂（男　72 岁　属猪）

路丙沂

我上过小学，学过一年的私塾，共产党的，才识几个字儿。那时我才十几岁，刚记起事。

那时村上原来有 1000 多人，过了贱年几百人就没了，路东路西两个大队合一村，那时，剩了三百来人，一家合上一两口没死绝的。

有得病的，俺不知道啥病，俺家没有得病的。那时候净忍饥挨饿闹灾荒。霍乱转筋知道，我听说的，那时我小，才 10 岁。霍乱净发烧，没先生，使扎针，一个老嬷嬷扎，一扎就好。扎头、扎手、扎胳膊弯，扎了后出血。光听说得霍乱病死的不少，外边有，咱村没有。那时没药，药铺就少。

那时还有发疟子，先有霍乱再有发疟子，一会儿冷一会儿热，我还发过哩。传染病那是，邪病。那时三里庄有一个姓宋的给药吃，慢慢吃药好的。霍乱菌，听说过，那时没医院，净中医，也没西医，都是些老嬷嬷老太太抓药，那时我还不懂事，才十一二（岁），霍乱菌传染。记不清啥表现，死了以后就埋了，记不清埋哪儿了，都 60 多年了。

那时有皇协（军），协助日本人，还有汉奸抢东西。我那时往东北逃荒去了，走了一年回来了。民国 35 年逃的，灾荒年那年，日本人在这里，你没法儿过，先逃关东，再逃河南，后来家里不闹了，我就回来了。

我见过日本人，他那衣裳挺好，在关东的时候，挺冷，他还穿裤衩子哩，日本人扛冻。那时，我在日本人办的一个火柴公司里，给人干活造洋火，他给吃的，不打俺，也不骂，那公司也行，给开工资。那里就一个不好，有病了把你拴一撮去，怕传染。

那时，在街上看你有病就把你抓去，那时俺一个哥哥脸上有疮，肿得跟瓦罐样，就抓一个屋子里去，不叫出来，病死了，怕传染。那时是长春洋火公司，雇的中国人干活，年轻的不干就揍你，不干也得干，干也得干，小的没事。那时有病，要个人（自己）去看，他不给你检查身体，有病个人看。

我见过日本人的飞机，不是很大，飞得不是很高，在长春看到的，没见往下扔东西，没见有啥图案，就是来回飞威胁你。

村里有人被抓去当劳工的，在东北那修火车道、公路，回不来了，骨头都找不着了，这都是听说的。

听人家说，民国26年发过大水，一篙能撑到聊城。人家说，发了大水，第二年就得霍乱，然后日本鬼子进中国。

天黑，我们抱着孩子，牵着牛，往东跑，还听说，有一个人去解手，也被炸死了，这都是听人家说的，后来，日本人就往堂邑去了。

采访时间：2007年1月31日
采访地点：东昌府区堂邑镇路西村
采访人：姜国栋　李　琳　刘婷婷
被采访人：路占山（男　79岁　属龙）

路占山

我念了3年私塾。

民国32年，那会儿这里连鬼子加皇协（军）进中国，咱中国人当了亡国奴。俺这里这么大个庄子，就剩个六七家。俺没逃荒，家里有老的走不动，我那时十二三（岁）。俺这几家，老的老，小的小，都走不动，俺亲家都上河南了。

那会儿没粮食吃，树箍子都拔完了。天旱，民国 31 年招了蚂蚱，再加上老缺，杂牌皇协（军），抢得俺就剩一床被子。那时，兵荒马乱，没人，耩不上庄稼，有人的都逃到南边了。那时候苦极了，净撞街的，你从路上走，吃着东西，他从路上给你撞过来就吃，把你头打得呼呼的流血。到了第二年，才种了点谷子，能掐点谷头，那时我一个爷爷的谷头被抢了三回。

那会儿，咱这没霍乱转筋这个病，没听说，净饿死的，有水肿的，吃山叶子吃得浑身胀。有一年，净发疟子，二十来岁那年，长疖子的多，浑身起疙瘩，痒痒。日本人不给咱检查身体，咱这有药铺。

堂邑那时有日本鬼子，我见过他，那会儿，日本人穿黄呢子衣裳，戴小檐帽，妇女穿白，围的裙子，在东关的街上，人家都乱看，穿的花的、绿的，是日本人带来的女的，都乱看，稀罕。

那时咱小，给日本人干过活，垒炮楼，搬砖，净庄稼人伺候他。日本往咱村里来扫荡，还有杂牌（兵），就这里住着老齐的人。乔集也有鬼子，鬼子下来扫荡，带着扫荡兵，那些杂牌兵，他吃咱的鸡，喝咱这的水，咱给他挑的水，他叫你先喝，怕你下毒，那是民国 33 年，后来一直闹了六七年。

不知道日本人抓劳工不，他厉害地牵着洋狗，日本狗厉害，净啃，咬你。到后来打乔家集，日本人有飞机，把人都吓毁了，那时乔家集有八路，日本人找不着他，地下工作找不着，摸不着。

一上来的时候，鬼子有六七十，后来二三十，再后来就剩七八个人，后来就跑了。

吕 庄

采访时间： 2007 年 1 月 31 日

采访地点： 东昌府区堂邑镇吕庄

采访人： 杜 慧 杨向瑞 刘孝堂

被采访人： 吕法义（男 71 岁 属鼠）

吕法义

那是民国 32 年，大旱没吃的，开始这里有乡绅救济，挨号排队能等点稀饭，排完了就排不上。我当时很小，也挨号排队，排到喝两口，家里姊妹多，留给他们喝。

后来就把菜种制碎吃，把棉花种弄碎蒸了吃，再往后，树皮什么的都吃。家里什么都没有的时候，就推着小红车到河南去逃荒了，小红车一边坐媳妇，一边坐孩子，有时也推些家具，到了黄河南，给人家干活。

也有卖孩子卖媳妇的，换几十斤粮食，回来的时候还经常被土匪抢，当时是人吃人，没吃的就抢。我父亲去过河南逃过好几次，民国 32 年，我父亲、我哥哥去了，我和姐姐在家，吃草。

当时这有得病的，我母亲、姥爷、姥娘、妹妹就是得病死的，我母亲死得最早，当时是民国 32 年，后来接着我的妹妹、姥爷、姥娘也都得病死了。得的是一样的病，开始以为是感冒，后来身体开始糜烂，用手一碰就烂，身上还有小红点，眼窝下凹，瘦得跟骷髅似的，很吓人。

有没有拉肚子不知道，只记得母亲屁股底下铺了沙土，好像就是防止她拉肚子的，她是从拾野菜回来之后得的病，七八天之后就死了。当时是我姐姐一直照顾她，我姐姐没得病，我也没事，我们村当时死的人多了去了，也有饿死的，也有得病死的。

后来看报纸、看日本人的细菌战影响，才知道母亲得的是霍乱（注：

他母亲照片后面有他哥哥写的字，他母亲的病是伤寒）。那时不知道。当时还有些小孩，肚子很大，发亮，青筋暴露，不过那不是病，而是饿了之后吃草根等杂物吃的。

日本人非常残暴，我亲眼见过日本人抓了两个男青年，后来说是八路军，把他们拴到东街的大椿树上，让狼狗活活给咬死了。当时受灾的时候，日本人的生活很好，整天吃罐头，他们还有带来的慰安妇，大部分是从朝鲜、高丽国运来的，有十几个，在部队供他们享受。

日本人打起仗，烧杀抢掠、奸淫妇女，什么都不顾，安顿下来后也安民，他们很狡猾。日本人主要是打八路军，但你老百姓不能得罪他，出城门时都给他们鞠躬。当时他们还放无声电影给我们看，不过是自愿看的，放的是恐怖片。我们村有个姑娘被日本人抓去了，后来又放了，被日本人侮辱了，现在还活着，咱不能说。俺村也有被抓了到日本当劳工的，没回来，不知是死是活。

没有听说过八路军，当时八路军很秘密。

苗 庄

采访时间：2008 年 10 月 4 日
采访地点：东昌府区堂邑镇苗庄
采访人：王 青 何 科 曹元强
被采访人：谢金兰（女 81 岁 属龙）

谢金兰

我今年 81（岁）了，属大龙的，叫谢金兰。

民国 32 年，旱，旱得厉害，下点也稀松，麦子一拃高，地里没水浇，没人管。地里也种了，收不多，棒子收了一点点，民国

32 年就是旱得厉害。

后来又来了一年蚂蚱，跟旋风一样，从东北来的，卷个蛋，把谷子高粱都吃了，我那会儿有十一二岁，记不清哪年了。

那几年旱了老些年，我那时候小，不很记得。净逃荒要饭的，饿死老些人，要饭的路过，死那没人管，没人埋，（要饭的从）冠县过来，饿死没人管。逃荒，上河南要饭，有的要点粮食就把小孩给人家了。后来来了八路军就有人管了，不叫饿死了。

霍乱有，一会儿就死，有老妈妈会扎的能扎过来，肚子疼，扎扎针就不疼了，扎鼻子出点血就好了。我就知道肚子疼得抱着肚子，有的喝点姜水就过来了。得霍乱时我小，就听说，听有年纪的老人说的，俺村没听说有，没见过得霍乱的。那时逮着凉水就喝，俺庄上一个井在最西头。

见过日本人，他拿着枪上你家来，逮着什么拿什么，衣裳裤子都给你拿走。没见过他打人，不叫你跟着，你跟着他，他用枪捣你，咱都吓得了不得，男人都藏起来了。没听说过日本人抓劳工。

采访时间： 2008 年 10 月 4 日
采访地点： 东昌府区堂邑镇苗庄
采访人： 王 青 何 科 曹元强
被采访人： 徐连玉（男 76 岁 属狗）

徐连玉

我叫徐连玉，上过五年高小，今年 76（岁）了，属狗的。

民国 32 年这庄没人了，都饿死了。当时有四五百人，剩了三百来人，都饿死了，都挨饿，没吃的。

民国 32 年旱得厉害，构不上庄稼，麦子没种，过秋收的麦子。那年没下雨，到秋天下的雨，旱得麦子没收，一季没收，还有蝗虫、蚂蚱。

那时候没庄稼的地方少，有庄稼的地方多，这边人都逃到南方，（到）河南逃荒。我没逃，那时候我年轻，我小，在家里，有年纪的走了，小孩走不了，大人走了，老人走不了，饿死不少。

没发过大水，没听说过霍乱。

日本鬼子来过，来抢夺，抢鸡，是日本鬼子，汉奸没有来这里。日本鬼子叫当小工，修炮楼，有抓去日本、东北的，有三个五个的，有现在也早死了，有一个外号叫谢小二的，一个姓徐，不知叫什么名。

南关村

采访时间：2008 年 10 月 4 日

采访地点：东昌府区堂邑镇肖菜园

采 访 人：王　青　何　科　曹元强

被采访人：朱俊梅（女　77 岁　属猴）

朱俊梅

我叫朱俊梅，77（岁）了，属猴的。我娘家是南关的。

民国 32 年，大贱年，那会儿我才 11（岁），天旱，没下雨，多半年没下雨，不记得什么时候下了雨。没耩上麦子，记得六月里耩了谷子。净吃菜窝窝，吃糠咽菜，吃柳叶子，上地里挖干野菜。饿死老些人，南关饿死 100 多口人，我叔叔奶奶都饿死了，南关大概有三四千人。每天有死的，买不起棺材。没病，南关里没得过霍乱病，那会儿没这病，就饿死的，没吃的。

那年我上了奉天，是东北的，跟大人去的，俺娘没去，俺爸爸没去，俺跟俺哥去的，我在那住几天就回来了，在那水土不服，回来了，不回来就死那了，在那住半个月就回来了。俺哥哥那时候十五六（岁），他比我大四岁，跟城里的俺叔叔去的。大人打蚂蚱，俺这没有，北厢有，可能过贱年打蚂蚱，都上北厢打蚂蚱。北厢是孙屯、陈屯那里，可能贱年有蚂蚱。

见过日本鬼子，他进南关时我才七八岁，戴铁帽子，他说"八格牙鲁！"俺看见日本鬼子就跑，老些日本人在南关，多少人咱小咱不知道，谁道他住多少年？不记得日本人抓过劳工。

前 肖

采访时间：2008 年 10 月 4 日
采访地点：东昌府区堂邑镇前肖
采访人：王 青 何 科 曹元强
被采访人：邱玉兰（女 83 岁 属虎）

邱玉兰

我叫邱玉兰，83（岁）了，属虎的。

民国 32 年大贱年，饿死很多人，没什么吃的，有能耐的上了河南，没能耐的在家里就饿死了。上街上有卖东西的，有抢劫的，你吃包子就叫人抢去了。

那年天旱，没雨，没收，旱到头年二三月没下雨，麦子一拃高，就一点点穗子，割麦子捆个包，包一包提起来走。秋后收了个半收，就我嫁过来的那年，秋后下雨了，收半收，收一半，不够吃，收了点山药、地瓜。

那年没蝗虫，就天旱没雨，秋天下的雨，五月份下的雨，下得够用了，九月收山药了，下多少天不记得了，也得下两三天，没发大水。

俺没出去逃荒，俺西头那人出去饿死了，他在家里饿得肚细了，吃糖果饼，它干，一喝水，撑死了。人都逃到河南去了，没病死的，都饿死的，整天挨饿，再得点病，不就死了，那时候也没医生也没医院。俺村饿死多少人不知道，俺庄（可能）饿死一个。

老辈子得霍乱病，腿上乱，走不动，会扎的扎扎，筋血出出就好，出黑血。老辈子说得霍乱，没有其他症状，老辈子都说这病，民国 32 年没听说这病，都热天得这病，每年都有，不一定谁得这病。我那会儿十来岁，嫁过来时没得这病的。霍乱病死的不多，他一得病腿走不动，得病要找会扎的，扎扎筋。我那时候十来岁，听老人说的，哪年得的病不知道。

见过日本鬼子，日本鬼子进中国我才十来岁，他一来赶紧跑，上棒子地里跑，净说逮大姑娘。日本该不打人？咱没见杀过人，俺这乡下没有叫抓去当劳工的。

采访时间： 2008 年 10 月 4 日
采访地点： 东昌府区堂邑镇前肖
采访人： 王 青 何 科 曹元强
被采访人： 肖继严（男 77 岁 属猴）

肖继严

我叫肖继严，77（岁）了，属猴的。

民国 32 年记得饿死一些人，我家里饿死四口人，父亲、母亲都饿死了，我上河南逃荒，讨饭去了，回来以后已经解放了。

我十一二（岁时）逃荒的，在那住了一年，春天出去的。没下雨，天旱，他们说耩谷子下的雨，一点点小雨，那也捞不得么吃。

日本鬼子在俺庄没抓过我，他没抓过俺庄的人。

张屯村

采访地点：东昌府区堂邑镇张屯村
被采访人：李春为（男　87岁　属猴）

1943年有旱祸，那会儿有皇协军，有日本人。发大水是在旱年以前，马颊河的水。

霍乱没听说过，人都是饿死，没有传人的病。那年蚂蚱多，有黑蚂蚱，还有花的。

这村有两个日本人来过，看见了就都跑了。

镇中心

采访时间：2007年1月31日
采访地点：东昌府区堂邑镇
采访 人：杜　慧　杨向瑞　刘孝堂
被采访人：王轩堂（男　85岁　属狗）

王轩堂

我小时候念洋书，跟现在小学差不多。

三支队先前是范筑先整编的，主要是维持治安，范筑先在时，三支队还不乱，日本攻占聊城的时候，范筑先牺牲之后，三支队就乱了。民国32年，大贱年，吃不上饭，三支队就开始闹了。

大贱年是民国32年，当时沙镇、堂邑镇还叫堂邑县，那年大旱，没收成，大家都吃不上饭，很多人逃荒到黄河南。这是县城，好一点，逃荒的人少点，下面乡里大多都出去了，有些地方都没人了，屋里草长得很高，里边都有野兔子，没人，叫无人区。当时我家有五六口人，没出去要饭，不过也吃山药、叶子，下面乡里的人也不来县城要饭，直接去河南。

日本人来之后住在文庙里，开始是县里老百姓都跑了，后来日本人安顿下来之后又都回来了，日本人为了安民，在县城倒不抓人，就是守住城门，出入要检查。听说经常到西北乡里扫荡，目的是抓八路军。日本人来之后，老百姓都害怕，种地不痛快，整天提心吊胆，不能得罪他们，出城得向他们点头才行。日本人也抓过劳工，俺庄上就有一个，听说死到日本了。

咱这当时没有得病的，听说西乡有，得病之后抽筋，必须扎针才行，扎不及时就死，扎针扎不过来。

当汉奸是不是自愿不好说，当时乱，又吃不上饭，跟日本人干有饭吃，也都能理解。

许 营 乡

崔 庄

采访时间：2008 年 10 月 2 日

采访地点：东昌府区许营乡崔庄

采 访 人：张 伟 钟冠男 谢学说

被采访人：崔怀增（男 83 岁 属虎）

崔怀增

我上过学，那时候是乱年，念过私塾，还跟日本人念过书，念过好几个月。

我参加过抗日战争，1939 年入伍，14 岁，还是小孩，就是玩。部队管聊城、东阿、阳谷，是运动大队，那时部队不到 200 人，一开始 100 多个人，领导还不敢说团长、政委，就称 1 号、2 号，后来人多了，改为一支队、二支队，后来又改为三团，又改编为野战一纵二旅四团。以后上关外，跟林彪去打仗了，日本人走了之后了，梁仁魁当队长，他是山西的。我们是穿棉衣时去的关外，日本人没有了，编成野战兵团，帮林彪打仗。

我们队伍上关外了，我就请假了，不能去了，挂花挂的，一个胳膊打了五个眼，关外太冷。写信回来了，队伍回来时再叫上我，后来队伍从东边向南去了，也没叫我，我又参加了打聊城，回来后坚决不干了，后来老了，不能干活了。

灾荒年时，我就在打游击，一天和鬼子打三四回，住在农村，一夜挪三四个地方，有的时候三天打一仗，有的时候一天打三仗。枪一人一支，步枪，小米加步枪，当兵时一天八两小米。1943 年时没吃的，不够吃的就吃树上的。打游击钻高粱地，有时在地里睡，一人一支枪，凑的破枪。

我那时候在部队，还不能回家，从于集到聊城是一个大封锁沟，有三米多深，咱这有一个炮楼，我家里还有老人，不敢回家，咱这是敌占区，我们在边上，平时就在封锁沟以南活动。咱们的队伍都在这里，在这儿来回倒腾。

那年天旱，大旱，秋里下了点雨，麦子就收了一点点，谷子就 60 厘米，树上的树叶子都没有了，庄稼人饿死老些。堂邑往咱这边来的人很多，咱这边还好点，越往南越好，北边饿死的很多。

我们队伍到过堂邑，西北的堂邑全部是饿死的。我们从山西上关外，路过堂邑，院子里草一人多深，像围子一样，荒了，死了的老人也没人管了，只剩下老头老妈妈，没人管了。都去了河南，没人了，房子都拆了，也没房子了，也没村了。净兔子，人拿枪打兔子，逮兔子，用刺刀挑着。咱这也有逃荒的，有下关外的，个别人，家里生活不行。

发疟子过去了，老些年没有了，民国 32 年那时有，一个冷一个热。我在队伍里发过一回，医生也看了，药不全，医生医术也不高，后来过去了，冷得打哆嗦，热得脱衣服。老辈也有，我小时秋后还发过一回。我们队伍里有得病的，那时候我们队伍里有医生，有理发的、伙夫、喂马的，有二十多匹马。那会儿里吃井里的水，现在吃自来水，队伍也吃井水，摇上来的。

日本人给中国人打过针，给我打过针，他说是卫生，不知道。我那时当便衣，侦察兵。得有相片，良民证，每人都得有，男女都得有，打针逮着就打，不知道为啥打针，都说要断后，不让养活人。贱年时打的针，在周庄打的，那边有个汉奸局子。

那时候我小啊，害怕。他也打针也照相，打针都打胳膊，给你个啥家伙，那时十五六（岁），给个相片一点点，一指来长的纸，打过针后就给，以后就不给你打了，都说是绝后针，不愿意打，打了后也没生病，在周庄打的，乡公所，忘了几月打的，天冷天热也不知道。我也有鬼子给的相片，到哪去都挂着，写着名。

这边净些坏家伙，怕刺杀首长，都穿一样的衣服，黄军装，被子也是黄的。我们抓到了鬼子，缴枪不杀，优待俘虏，为咱服务，保护他吃好的，打仗时把机枪都给他，（他们）打得好。鬼子抓到中国人也不杀。咱这边有会说日本话的，抓到的日本人都调走了，连日本娘们都调走了。他们队伍里有四个日本人，自尽的也不少，抱着枪，拿手榴弹往脚上一磕，连人带枪都炸了，有四个日本俘虏后来跟日本人都回国了。没抓到日本去的劳工，叫鬼子打死好几个了。这里有帮着日本人的，借着鬼子发点财。

没见过穿白大褂的日本鬼子，他们穿军装，黄呢子的，咱这黄是黄粗布。

我们经常去侦察，当便衣没让日本人逮着过，什么都侦察，也警戒，也有地下工作党，县里区里管。

大孙庄

采访时间： 2008 年 10 月 2 日
采访地点： 东昌府区许营乡大孙庄
采 访 人： 张　伟　钟冠男　谢学说
被采访人： 孙长庚（男　79 岁　属马）

没上过学。

1943 年咱这还行，最严重的是堂邑，弄成了无人区。春天还没事，过了麦就不行了，人都逃到了河南。咱这那年不很严重，

孙长庚

就是 1958 年厉害。

灾荒年旱，下雨不一定，一冬天也没下过雪。没井，村里有一眼两眼的井，地里没井，浇不上水，地干得老深。麦子一拃高，有的一个粒有的两个粒，还不够麦种哩。一亩地收一百二三斤，没牲畜没肥料，人又穷，没有打工的。

秋季也弄不好，棒子种上也不好，吃不上饭，地里不收什么，下点种点。那年淹倒是不严重，就是旱。

也有吃不上饭，饿死的。逃荒倒没逃过，除了上河南拾麦子。那时候分开了家了，我家有俩妹妹、父亲、母亲，五口人，没出去。

传染病倒没有，那时也没医院，一个村上有个神啊，烧点纸。霍乱在灾荒年以后了。一九六几年有，斗虎张、潘庙多，咱村没有，以前没见过。

我那年叫去挖沟去了，我爸爸使铁锹往上端，给汉奸鬼子挖过。周庄有，潘庙有，把枣树锯倒摆一周遭，只留一个小门。

日本人给咱扎针弄不清，咱没打过，没听说过。没抓到日本去的。

东衣村

采访时间：2008 年 10 月 2 日
采访地点：东昌府区许营乡东衣村
采访人：张　伟　钟冠男　谢学说
被采访人：杨法禹（男　80 岁　属蛇）

杨法禹

我那一年十二三岁。

灾荒年旱，没水，一个村只有三两眼井，黄河也没水，上面也不行。这会儿肥料多，一亩地十来斤豆饼，那时候（勉强）生活。

关键是天旱，那时榆叶、杨树叶、槐叶

啥不吃？麦子割后下了雨，下半年就好点了，到第二年四五月就下雨了，第二年丰收，秋后丰收，撑死老多人，人肠子饿瘦了。三四月长得好，也不是和现在一样，一亩地收百十斤，五亩顶不了现在一亩。

我这逃荒的少，以北梁水镇王庙更严重，这里好点，我没出去。二三十斤粮食换织布机，二三十斤粮食换个门。家里兔子多了去了，没人了，长草，老多兔子。就是麦子、棒子、高粱，十亩地种六七亩。

霍乱病闹不清，那时没医院，只有中医，把脉，不打针。得霍乱，分庄，这庄有，那庄没有。泻，那不是啥病。上哕下泻，不是各个庄都有。

鬼子在聊城，不远一个炮楼，潘庙一个，八营囤（音）是大据点，据点有日本人，一失败，弄了些杂牌兵，那是杂牌兵，啥都有。日本人来过，不是一回就是两回，闹乱子。鬼子不孬，小孩也给糖也给什么的，就是杂牌兵坏。我去给鬼子打过工，按地充工，那时十六七（岁），给他干活。没有抓到日本去的。

斗虎张

采访时间： 2008 年 10 月 4 日
采访地点： 东昌府区许营乡斗虎张
采 访 人： 李莎莎　马玉东　胡　琳
被采访人： 王张氏（女　86 岁　属猪）

王张氏

我没名，老人不兴名，娘家姓王，家在邢庄，于集，离这儿三里地。我嫁了多少年？我 14（岁）就嫁人了。

咱又不识字，没上过学，那会儿咱穷，是穷人，一回学校没见过，没去过学校。

贱年？记得，民国 32 年，哪个贱年我都没落过。为什么叫贱年？一个是没收，没下雨，那会儿不兴浇地，半米高的麦子只长了一掌长，旱了有一年多，秋季里就收了，头一年耩麦子都不行，第二年秋了才下雨，雨不大，反正庄稼不孬。

饿死的人不少，树上都没叶了，树叶都吃光了。逃荒的有，怎不多？逃荒的有的是，这也有，那也有，有逃上河南的，有上这儿去的，有上那儿去的，那些人过了麦下了庄稼就又回来了。

记得日本鬼子，见过日本鬼子，个儿不是很高，一来就经过咱这个庄。前边是汽车，后边是马队，再后面是部队，有两架飞机罩着。进的斗虎张，从斗虎张过的，去聊城。干坏事？他会没干过？一个狗趴在那儿，一个人老大年纪了，五六十（岁）了，那会儿躺那睡觉呢，那路南是个大沟，紧挨着车道，一个老人在那树底下睡觉，鬼子开了一枪，把狗打死了，打透气了，把老头也打死了。日本人占了聊城，不断从那儿走。没在村里抓过人，当时我在这里呢。

霍乱病还在先，得的人也不少，得霍乱的时候不知道，记不准。刑庄有，斗虎张的霍乱会没有？老些，死了老些人，不清楚什么样。贱年的霍乱也有，有多的时候，有少的时候，咱不记得，日本人来的时候没大有，是日本人来之前有的。

大水上过，当街的水都到膝盖，大水从河南过来的，一下雨在这儿又没处去，哪一年不记得了。

贱年的时候有蚂蚱，有过蚂蚱。

海子村

采访时间：2008 年 10 月 2 日

采访地点：东昌府区许营乡海子村

采 访 人：李莎莎　王　瑞　胡　琳

被采访人：许成斌（男　76 岁　属鸡）

我年轻下大力的，那时候上学太早了，才五六岁，上了三四年。

过贱年，那是民国 32 年，没吃没喝，吃什么呢？吃树叶子，吃糠吃菜。民国 32 年俺西边这家饿死三个，亲弟兄仨，西边那家饿死一个老头，一个小孩，那个小孩也就四岁，刚会跑。

许成斌

为什么没吃的？民国 32 年是贱年，民国 31 年旱，黄河里没水，黄河干了，没水浇，指望老天爷下雨吃饭，旱了一整年，种的庄稼也不供粮食。到了秋后才种的麦子，那年种麦子的也种不上，没水浇，天下雨能种上，不下雨就种不上。民国 32 年俺收麦子，这种小红盆，30 亩麦子收了三小红盆，俺弟兄三个每人一小盆。民国 32 年到了秋后才下了雨，春天没下雨，秋后才丰收，那会儿下的雨大。

逃荒的，俺这庄上有一家逃荒的，上黄河南，没饿死人。西边有个堂邑，那会儿是县，那个县民国 32 年全都没么吃，都上这儿逃荒来了，这里要说没么吃，也比堂邑好点，堂邑来的也有大壮丁、小孩，东南角是个全神庙，都住在全神庙里，也有男的也有女的，从堂邑过来的。那时是个县，归聊城管，那时聊城不叫县，叫东昌府。沙镇有郭培成、赵振华守着聊城。

这里被淹过，连淹了三年，到了八路军过来，下大雨是一九五几年，1951 年，1952 年，1953 年，当街的水到胸口，数 1953 年严重。民国 32 年没淹过。

大水淹了三年，先旱了三年，淹三年，蝗虫来吃了三年，蝗虫是大蚂蚱，那年是秋天，那时兴吃谷子、高粱，那蚂蚱遮天盖日地飞，不知从哪里来。民国 32 年没闹过蚂蚱。

见日本人？见过，在前街见过日本人，日本人在柳树下歇着，枪都架着，庄稼熟了，打场，枪在场上架着，我从家里往外走，走出去，日本人说话我听不懂，日本人向我招手，我走过去，日本人给了大米饭，给了两块糖。那会儿我也就是 15 岁，日本人爱小孩，那会儿小，所以给这些东西。

日本人不经常来，住在聊城里，干坏事。那一年，许营是个集，日本人上这儿轰炸集，一轰炸集，做买卖的都跑了，东西还在，他来这儿抢东西，汉奸、鬼子都抢东西，汉奸是跟着日本人干事的人。那年是正月初十，那会儿我多大不记得了。

不记得日本人什么时候走的，不知道那时候我多大，走的时候咱也不知道，八路军解放聊城的时候，可能是 1949 年解放的，我记不清了。

霍乱？我倒没见过，听老人传说过，得霍乱症，不知怎么得的，哪年不知道，民国 32 年以前闹霍乱，俺这带没闹，南边武家楼，在俺正南闹了。不知道哪年，反正武家楼有，也没听说有治好的，也没听说什么样的，就听说闹霍乱。

听说的，东南角有个李朝成，卖包子的，有个南北路，卖包子在路东，武楼的人买包子到路西买，卖包子的说，你要吃就到路东来，为什么不去路西？因为有霍乱，怕传染。死的人多不多咱倒没听说过，有得霍乱死的，得上武楼问问八九十岁的，有一个 88（岁）的，叫武长顺，耳朵聋了，88（岁）了，还有个 89（岁）的，武登什么，那上年纪的多。武堂没听说过有得的，我没上那去过，武楼本在以前就和武堂连着。

吃水是南边有个大井，现在还有，吃井水，喝开水。

堂邑来的人没得过霍乱，来的一个妇女，是她男人领来的，卖到咱这，二十斤小米，一个妇女就卖这儿了，是她男人卖的，她老婆婆连儿媳也卖了，这二十斤米，她娘家娘那边得给点，这二十斤都让她男人和她婆婆给吃了，没给她娘家娘。后来这边过好了，八路军来了，她男人又来要她，这边过好了，她有儿女了，不愿走，到聊城打官司，这妇女老实，也不愿，给县政府一拉，县政府没断给她男人。她来的时候 21（岁），到 84（岁）才老了。

还有个卖小孩的，也是民国 32 年，在全神庙，是堂邑县来卖的，这会儿那小孩 66（岁）了，还在这，在后边上，叫许尚俊。

采访时间： 2008 年 10 月 1 日

采访地点： 东昌府区凤凰办事处陈庄

采 访 人： 王 青 何 科 曹元强

被采访人： 王秀荣（女 76 岁 属鸡）

王秀荣

我 76 岁，叫王秀荣，属鸡的。小时候俺娘家在屯里，离这五六里地，海子村的。

民国 32 年记不太清，那年收成不好，大贱年没收成，人都出去逃荒了，俺没去，净挨饿，吃糠吃菜，慢慢度过来的。

什么时候下的雨忘了，不知道，不记得旱不旱。这现在东边的河原来没有，不知道什么时候挖的，从挖了东边这河就好了。

俺这没井，俺这不缺水喝，缺粮食吃，大贱年大井里也有水，那时候也是烧开水喝。当年净得水肿，饿得都死了，得水肿，浑身肿，肿得死人。不知道霍乱。

日本人来时，俺小，不知道。

采访时间： 2008 年 10 月 1 日

采访地点： 东昌府区凤凰办事处

采 访 人： 宋执政 马玉东 焦 婷

被采访人： 吴金荣（女 83 岁 属虎）

吴金荣

我娘家是海子村，16 岁嫁到这边儿来。

十七八岁的时候是大灾年，没吃没喝的。老天爷不下雨，地里旱，是贱年。

有出去逃荒的，咱这儿也是有出去的，反正是少，那时候庄稼种得也不行，没吃没喝的。

雨下了多长时间不记得了，能没有得病的？发疟子的有，没记得有多少，反正是有，不多，又冷又热的，慢慢就自个儿就都好了。小时候就吃井水。

我见过日本人，也不记得啥样了，迷迷糊糊的。

李 楼

采访时间： 2008 年 10 月 2 日
采访地点： 东昌府区许营乡李楼
采访人： 李莎莎　王　瑞　胡　琳
被采访人： 师发芹（男　74 岁　属猪）

师发芹

我一直是农民，那会儿没上什么学。

过贱年，民国 32 年，饿死的人不少，上年纪的饿死的人不少，民国 32 年死得最严重。人都饿跑的，逃荒的人不少，家里没吃的，逼着下东北。

那会儿谁管？旱了没人管，涝了没人排，所以没收成。旱了没有水，没肥料，靠天收成。那会儿地旱的，靠天下雨，不下雨种不上庄稼。什么时候下的雨咱记不清了，下了点雨种上了粮食。

那会儿还没蚂蚱，以后忘了多少年了，日本人走的那年闹蚂蚱，有飞蝗，把地里吃光了，晚上落了一地，老百姓挖了坑，用鞋打下去。

那会儿有霍乱，医学不行，靠土方法治霍乱，那是要命的病，用土方法治不好就等死，忽冷忽热，发高烧，猛一看像发烧一样。咱这儿很少，只有几个，咱记不清哪有，老百姓都说，哪里哪里有霍乱了，解放以后有药了才好，怎么得病的记不清了。发高烧发冷，没听说过传染。轻的就好了，重的就死了，人也不多。吃中药，那会儿吃不起，穷。

不知道哪一年有这病，民国32年那会儿没听说，这病像感冒一样，都认为是冻着了，中医号号脉，药吃不起了。日本人抢得家里没东西，那会儿还有日本人。这有中医先生，李楼有一个姓葛的，叫葛占亭，他那会儿有五六十岁了，他以前在济南挂过牌子，到过天津，家里是聊城的，后来在李楼落户，他活了100多岁。李楼得病的不多，都是外边的得霍乱死了，李楼有得病的，没有死的，记不清谁得的这病。

那时候有井，吃井水，那会儿家前有井，大圆井，挑水，那会儿也烧开水喝。

记不清有没有发过大水，这儿没有发过大水，1953年才淹过。

日本人来的时间闹不清了，那时我小，才十几岁。鬼子一扫荡，我跟大人跑。我见过日本人，穿着皮靴和电影上一样，穿黄衣服，日本人也不经常出来，只有抢东西的才出来，有日本人抢，也有汉奸抢，汉奸是翻译，日本人说的不懂，他给翻译，问老百姓要粮食。日本人不大抢，二鬼子抢，到人家家里抢鸡抢狗，不给的话就打人，残酷。不经常来，只有扫荡的时候才来。日本人最可耻的是侮辱妇女，（推行）"三光"政策。那会儿没吃头，收庄稼了，都让日本人抢走了，汉奸二鬼子拿东西，（推行）"三光"政策，日本人跟着他们抢，侮辱妇女，到处跑，抓年轻的。日本（人）光吃，鸡都给你抢跑。

日本人有据点，在聊城，那会儿没有国民党，有这谁，叫范筑先的部队，那会儿八路军有小米加步枪，（白天）不敢露头。咱们村子里没有八路，当八路让日本人知道了，全家都活不了。也没有联防，那是日本人走了之后，范筑先走了之后（才有的）。

连 海

采访时间：2008 年 10 月 1 日

采访地点：东昌府区许营乡连海

采 访 人：李莎莎　王　瑞　钟冠男

被采访人：连恒柱（男　78 岁　属羊）

连恒柱

　　一直在家里种地，念书念不起。

　　贱年是哪年不记得了，没吃的，天不下雨，三几年。贱年净挨饿，日本人来的时候也饿，没吃的都跑了。向外走的，有下关外，下哈尔滨的，咱这儿没吃的，饿死的，七队的有。

　　日本（人）一进中国都跑，哪有心思种地？那会儿没水，天旱，下雨就收点，不下雨就绝产。不下雨收什么？那时候哪有水种地，下点雨就收庄稼。头几年没这条河，我们地洼净淹，一下雨我们这就淹。这会儿有河了，不淹了。

　　日本人来了也没好年兴，堂邑闹灾荒，人都逃荒了，成了无人区。那时有三几年了，我记不清，三几年闹不清，那会儿我十几岁了。

　　蚂蚱晚一点，那年遭蚂蚱也年数不小了，当时还吃蚂蚱，当时多大了？我记不清了，我不记事。

　　我不记得哪年，当时十来岁了，见过日本人，他们进庄，咱跑不了，日本人穿黄军装，听不懂日本人说话。日本人出发窜庄，抢东西。汉奸孬，鬼子不孬，净中国人当汉奸的孬，哪里都有当汉奸的，连鸡、鸡蛋都拿。

　　怎么不抓人？坐监去，问你要粮食，没粮食就抓人，人都放回来了。我出去去魏庄被打过，那时我还是小孩，嫌我小就打。

没听说过霍乱病的，没听说，也没有听说上吐下泻、抽筋死的，都没有听说过。

栾 庄

采访时间： 2008 年 10 月 4 日
采访地点： 东昌府区许营乡栾庄
采访人： 王 瑞 焦 婷
被采访人： 栾银昌（男 76 岁 属鸡）

栾银昌

那时候，民国 32 年，我可能 9 岁或者 10 岁。年轻，在家里割草，我那时割草，拾柴火，喂牛，大了刨地，么也没干过。上过两天学，念书老笨。

过贱年，那会儿都说是民国 32 年，饿得人不轻，当时没吃的，树上的榆树，捋得干干净净。庄稼收好了还挨饿？过贱年头一年，麦子不好，到第二年秋又不好，人开始过贱年，那会儿一个人合一亩地，那会儿一家就几十亩地。咱这没有出去逃荒的，都是掺糠掺菜，兑着吃饭，谁能吃饱啊？都要兑着菜吃。

听说过霍乱病，咱这儿叫霍乱症，死的人不少，听人说的。俺那个庄儿很小，死的人，得这病的，都是东头儿的，刘代他奶奶得病死了，现在刘代死了，谁还记得那个？俺庄儿得病的不太多，西南边儿那村儿多，离这几里地，那会儿都说是霍乱症。有个人她娘家在西南边儿的潘庙，她在娘家得的，她倒回来了，没死，她家里人倒死了一口，症状我就记不清了，当时我才 9 岁，我是听说。

没见过日本人，俺这庄往南，陈庄就有鬼子，一说鬼子来了，小孩儿哭的闹的，都拿来吓唬小孩，陈庄的鬼子跟聊城的一气儿。

那是过了贱年以后，打过蚂蚱，天上飞来的大蚂蚱，咱老百姓叫它飞蝗，落在东边儿那个庄儿，出了老些蚂蚱，挖小壕，蚂蚱蹦到壕里去，弄个小坑，用棍子打死它。

南徐庄

采访时间： 2008 年 10 月 2 日

采访地点： 东昌府区许营乡南徐庄

采 访 人： 薛 伟 杨文静 柳亚平

被采访人： 李熙征（男 88 岁 属鸡）

李熙征

命不好，小时候讨饭，上不起学，得花钱，我母亲是瞎子，过去我家没地。

民国 32 年，日本人花钱雇我干活，去南方，没交钱，有工头，他叫曹廷真，喊他老坏蛋，他老家在徐家西的李楼。

日本人怕咱药他，不喝咱的水。

采访时间： 2008 年 10 月 2 日

采访地点： 东昌府区许营乡南徐庄

采 访 人： 薛 伟 杨文静 柳亚平

被采访人： 徐长富（男 74 岁 属猪）

徐长富

没上过学，贱年多，收得不多。

民国 32 年，大荒旱，秋后下了雨，不大。逃荒的逃荒，上河南。没闹过蝗灾，秋收了。

看病先生也没有，有药铺，见过扎针的。那会儿有霍乱症，什么样子记不清了。喝砖井水，两丈七八深。没沟没河。

荒旱年是汉奸闹，聊城鬼子也就三五个，有二鬼子自己人揍自己人。

1946年，聊城才解放，聊城有三道护城河，砖垒的墙，有吊桥。

潘　庙

采访时间：2008 年 10 月 2 日

采访地点：东昌府区许营乡潘庙

采 访 人：张　伟　钟冠男　谢学说

被采访人：潘立祥（男　83 岁　属虎）

潘立祥

这村里不到 500 口，连打工的有 500 口多点吧。

灾荒年我十来岁，16 岁，逃荒去了，24（岁）结的婚。那时候没吃没喝，地里没收成，天旱，灾荒，不下雨，那时候不兴浇，没工具没水。

到六月二十几下的雨，不算大，淹，水是下的，不见多深。在这蹚水蹚到那边，就蹚不过去。从六月下旬开始，下了半个月。到第二年就好点了。

咱村饿死的零许，不多。下来新粮食了，有撑死的，把肠子饿细了。

上哪去了？这边人没什么能耐，没处去，逃荒的稀松，全那样，山东都这样。我那时小，在家里，俺家里四口人，有一个兄弟，家里也没有逃荒的，全村那时 370 多口人，零碎的，都吃不饱。

民国 32 年有霍乱，不扎针就死，上吐下泻，俺母亲得了，姥爷过来了，姥爷是邢庄的。死了十来个，现在没有了，死了14口。潘玉玲那时40多岁没50岁，得霍乱死了，潘文祥的父亲、潘亭举的母亲也是得霍乱了，前面我一个大爷得霍乱死的，叫潘玉田，潘婷干和潘亭文他两口子，七天之内死了他两口子，他年纪大，70多岁。

下半年下大雨淹了以后，地潮，人顶不住，泻，啰。看不出来就咽气，发病很快，闹不住三钟头。除了针没法治，咱村没有扎针的，潘文加会，俺姥爷的医术高，他会扎针，他是于集区的。传染，有病人不让进去，有医生说的，不让围边。其他村都得有，那一年死得可不少。俺母亲活到81岁，俺51岁。

那会儿打井，现在有自来水。

那时日本鬼子管这，11岁日本鬼子来，这村西南角有一个炮楼，不大，三间房大，方的，弄个沟。没有抓到日本的，没逮着，都跑了。没听说过日本人给咱打针，没见着。

采访时间： 2008年10月2日
采访地点： 东昌府区许营乡潘庙
采访人： 张 伟 钟冠男 谢学说
被采访人： 潘文胜（男 82岁 属兔）

潘文胜

从小在这住。念过私塾。

民国32年旱，没收嘛，没吃头，不知道啥时候下雨。到以后，饿得人面黄肌瘦。

那会儿我小，我还有三个姐姐，一个妹妹，家里好几口人。弄不清有没有逃荒的，我那时候十几岁，跟小孩一样，还不记事哩，就是玩。

有饿死的，一饿，又有点毛病，又没钱。得霍乱可不是那一年，不很明白。上吐下泻的。

沙窝刘

采访时间：2008 年 10 月 4 日

采访地点：东昌府区许营乡沙窝刘

采访人：王　瑞　焦　婷

被采访人：李德胜（男　79 岁　属羊）

李德胜

年轻的时候我下地当农民，咱念书不行，没么，念不起书，念了三天小学，没上过就算了。

没见过日本人，听说到聊城来过，没见过，没听说到村里来过，我当时一直在村里，没出去过。

民国 32 年大贱年，为什么叫贱年这事儿咱说不了，贱年要饭，那会儿我十几（岁），这会儿没贱年了。民国 32 年，我才十几岁，那时候没吃的，要饭，粮食叫地主富农给抢去了，还有啥吃的？

那会儿还能收好？贱年，收不好，为什么收不好咱说不了，天旱，旱年，下雨倒也下雨，雨下不大，啥时候下的雨我不知道。咱没种庄稼，有地，三亩二亩的，咱那点儿归咱管，人家的咱还能管？饿死人还能没有？饿死人咱不知道，反正是不少。

咱村有逃荒的，出去的人不少，谁知道逃哪儿去了？咱不知道，有回来的，也有没回来的，没回来的多。

闹过蚂蚱，贱年那会儿打蚂蚱，民国 32 年那会儿记不得了，小蚂蚱都往壕里跳，打蚂蚱，一堆一堆的。

淹过，民国 32 年以后，五几六几年淹过，淹是淹过，南边儿王庙河里，都得蹚水。建国以后五几年的时候来的水，修起大公路以后，东西公路才能挡着水。

霍乱病，我说不了啥叫霍乱，咱村里没有，记不得。上哕下泻的有，咱这会儿就有，不记得哪一年了，贱年以后有的这病，不算很多，谁知道传染不？我说不了。这没闹过传染病，发疟子的有，我那会儿没断发疟子，我那会儿也就十三四（岁），俺村儿发疟子的不少，也有点儿上吐下泻，也冷也热，抽筋，也就这样，闹不清怎么好的。多长时间好的就闹不清了，那会儿没医生，哪有医生？

这儿没老中医，发疟子的挺多，常子他哥哥就发疟子死的，哪一年死的咱闹不清了，他死的时候有十几岁吧，比我小不了几岁。闹不清了，说不准了，死的人不少，它没医生。谁知道怎么得的？冷啊热啊的，我家得病的没出去过，在家得的，我家没再得的了，听说这个得病那个也得，就传染了。

当时吃的就是钻井的水，几个井闹不清了，俺这儿有一个，天井有一个，屋后有一个，就吃这两个井里的水了，家里喝开水，也喝过凉水。

沙赵村

采访时间： 2008 年 10 月 4 日
采访地点： 东昌府区许营乡沙窝刘
采访人： 王瑞　焦婷
被采访人： 赵桂兰（女　76 岁　属鸡）

赵桂兰

我年轻的时候是围着锅头转，还能干啥？娘家是沙赵，二十一（岁）嫁过来，沙窝离这儿五里地，在北边儿。

没上过学，那会儿不兴上学，那会儿没有。

我见过鬼子，11（岁）那年，晚上过去，去茌平，在俺当街过去。日本人穿什么衣服不记得了，不是很高，倒是挺俊俏，挺白，当街的人都看，大人都吓得了不得，咱小，不知道害怕，围着看。没怎么的，没记得什么，没作害，没打过人，就找个桶饮水喂马，他到聊城拿花销，到茌平打过人，茌平不给他拿花销，我们这儿给他拿东西。

日本人那会儿住聊城，在朱庄筑过炮楼，北边儿的朱庄，向南是沙刘陈。日本人在这村儿里没抓过人，这边儿好些当兵的都成了二鬼子。朱庄和沙刘陈那边人能知道点儿真实情况，朱庄有围子，在那儿筑过。花牛屯也有，筑过。

过贱年我11（岁），民国32年，那年，头一年大旱，那时候不兴浇水，光自力更生，靠天吃饭。地里收不好，头年就收得不好，到第二天秋天才好，那会儿娘家六口人收了两布袋麦子，200斤麦子。

过了麦秋，那会儿就下雨了。贱年前一年大旱，贱年秋下的雨，那一年收好了，以后的，咱记不清了，淹了好几年，贱年那会儿倒没记得淹，后来淹了几年，到底那一年记不清了。俺结婚那年是不好过，好几年以后才淹的，记不很准了。

咱这儿没饿死的，赵泮有饿死的，离这儿不远，咱这儿没有。贱年那会儿，没记得有逃荒的，记不清咋回事儿了，都在村儿了，临清那片人有到这儿逃荒的。

没记得有霍乱病，没记得谁得过，只听老人说过，后来都说不上来，不记得了。没记得死多少个人，一个两个也不记得咋回事了。

石瓮屯

采访时间：2008年10月1日

采访地点：东昌府区许营乡石瓮屯

采访　人：李莎莎　王　瑞　钟冠男

被采访人：许延普（男　86岁　属猪）

上过小学，没读过私塾，上了六年，日本鬼子进攻中国，卢沟桥事变后学校解散了。

我以前也在农业上，我是1947年土地改革参加的教育。后来家里没人，我又回来的，在于集干的，那时于集是区部，干教育，教书的，我是1955年左右回来的，一直务农。

许延普

那会儿民国几年日本鬼子来过，我那会儿十五六（岁）。那年16（岁），日本鬼子逮过我，不懂说什么，翻译让我带路。汉奸多，日本人分文不要，汉奸干坏事。日本人穿黄大褂，在家前逮住我的，要我领到八路军窝里，领了两里地，上西去了，去了孙堂。一说鬼子来了，能不跑？都小青年，不种地。

日本人来的时候不定时，人都跑，他干什么？打仗。他跟八路军跑，八路军跟老百姓跑。日本人架起三架机枪，八路军穿的草鞋，枪打到鞋底了，没事。

咱这儿是八路军的根据地，炮楼在魏庄，就是南边，魏庄有5个炮楼，4个汉奸炮楼，一个鬼子炮楼，里面住多少鬼子不知道。日本人就来这打仗，他们抓人干天活就回来了，给钱？哪给！不管饭。家里按地出去，管什么饭。咱这儿不知道归谁管，每家出夫，第一天就修好了，第二天就没了。那会儿炮楼，前高，刘池子都有，前高有一个，属刘池子的早，咱这儿没有炮楼，东北三里地，南边魏庄四里地，西南也有炮楼。

那年地里收成？靠天吃饭能吃好了吗？天不下雨，日本来的时候也旱，旱得不收。那会儿谁管谁呀，和这会儿不一样，这会儿归国家管，国家政策好，就有点贪污受贿。亏了邓主席上来，分完地才好，挣几个工分。这会儿吃什么，那会儿吃什么，这会儿生活好了。

民国32年，过贱年，鬼子来的时候，饿死的人多去了，靠天吃饭，没收成，民国 32 年是最大的贱年。春天不下雨，2 亩地收了 100 斤麦子，那年收成少，吃榆树。不是一年没下雨，什么时候下雨记不清楚了？庄稼是种了，收成少。1958 年也是贱年。

发大水那会儿谁管？那会儿没沟，咱这没有发过洪水，没来过水。

逃荒的咱这儿没有，共产党来之后没有逃荒，民国 32 年咱这儿没有太多。那会儿记不清有没有霍乱。

蚂蚱打过，在一九五几年，1953 年可能是打过，这房檐上全是蚂蚱，不是民国 32 年，打蚂蚱是共产党领导的，民国 32 年是国民党领导的，那时没有蚂蚱。1953 年后咱打的，白天打蚂蚱，不知从哪里来的，都是蚂蚱，民国 32 年没有蚂蚱。

采访时间：2008 年 10 月 1 日
采访地点：东昌府区许营乡石瓮屯
采访人：李莎莎　王　瑞　钟冠男
被采访人：杨春莲（女　84 岁　属牛）

杨春莲

那会儿不兴上学，我娘家在东阳县大杨庄。我是 21 岁时嫁的。

咱没见过日本人，那时都跑了，跑到沟里，连牛一起。跑的时候我还没嫁过来，还是闺女。

日本人来的时候不记得，就跑，害怕日本鬼子扫荡，他也不拿么，真鬼子，不和咱说话，说话的净是咱这的人。人都跑了，咱没见过，俺好跑，全庄都跑了，就剩老头老太太，跑到村外的沟里，真鬼子不拿东西。

贱年，俺不记得什么时候了，过贱年，叶子一点都没有了。过贱年时，我嫁没嫁过来，不记得了。钩小枣，吃野菜，树叶没有不好吃的，柳叶水煮，什么菜都吃。

那会儿没有出蚂蚱，谷子熟的时候出蚂蚱很多，一层，都上地里打蚂蚱。没吃蚂蚱的。咱这边有河，不多。

霍乱转筋没见过，传染病？好几年了吧。

五排柳

采访时间：2008 年 10 月 2 日

采访地点：东昌府区许营乡五排柳

采 访 人：薛　伟　杨文静　柳亚平

被采访人：徐永善（男　88 岁　属鸡）

徐永善

我上学稀松，我家有七八口人，十来亩地，家里够吃一年的，人家很少。

民国 32 年，旱得地里干透了，人不干活了，钻井的水很少，种的金瓜、棒子。民国 32 年头一年旱，收得很少，第二年又旱，秋后下雨，过秋才有了粮食，秋后不断地下雨，饿得人多不成样子了。有到这里来逃荒的，有下关外的。

传染病那会儿不怎么样，没大有得霍乱病的，那会儿有扎针的，感冒，人不知事了，上吐下泻的也有。

俺那年结的婚，17 岁，一月份，得的霍乱，找了老中医看看瞧瞧。当时我去东阿做小买卖，17 岁，看到日本鬼子，也有游击队，都喊乱党，给鬼子领路，我回头就跑了。看到乱党还好，中国人说话咱懂。叫咱去，我当时是个学徒。那会儿没有八路。

武家楼

采访时间： 2008 年 10 月 2 日

采访地点： 东昌府区许营乡曹家庄

采访人： 薛 伟 杨文静 柳亚平

被采访人： 曹傅氏（女 84 岁 属龙）

曹傅氏

娘家在武家楼，家里有七口，两兄弟。二三十亩地，收成不很好，收了十几布袋粮食。

民国 31 年就开始大旱了，民国 32 年，割了麦，下大雨。秋里收了大秋，俺没逃荒。当时的盐都是苦的，驮外地的大粒盐。

那年我母亲、奶奶得过霍乱，扎针好了，有老中医，扎旱针，秋后，发烧，不得劲，请先生瞧了瞧，上吐下泻，俺娘不对劲，割谷子的时候扎针好的。那时候喝井水。

我见过日本鬼子，来的人不多，骑着马路过。

采访时间： 2008 年 10 月 2 日

采访地点： 东昌府区许营乡武家楼

采访人： 李莎莎 王 瑞 胡 琳

被采访人： 武登芝（男 89 岁 属猴）

我一直在村里干活，小时候上了两三年学，不识字，那时候老粗。

大贱年是我 24（岁）那年，闹不清多少年了。为什么叫贱年？那时靠天吃饭，不下雨，耩麦子、犁地，没下雨，一直到过麦才下雨，下雨不小，下雨以后谷子高粱收了。

俺家逃荒走了5个，哥哥去关外了，没回来，水土不服，都不在了。还有一家走了五口，回来了一个妇女，她男的在回来的路上，走到锦州就死了，后来就埋在那坑里了。我父亲，没过50（岁）就死了，他们两个饿死的，没吃的。

武登芝

咱这上过大水，在秋天里，我忘了哪一年，有30年了。过贱年没有上大水，那年饿死的人不少，临清厉害，都上河南去。当年吃的是井水，喝开水，不吃生水。

霍乱知道，老人谈到过，死人不少。俺叔叔得霍乱死的，用铁丝扎腿肚子放血就好了，得霍乱死的人很多。

日本鬼子？那咱知道，见过，在家里见过，他带兵下来，人跟咱一样，就说话听不懂，鬼子倒是不孬，倒是翻译官跟咱中国人孬。他不吃咱东西，尽吃铁盒子，翻译官吃，也抢东西。日本人来70多年了，那时我十几（岁）了。从日本来了，就没有霍乱。

咱这闹过蚂蚱，谷子结穗的时候，它叫飞蝗，来了以后，我们没吃的。大部分蚂蚱走了，一部分留下来，在地里挖坑产卵，来年就生蚂蚱了，人用鞋底抽打，或者挖个坑往坑里轰。闹蚂蚱有六十来年了，蚂蚱压得树枝都歪歪的，可多了，那年东西都让吃光了。

采访时间： 2008年10月4日
采访地点： 东昌府区许营乡武家楼
采 访 人： 李莎莎　马玉东　胡　琳
被采访人： 武振华（男　74岁　属猪）

小时候上过学，上了稀疏几年，那时候国民党在这时上的，年轻时种地。

过贼年民国32年，咱这里没吃没喝的。

霍乱在这之前之后，我没见过得霍乱的，没见过，你问一个八十几的，咱闹不多清。那会儿都用铁丝扎血，扎哪儿咱闹不清，我只是听说的霍乱症。

民国32年那会儿我闹不多清，那时候我也就几岁，我记不清啦。

武振华

西衣村

采访时间： 2008年10月4日
采访地点： 东昌府区许营乡武家楼
采访人： 李莎莎　马玉东　胡　琳
被采访人： 衣山红（女　80岁　属龙）

衣山红

我19岁时嫁过来的，我跟前有七个儿女，仨儿子，四个女儿，娘家在西衣，顶多五六里地。

贼年的事咱记不清，咱不识字，那时十几岁，那会儿咱么也不知道。

那年旱，净指望老天下雨，下雨能结点么，那会儿头年就没下雨，没耩上麦子。从临清到俺这儿都挨饿，临清不行到俺这儿，俺这儿不行到河南。我那时在娘家，打了点麦子，掺点菜吃，树上什么叶都吃。

旱得怎不厉害？都求天下雨，打着鼓、锣，磕头下跪求雨，有饿死的。1958年饿死的人多，南边一个村死了30多口，民国32年饿死的不多，都逃荒去了，下关外，俺这儿死了几家。

霍乱也是那几年，那会儿没这会儿好，现在有大夫，看病好，那会儿没有。霍乱民国 32 年前后都有，上哕下泻，一个村上死了两口三口就不少了，就像"非典"一样，就是那几年多，那会儿小孩说上火就上火，大人说死就死，生孩子死的人也多。霍乱死得快，死的人，俺那庄上没有。我上这儿来，过去的事，反正就是听说，记不住谁死的。

小　庄

采访时间： 2008 年 10 月 2 日

采访地点： 东昌府区许营乡小庄

采 访 人： 李莎莎　王　瑞　胡　琳

被采访人： 许改城（女　59 岁　属虎）

许改城

上到三年级。娘家也是这个村的，一直在家里干活劳动。

武堂有霍乱，我小时候在外边玩，听说有霍乱，不让去那玩。得这病上哕下泻，当时不知道多大了，七八岁，刚记事。这边没听说有这病，不知道传染不传染，就是大人不让去那玩。那边死的人不少，有几个。没有亲戚在那个村。

采访时间： 2008 年 10 月 2 日

采访地点： 东昌府区许营乡小庄

采 访 人： 李莎莎　王　瑞　胡　琳

被采访人： 许尚木（男　88 岁　属鸡）

年轻时净在地里干活，没上过学。

日本人见过，在这儿路过，日本人在聊城，什么时候来的不记得了，那会儿二十来岁。日本人穿灰衣裳，咱没见过日本人干过什么事，日本人不太孬，咱这儿的人跟着，很孬，汉奸什么的很孬。

日本人在这上聊城，来就上那去。

贱年？怎么没发生过？什么菜也吃过，贱年是民国 32 年，贱年净吃菜。那年没吃的，所以叫贱年，那年没下雨，不收，咱不知道什么时候下的雨。

俺这不多，韩庄饿死的人多，逃荒的，都上外面去了，不知道到哪去的，也上北去的。

得霍乱症的，不知道。

许尚木

姚 庄

采访时间： 2008 年 10 月 2 日

采访地点： 东昌府区许营乡姚庄

采 访 人： 薛 伟　杨文静　柳亚平

被采访人： 郝会明（男　76 岁　属鸡）

家里七口人，在刘庄上私塾。

民国 32 年，我是儿童团团长。见过日本鬼子、马贼、汉奸兵，一说兵来了，都跑。

一个麦季没收，我家里有十来亩地，不

郝会明

够吃，吃糠吃菜。给地主扛活，热，烙得脚疼，净走树林子。那时候最好的收成，是麦子产 100 多斤。

听过霍乱，没见过。谷子刚刚熟的时候，闹蚂蚱，我十来岁在地里看瓜，遮天地，冬天就冻死了。

采访时间：2008 年 10 月 2 日

采访地点：东昌府区许营乡姚庄

采 访 人：薛　伟　杨文静　柳亚平

被采访人：彭法彦（男　84 岁　属牛）

彭法彦

民国 32 年，我 18 岁，出去扛活了，家里有几亩地。俺父亲八岁来这的。

秋天谷子、高粱收得好，麦子没有。

日本鬼子不多，路过这儿，去聊城，有飞机。

我母亲会扎针，肚子疼的，没霍乱病。

那时候喝井水，从前没老河，现在的都是新挖的。

秋天壕里涌蚂蚱。到后来就八路军管了。

赵 泮

采访时间：2008 年 10 月 4 日

采访地点：东昌府区许营乡赵泮

采 访 人：王　瑞　焦　婷

被采访人：姚文庆（男　81 岁　属龙）

我叫姚文庆，今年81（岁），属大龙的。没念过书，那时候穷，没钱念书。我就是下地出身，老百姓，没别的能耐，就会下地干活。

姚文庆

民国32年，大贱年，我已经记事了，地里不出么，庄稼一点儿都不长，不下雨，那时候靠天吃饭，地里不长东西，没井。

记不清了，反正从头年到第二年一点么也不长，没下雨。西边儿堂邑收得不好，饿死多少人，成了无人区，死都死完了。咱这儿也不行，饿得人东跑西颠，饿死人可多了。

1957年、1958年，一天饿死9个，不是年纪大的，年轻的都饿死了，没有粮食。韩庄韩建华当过兵，三级残废，在俺庄儿当家，饿死90多口子。韩庆伦（音）搞这个庄，饿死这么多人，不是1957年就是1958年，饿死人多，省里调过人来，盖豆汁儿房，到时候打豆汁儿才救回来，好歹到最后救出来了。贱年那会儿饿死人也不少，没那年多，能走的走，能逃的逃，逃关外去，一九五几年不让出去，一看不行饿死这么多人，才派人来盖豆汁儿房，派来了医生。1958年死得人都抬不动了，都赶着集就有死的，省里来姓张的，姓谢的都来了，盖豆汁儿房才没饿光了。

贱年地里都旱死了，不见么，过了麦之后才见了雨。那时候没井，没河，浇不上地，俺这儿地淹不了，就怕旱，也没井，又没河，浇不上水，穷旱。那时候都打井里的水喝，打的旱井，八九里就有一个井。

逃荒的不少，在家就饿死，都下黑龙江了，偷跑出去的，不让走，那会儿没人管，能逃出去的都走了，都逃荒去了。贱年那会儿原来有700人，逃荒最后剩了多少人已经记不清了，那会儿逃荒的人大都回来了，逃荒的很多，西边儿堂邑那片子厉害，咱这边儿人都下关外了。

也闹过蚂蚱，很疏松，那是到贱年以后闹的蚂蚱。那会儿挖小沟儿，人都拿棍子赶蚂蚱，用杠子捣死了，净蚂蚱蛹儿，不会飞。我打过蚂蚱，那时候小，跟人打蚂蚱。

听说过霍乱病，霍乱症传染，上哕下泻，以前就不断发生，老些得病的，不知道从哪儿来的，俺这儿也有，没有死的，其他地方死的不少，俺村没有死的。那会儿都挑挑针，扎旱针，俺哥儿会给人扎针。净热天得的，那个病儿长期发生，不断有，旱灾，上哕下泻，一个劲儿打哈欠，一个劲儿上茅子，那个病儿死得很快，不扎针就毁了。人事不知，除了饿就会哕，不会说话，不看病不扎针就毁了，扎针扎肚子这儿，肚子眼儿那片儿。我不记得那时候多大年纪了，我见过得病的人。

扎针的那人是我哥们，一个家的，他跟我差五六岁，有些年儿了，现在 90 多岁了，都是他扎针，贱年那会儿都十八九（岁）、二十岁了。得霍乱的人都在家里，年头旱了才得的，日本人得病咱不知道，他不给人治病。

地旱了就好得霍乱病，那会儿没医院，就老中医，吃药扎针，没有认识的，俺八个一般大的都死得差不多了，以前得霍乱扎过来的人已经不记得了。得霍乱症的不断，旱的，那病传人，一有霍乱症谁都不能靠近，上吐下泻，死得快，三天都活不了。咱村儿没死的，都天旱得的。那时候有日本人，他也来，他不知道老百姓得。

日本人什么时候来的不记得了，扛着小红枪到聊城聚会去，我记得三个军头了，蒋介石，日本鬼子，后来才换的上八路军。

我见过日本人，经常来讨伐，抢衣服、牛什么的，整天牵牛跑。日本人放了三个支队，抢东西，整天牵牛，拿着被子跑。日本鬼子放的中国人，刘庄儿的都过来抢东西。花牛陈住着日本鬼子，住的不多，净打围子，他也就几十个日本人，就三支队护着他。三支队的人净咱当地的，没么吃混东西吃，日本人不经常来，净三支队出来多。日本人杀人，干坏事儿多，在咱村里没杀过。打过，他不出来，除了要紧出来，不要紧不出来。真不好过，三支队来了，俺趴在大车轴上，他没看见过去了，要是逮着人得拿钱赎。

日本人抓过人，抓到聊城去，赎又赎不起，大都回来了，韩文长、韩成凤都抓到北边儿王葛庄（音）了，那边儿有围子，三支队的大围子。

周 庄

采访时间： 2008 年 10 月 4 日

采访地点： 东昌府区许营乡周庄

采访人： 李莎莎 马玉东 胡 琳

被采访人： 周脉长（男 67 岁 属马）

周脉长

上过学，我那会儿上到高中，那会儿没的说，现在种着地。年轻不念书，不念书就种地。

霍乱？属俺庄上最多，我是听俺庄上老人说的，往外抬死人，抬完这个抬那个，我听他们说的，光俺庄上多，什么时候不知道。

我是 1942 年生人，和民间干活种地的打交道，聊天的时候说的，得霍乱的那会儿我出生了。哪会儿我不敢说，在我前几年，哪几年我不知道。得霍乱病咱民间的老百姓说，一个人死了让你抬，一会儿你就死了。这病传染，死得很快，抬棺材的时候找不着人。过贱年是 1960 年和 1961 年那几年，1960 年那几年是最厉害的。

闫寺办事处

北刘庙村

采访时间： 2007 年 1 月 29 日
采访地点： 东昌府区闫寺办事处北刘庙村
采访人： 朱洪文　李秀红　李莎莎
被采访人： 刘安堂（男　81 岁　属兔）

咱这里那会儿近市区，叫刘庙乡。民国 32 年我那会儿就十好几了，闹天灾，一年没下雨，从咱这里越向西越旱，咱这个庄上 100 个人里边得走 80 个，一直到西乡里，一个庄上一个庄上没人。那会儿犁地不能浇，又没有井，没有河水，光靠天吃饭。

民国 26 年，日本进的中国，进的关里，民国 26 年以前在关外占了六年，又进的山海关。日本进国时我 12 岁，到投降时我就 20 岁了。民国 26 年秋天里进的中国，年根底下打的聊城，老范死到聊城了。那时候聊城里面是鬼子，咱这里是游击队，还有皇协（军）、三支队，三支队的头目是齐子修。

鬼子在聊城上临清，经常从这里过，在凤凰集那一回就攮死了 12 个。咱这里有汉奸，皇协（军），那会儿俺净说是皇协（军），他们净抢东西，这种被子，那会儿没好被子，净些粗布被么的，抓住这个角一弄，使脚踩住就给你弄走了。上咱这里来讲过话，来了一个翻译官，还有三个鬼子，叫群众来讲话，叫修路。

278

那会儿传霍乱，我十六七（岁）了。得病了，使针扎，庄上有得的，那是民国30年左右，民国32年以前。霍乱那会儿咱这里不算多，到铁庄那里多，那一回霍乱厉害。还得早，日本还没来以前，传过霍乱，那回厉害，铁庄每天往外抬，那会儿就没干活的了。

日本来以后，我三叔得了，俺庄得过两三个，我记不清了。我的爷爷那会儿他是看病的，开药铺，那会儿都上他那里抓药，再扎。霍乱非扎不行，净转筋，那会儿不知什么原因得的。还有个发疟子也厉害，过来吧，好好的，一上来吧，又发烧又发冷，俺这里发疟子发了好几个。

采访时间：2007年1月29日
采访地点：东昌府区闫寺办事处北刘庙村
采 访 人：朱洪文　李秀红　李莎莎
被采访人：刘金环（男　86岁　属鸡）

民国32年那会儿过贱年，秋季没收，没耩上麦子，俺父亲在关外，我就下关外了。回来后没听说有流行病，（没有）大量死人的情况。

采访时间：2007年1月29日
采访地点：东昌府区闫寺办事处北刘庙村
采 访 人：朱洪文　李秀红　李莎莎
被采访人：刘天举（男　85岁　属猪）

俺这个庄上，刘家庙，这么大个庄吧，净姓刘的多，光两家姓黄的。这个我要是识字，不能在这屋里说话了。

民国32年，大旱，我挨饿哎，它不下雨。

这庄稼人家，吃的五谷杂粮，没有没病的，他这个住城的说城，住乡的就说乡。在这个乡下，破的，烂的，乱七八糟的都往嘴里塞，他只要不饿就行，他是这么个思想。你在这个城市呢，他割着咬着也上医院，这个庄稼人呢，碰上病，就下地干活去吧。这个庄稼人吧，肚里一发烧，他就要吐，就要拉，这样的，庄稼人就这种病多。冬天里，猛一冷，猛一热。要是现在吧，感冒，这个流行感冒啊，他受不了。那会儿，要死不能活，一些孩子一年他挨半年饿，他这个地里没这会儿科学，这个肥料他不均衡。我要聊聊我那会儿受的苦那就多了，家里一点馍也没有，光留一座屋，两床被，冻得受不了，大人一问冷吧，还说不冷。

那一年这一块儿没有大面积瘟疫这种情况。

那时候要拿着相片上城里，那都是照的相，一有那个照片，就让你过去。日本鬼子在俺村子里时，他就撒糖，让你小孩抢，抢了吧，他就喜得了不得，小孩吃了没事，他就闹着玩呗。没上村子里抓过人，那会儿去堂邑赶集，这个鬼子把个人拴到树上，叫狼狗去咬，他叫一声，它就赶回来了。

日本鬼子来时，八路军还没有哩，那个县里，农村上净些杂牌的队伍，按说三支队就是土匪，它不是正牌的队伍，也是杂牌。

大王庄屯

采访时间： 2007 年 1 月 29 日
采访地点： 东昌府区闫寺办事处大王庄屯
采访人： 陈福坤　梁建华　刁英月
被采访人： 鲍春才（男　81 岁　属兔）

民国 26 年发了大水。民国 32 年旱，地里庄稼都旱死了，庄稼都可以点着。地里都荒了，一年没有下雨。那时候集上抢东西的人很多，买二斤小米在路上就被抢了，和这

鲍春才

些卖米的人都有关系。有的人饿得把别人吃剩的枣核放到嘴里吃了。饿死的多了，没有吃的都饿死了。

1943年我家有四口人，有母亲，我新娶的媳妇在灾荒年的时候散了。我到黄河南同母亲讨饭，父亲到关外了，自己去的。听说下雨了才都回来的，春天回来的。

没有听说过霍乱病，灾荒年后听说过，上吐下泻，好像是1945年，有死的，也有活过来的，也不清楚叫啥。

那时候常见飞机，日本的和蒋介石的都见过，有青天白日旗。这边没有八路军，有日本皇协军、三支队、齐子修的队伍，江凯敏也是杂牌军，以后同齐子修合并了，1943年的时候齐子修还在，1943年的时候合并的。从三河镇到博平镇都归他俩管，江凯敏的围子在运河西，在苏堤、蒿庄、摆渡口，围子是用土堆起来的，在外面有沟，在土堆上有小墙，沟有二三人深，围子有二三丈高，有一丈二尺宽，小墙有三尺宽。

这边有被抓去的，找了十来个，跟杨子兰走了，在堂邑那找了十来个，跟曲洪远走了。叫皇协军抓到关外。现在还有一个曲凤张，在村西北角住，还活着，曲洪远是他叔，也是劳工。回来了四五个，剩下的都累死了，或者饿死了。

采访时间： 2007年1月29日

采访地点： 东昌府区闫寺办事处大王庄屯

采 访 人： 陈福坤　梁建华　刁英月

被采访人： 高月立（男　85岁　属狗）

高月立

这边以前还叫大官屯，属于堂邑县。

我识字，上过小学，念四书，也上过民国时期办的学校，读的洋书。

我那时候在博平给人蒸馒头，1944年

回来的，1943 年的时候只是在家里面待了几天，种上麦子之后就走了，1943 年老河没水，没有发大水。

民国 26 年这里发大水，民国 27 年鬼子进中国，那一年有地震，发大水很大，庄稼都淹了，平地里都是水，船都可以在水上行走。家里面都已经没有人了，都到外面逃荒了，许多都死在关外了。

民国 32 年，直到秋天一直旱，没有下雨，庄稼也没有种上，七八月份的时候下过雨，但雨下得不大，收完麦子的时候又种了小麦。人都吃草种子，也抢草种子，那时候饿，没得吃。不清楚村里有多少人，有三分之二都饿死了。许多到外面逃荒的也饿死了。

那时候这里共产党比较少，有皇协军，但是不清楚有多少人。皇协军在西北的孟庄住，他们下来抢东西，都是皇协军抢东西，皇协军经常来抢东西，其他的坏事他们也干。没有土匪，在县城有日本人。

1943 年鬼子把齐子修抓到了济南，又弄了一个官给他，叫"鲁西北剿匪司令"，他的二太太把他给告了，日本人又把他给枪毙了，这件事发生在刚当上司令没有多长时间。

那时候小病都不看，看病得花钱，医生也少，大部分都是中医，没有见过日本人来过，没有来检查身体。不清楚霍乱是什么时候开始的，只是听说过。

采访时间：2007 年 1 月 29 日
采访地点：东昌府区闫寺办事处大王庄屯
采 访 人：陈福坤　梁建华　刁英月
被采访人：韩兴义（男　90 岁　属蛇）

我念过《三字经》《百家姓》，上过小学四年，中学上过两年，因为家里有事，退学了。

韩兴义

民国 32 年的时候家里没有人，都出去了，父亲很早过世，跟叔父一起过。

1943 年春天没有种上麦子，都上这讨饭去，上那讨饭去，出去了混得好一点的，就吃得好一点，混得差一点吃的就差，碰的好一点的村子就可以要到饭。鬼子扫荡家里不能住，我是二三十岁的时候出去的，逃到北边讨饭。俺这庄上老百姓都离家了，家里不是皇协（军）就是鬼子，都走了。

这边不清楚下了几场雨，来过水，听说是从西南来的水，水深到腰了，村南边水深，北边高。坡里全是水，秫秸都在水里漂着。不清楚是在逃荒时，还是在逃荒前。

那时候有病死的也有饿死的，没听说有流行病，老百姓各人混各人的，小孩子困难跟老人过。也没有功夫医，谁生病谁就要拿钱，那时候中医比较多，村里没有先生，都到外庄去看病，上城里不容易，鬼子叫你去你就去。那时候喝井水，一个村里有几口井，在村东北打过一口井，都说是日本人出钱打的井，用来浇地的。

这里没有住鬼子，只在聊城里住着，皇协（军）是中国人，在城里住的不多。见过日本鬼子和皇协（军），在北门城墙上站岗，一边一个。

见过飞机，落下一架飞机，在尾上插着一面红黄蓝白黑旗，在村西南二里地，里面人都下来了，那是十几岁的时候。灾荒年的时候也见过飞机，没有扔下东西，反正没有捡到啥。扫荡的时候，也有鬼子也有皇协（军），到凤凰集扫荡过，没有在这扫荡过。我没在鬼子那边混事，不清楚他们干什么。没上大屯抓过人，有抓劳工的，到山海关外，没有听说抓到日本去的。

采访时间：2007 年 1 月 19 日

采访地点：东昌府区闫寺办事处大王庄屯

采 访 人：陈福坤　梁建华　刁英月

被采访人：臧法孔（男　89 岁　属羊）

我念私塾，上了三年，念四书五经，洋书大约念了三四年。

1943 年的时候家里有七八口人，兄弟四个。我 1944 年当兵走了，1944 年四月份的时候，跟第二野战军一四二团一营二连刘伯承部走的，当时谁家兄弟多就去，1952年回来的。

民国 32 年，村子归堂邑县管。民国 31 年，地里就没有收成，没有下雨，一点麦子也没有种上，种的是稷子，种上的都没有长

臧法孔

起来。民国 31 年、32 年连续干旱，民国 32 年大部分的人开始逃荒。

民国 32 年过麦的时候下了雨，四月份的时候下过，下得很大，下了有两三个钟头。庄稼还没有成熟就都吃了，连棒子芯都吃了，基本上收不上来，家里没人了。秋天的时候草长得很高，大部分的人都上河南了。

我是 1942 年的时候走的，1943 年又回来的，六七月份的时候又出去了，又到黄河以南去了，那边有收成。村里 1942 年六七月份的时候走的多，死的人都没有人埋。不懂得什么叫霍乱，只是后来的时候听说的。叫痢疾的年年都有，说冷也热，盖上被子也冷，1943 年的时候闹过，发生在夏秋季，不死人，得病的大部分是年轻人，穷，没有蚊帐。王安堤村，现在在冠县，离堂邑不远，听说有霍乱，抽筋。

那时候"百里为王，各霸一方"，这里是齐子修，往西是吴连杰，大部分的都是杂牌军，还有江凯敏。齐子修是国民党二十九军一个排留下的几个人，不想跟国民党了，成立起来的。30 亩地能买一把枪，江凯敏带的民团，自己发展起来的。

一次从临清来了鬼子。日本骑兵从马颊河来，民团打了两枪，鬼子又回去了，日本人弄不清情况又回去了。齐子修的部队叫三支队，日本来了之后不久，收编了江凯敏，在俺这村上待的时间短，到东边多。共产党在冠县、甘屯比较多，在这边比较少。民国 32 年村里没有人了，大部分都

走了，汉奸鬼子天天来抢东西，没有地方藏，他们到处翻。

堂邑县日本人少，有四五十人，二月、八月在文庙里祭典，征猪、征羊，要到城里给日本人送东西，日本人祭孔，日本人也尊孔，那时也叫出夫，给二鬼子干活。

日本人也抓过人，在这招的人不多，不清楚有多少人，招劳工到东北，有到日本的。到日本的都没有回来，跑的人都被枪毙了。劳工也有头带过去，曲洪远带了一帮人，人家给钱，鬼子叫他找到的，回来的没有几个，找了大约20个，现在都死了。那时叫扒头，曲洪远当然也是一个扒头。灾荒年的时候没有见过飞机，没有占领堂邑和聊城以前，当时一二十岁，见过飞机扔炸弹，掉下个没有炸，只是扔炸弹。

灾荒年的时候这里没有发大水，民国32年的时候发过大水，地震。徒骇河、马颊河两条河河水都溢出来了。马颊河在西边，水往东溢，徒骇河在东边，水往西溢，两条河河水交汇形成了大水。

李找村

采访时间：2008 年 11 月 29 日
采访地点：东昌府闫寺办事处敬老院
采访人：付　昆　白　玉　张　毅
被采访人：王琴嫂（女　属兔）

我是李找村的，小学完了后，在高唐考的高小，然后是中专。当时我家就我自己得病了，那时候看不起病，我 1958 年去济南了。

村里以前发过大水，那时也没河，哪里洼往哪淌。

苏 庄

采访时间： 2007 年 1 月 29 日

采访地点： 东昌府区闫寺办事处苏庄

采 访 人： 李　琳　姜国栋　刘婷婷

被采访人： 黄金河（男　85 岁　属狗）

黄金河

小时候没念过书。1947 年当过兵，二野九中队十五军，在后勤管运输，打过淮海战役。

灾荒年俺庄上没剩几家人家了，有饿死的，也有逃走的。高粱不出穗，棒子都旱着了，跟晒柴火样，都干了。那时村里有三百来人，现在是两庄合称谷苏庄，死了七八十口人。我没去逃荒，给地主扛活，在南谷庄。到后来天也下了雨，人也就要饭回来了。

民国 32 年，一直没下雨，没霍乱，也没别的病，都饿死了，有发疟子的。那时候光挨饿，要饭，也没病了。我在河南发过疟子，发了一天，没有药，没给看，浑身发抖，先冷后热，那是在春上，我当兵时。

民国 32 年前发过大水，这没有淹的，忘了什么时候了，二十来岁，洪水以后也没什么病。18 岁时也见过大水，下雨加山上淌的，黄河涨水，闹不清原因。

这边那时候有三支队，有吴连杰、齐子修。皇协（军）抢庄稼，你种上也落不着吃。

见过日本鬼子，在家里见的，他抢东西，日本鬼子逮住谁就杀谁。他们不给咱东西吃，他吃咱的鸡，走的时候没留下什么东西。没见过穿白大褂的鬼子。日本鬼子不（直接）抢东西，都是下面的鬼子抢。

我那会儿小，有个飞机落到南洼里，在大屯庄那边，没去看，没扔东西，不知道是哪国的。被鬼子抓去的人有死的、有活的，抓到池兴县（音），抓去3个死了2个，有个被放回来的，在谷庄，不知道被抓去干什么。

王 庙

采访时间：2007年1月29日

采访地点：东昌府区闫寺办事处王庙

采 访 人：李 琳 姜国栋 刘婷婷

被采访人：王德仲（男 77岁 属羊）

　　　　　　荣金兰（女 101岁 属羊）

灾荒年我已经嫁过来了。

民国32年天旱不下雨，还有齐子修，抢老百姓，一点粮食不叫家里搁。皇协（军）、鬼子都在这里，凤凰集那里攘死了二三十口子人。

那年饿死了30多口人，原来有280多口，剩下的吃糠咽菜。家里没人了，路上净草，我娘家在东头，王庙的。

荣金兰（中）、王德仲（右）

这边人逃荒都逃到济宁，黄河南，梁山那片，去那拾麦子，个把月就回来。民国32年旱，这一带都旱，黄河以南就好点。

民国26年，日本鬼子进了中国，发过大水，马颊河开口子，下雨，我觉得是水冲的，连阴带下雨下了30多天，六七月份，庄稼都淹了。

民国22年以前有得霍乱的，得霍乱的都死了，发烧，跟伤寒一样，

287

热天里，六七月份里得的多。人烧得舌头发黑，很快，连三天都活不了，是传染性的。喝汤药，有喝好的，也有扎旱针的，有扎好的。都往凤凰集请先生，扎手、扎头、扎脚，放黑血，我家里没人得霍乱，王富海家是得那病死的，热的，中暑，死了就埋了。

发大水前后就发疟子，和霍乱不一样，忽冷忽热，也传染，不死人，三四十口人发疟子，都活过来了。喝汤药，喝酒，能治。后来就没这病了。先冷后热，伤寒烧得人事不懂，很短时间就完，霍乱头晕眼黑不能动。

有抓劳工的，有回来的，现在都死了。见过日本飞机轰炸，那里住着民团兵，没扔别的东西。没人给咱检查过身体。

采访时间： 2007年1月29日
采访地点： 东昌府区闫寺办事处隋庄
采 访 人： 李　琳　姜国栋　刘婷婷
被采访人： 王荣莲（女　72岁　属猪）

王荣莲（右）

过贱年我7岁，娘家在王庙，那时候没人供我上学，不认字。

我没爹娘，姐姐16（岁）出嫁到外村了，大哥叫王荣图，二哥叫王荣原，大哥那年在临清冰糖厂，回家看娘的路上叫日本鬼子抓走了，一直没信。二哥是卖烧饼，让日本（人）逮到日本国了，赎不起，后来也没信了。爹心疼，死了，我去要饭了，大爷死了，跟大娘要饭，姐姐回来了，就跟姐姐过。

民国32年旱，没河，没机井，用旱井，担水喝。人都饿死了，都逃走了，死的人都没人埋。年轻的都走了，200多人饿死80多口。那年没得什么病，光旱，饿死，老人饿死都没人埋。别的庄上饿死的人少，就俺这两个庄饿死的多，隋庄那时属堂邑县。

这边的都逃荒逃到黄河南，80 多里地远。1943 年那时候我没逃走，那年没下大雨，没发大水，就是不长粮食，人都是饿死的，那时候树上连榆叶都见不着，都吃了。那时一大块儿地，一捧粮食都没有。没听说过霍乱。

过去聊城都比这儿强，这里人当兵的少，没当兵的人，不大受欺负。

杂牌兵三支队抢东西最欢，皇协军还好点，日本人光要人不抢东西，抓人，给日本人挑土。日本人孬极了，凤凰集文化人多，他上那闹老些回，杀人，见人就杀，藏到茅子里都叫人攮死了。日本人喝咱的水，我拿着一壶水，他端过去，咕咚咕咚喝下去了。他们穿黄衣裳，黄帽子，大皮鞋。我命大，没叫他们杀死。

民国 32 年没下雨，到了民国 33 年才下了雨，人才搆上了庄稼。那时候日本人就不在了，皇协（军）走了，到以后分了地，才有了好年月，穷人翻身了。

我丈夫对我很好，我现在有病，就得吃好的。

采访时间：2007 年 1 月 29 日
采访地点：东昌府区闫寺办事处王庙
采 访 人：李　琳　姜国栋　刘婷婷
被采访人：王玉平（男　78 岁　属蛇）

我灾荒年住这个村，念过私塾，那时候咱这归堂邑县管。

1943 年那时没下雨，没种上麦子，人没吃的。那年我 15（岁），我上河南逃荒了，跟父母逃荒，在外住了一年多，中间回来不少次，看老人。那时候这边老百姓吃不上饭，成无人区了。当时村里三百来人，逃了 100 多，饿死 100 多，剩下还没 50 口子人哩。

王玉平

第二年雨下得不小，民国33年逃荒的都回来了，地里净谷子，能磨谷面子吃了。回来的人吃新粮食，撑死了一些。撑得拉肚子，还有发疟子的，浑身冷，打哆嗦，也发烧，在当街里躺着。

那时候没霍乱病，这块儿旁的村也没有，有发疟子的，不知道什么病，不拉肚子，抽筋，冷，盖上了被子也是冷，没人给看，也找不着人看，那时候没啥郎中，得了病就等死，没钱吃药，也没卖药的。

我白天赶集，买了点窝窝头，在路上让杂支队截跑了，抢了，买粮食都拿不回家来，卖点衣裳破烂子，都让他们抢去了，还是饿哎。老缺黑家（夜里）挨家抢，衣裳、窝窝头，什么都给你拿了，老缺有点破枪。年轻的被老齐的人抓去当兵，那时聊城、济南都没解放，八路军到民国34年才过来，才有游击队，老齐、皇协（军）都要粮食，还有老百姓过的啊？

民国32年有日本鬼子，在堂邑住，下边有蒋介石的队伍，齐子修是队伍的头头。孟庄离这有三里地，有皇协军。日本人进庄逮鸡，吃鸡，人见了都跑。日本人不经常来，皇协军经常来，皇协（军）是皇协（军），土匪是土匪。那时庄里才八九十口人，抓了庄里不少人，九个，回来一个，有的抓到朝鲜去了，在那给日本人下煤窑。回来那人死了，那时候朝鲜归日本管。

见过日本飞机，飞得不低，上面有个红月亮，没扔过东西。没吃过日本人给的东西，没听过霍乱病，那时候饿死的，病死的，埋都没人埋。

没听过卫河决堤的事。一九六几年发了大水，民国32年没发过，以前发过，往聊城去不了，净水，他那地洼，闫寺以西没淹，以东都淹了。黄河开口子过来的水，都能坐船，那是一九四几年的事，我19（岁），发大水后没得病的，那会儿庄稼都熟了，穿的单衣裳。

采访时间：2007年1月29日

采访地点：东昌府区闫寺办事处王庙

采访人：李 琳 姜国栋 刘婷婷

被采访人：王玉太（男 78岁 属马）

王玉太

我那时住在王庙，属堂邑县。

念不起书，在天津纳鞋底，回到家后，父母都不在了，他们在黄河南要饭。我去找他们，回来的路上，在梁山那，俺推着小车，日本人在走，穿着黄衣服，拿枪，把我们弄到林里，把衣服扒了，一个官拿着洋刀，让俺爬到那看有没有疤，看手，看上身，有没有茧子，没茧子就不行。来到村上，砍死了好多人。

我1944年去要饭，1945年就回家了，村上地都荒了，净草，人就开始开荒。

有生疹子的，死了好多人，叫生花儿。没医院，扎扎针，种花儿预防，是人就有那个病。旧社会有得的，没解放以前就算旧社会，我也得过这个病，看不透就死了，那时候连小卫生所都没有。

那时候还小，有的人得了霍乱有的没得，不是很严重，那会儿村里有三四百口，得病的有二三十口，死的十个里有三四个，我家里没人得，邻居也没大有。得的人发抖，发烧，我见过，小孩不大得，四五十岁的成年人得的多。找先生扎扎针放放血，吃汤药也有好的，不是得一个死一个。有一个扎针的先生，后来也死了，闹不清怎么死的。那时候听先生说那个病叫紧霍乱，得的很快，哪个村都有得的，听说的。得了霍乱，叫医生扎旱针，霍乱来得快，又没好药。旧社会的先生就给扎旱针，穴道很多，我闹不清，有扎好的，扎不好的很快就死。我没得过。我觉得霍乱不是传染性的。那时候尸体都装木棺里埋了。埋地里。

那会儿有日本人，他住在城里不下乡，一下乡就放火，但没在咱村干过，那时咱们这离城里15里。得霍乱的时候日本人在这儿。日本人没发吃的。

日本人没大来过这个村，路过，锡、铜、银这些好东西，都给拿他屋里去，给他送开水他不喝，一脚就踹开，喝井里的凉水，不吃咱的东西，怕下毒，吃自己的。没听说他们给咱下毒。

那年杂牌兵来抢老百姓东西，抢得不能过了，皇协（军）都是本地人，给日本人干活，不抢东西，他们吃日本人的。哪有八路日本人去哪，凤凰集老八路多，日本人去得多，攮死了好几个人。日本人对小孩好，不打，见大人不顺眼就攮，跟闹着玩一样。听说城里小孩吃过日本（人）的东西。光这个村抓了20多个苦力，听说都死黑河那了，干完活都杀了，抓去的一个都没回来，我哥哥就被抓走了，死了。

看见过日本人的飞机，飞得不高，有红月亮标志，在飞机翅膀上，不扔东西。没看到过穿白大褂的日本人。

民国32年以前发大水，村里都制船，扎的船，水都没过树，来水的时候，那时记事不清，不是冬天，六七月份，俺这村、隋庄都没淹，沙堤把水挡住了。苏庄、孟庄、谷庄都没淹，闫寺以东都淹了，以西没淹。不知道水从哪来了。发水一九三几年，记不大清事儿。

得（不得）霍乱不在发不发大水，旧社会不上水也有得霍乱的，人不多。我们喝井里的水。

朱 庄

采访时间：2008年11月29日

采访地点：东昌府区闫寺办事处敬老院

采访人：付 昆 白 玉 张 毅

被采访人：杨秀芝（女 86岁 属狗）

我是朱庄的，父母是杨庄的，丈夫也是朱庄的，我是嫁过来的。

有5个兄弟，4个去打越南了，现在在牡丹江那里，去东北了。我40

杨秀芝（前排左）、李秀兰（前排右）

多岁去过东北，他有儿子了，上的南开，外面还有个外老三，家里还有个外老二，都20多年了。

当时民国32年，我二十来岁的时候，见过日本军，害怕，见了就跑。

于 集 镇

陈 庄

采访时间： 2008 年 10 月 4 日
采访地点： 东昌府区于集镇陈庄
采 访 人： 祝芳华　何草然　王海龙
被采访人： 陈长秋（男　74 岁　属猪）

陈长秋

俺叫陈长秋，74 岁了，属猪的。

大贱年是民国 32 年，春天到秋天，村里旱得厉害，庄稼收了三成。

记得不很详细了，特别是堂邑，有那边过来的，有死到这边的，那边妇女有嫁到这儿的。咱这儿逃荒的不多，有逃到咱这儿的，那才惨呢。我记得有个二十来岁的妇女，带着个孩子，提个篮子，饿极了走不动，那孩子哇哇地哭，爬到这爬到那，有个四十来岁的女的给她干粮，说吃干粮吧，她才吃点，后来有人给水喝，她就过来了，后来又劝她趁着有力气再到处要饭，实际上是怕她死这儿了。

咱这里，多数的人挨饿，那时候贫富不均啊，中农以上的才吃上点饭。吃树叶子、糠、秕谷，吃的这些。村里出去的不多，俺这边的都是这年月，糠糠菜菜的还过着，吃得大便都下不来。

那一年霍乱，民国 32 年，咱村里有，多也不多，有，症状是肚子疼，疼得厉害，叫羊毛针，也叫霍乱，上吐下泻的也得有，患病的老人小孩都有。

那时候水是喝的井水，水也没干过，俺这村上有五口井，那时候庄上估计就 600 口人，井水倒不缺。汉奸来了之后，坑里没水了，都说是因为汉奸来了没水。

庄里住着日本人，也有汉奸，见过日本人，跟电视里演的一样，当时穿着帆布衣，有十来个人，大概是一个班。汉奸是帮凶，他们也是穷人，没饭吃。有个小孩 18 岁，来这儿当汉奸，死这儿了，他爹来找他，在地里扒他儿子，扒到个要饭的，他儿子是被狗扒了，他儿子叫了个女孩名，叫香菊，当时已经 18 岁，有个小孩了，那时候 18 岁已经结婚有孩子了，那家庭可是不含糊。

那年漳河决口，在西北边，离这 70 里地，么也没收，家里饿，有人说当汉奸去，换个军服就管饭吃。

咱这儿的百姓都给撵到外头去了，家里给他们住，村里连棵树都没有，他们杀个人跟宰个鸡一样。我们给他做活，按地亩数要人，方圆十里都要过来给他做工，给他干活，干得慢他打你。他有翻译。他来这里讨伐，叫人领路，有回来的，有拐走的，有打死的，你要想逃跑就扑哧一刀。

早年有蚂蚱，是在大贱年后，秋天，每年都有，大小都有。

董　庄

采访时间：2008 年 10 月 1 日

采访地点：东昌府区于集镇董庄

采访人：薛　伟　杨文静　柳亚平

被采访人：董丙为（男　90 岁　属蛇）

　　　　　　孟秀英（女　80 岁　属马）

我上过学，初中，上小学那会儿穷。

董丙为（右）、孟秀英

民国 32 年，这没闹过瘟疫，我 20 多岁。那时候家里有 20 亩地，当时吃饱饭也行，都烧香。记得当时旱灾，干旱的时候就出蚂蚱，蚂蚱一群落在地里，当时跟一片云一样，挖个小壕，都轰到壕里。有一群逃荒的，要饭的，那会儿天天烧香。当时喝的是井里的水，自己打的井，砖井。

鬼子见过，还让鬼子逮过，让我给他干活，逮起来，让我给他们带路，给鬼子逮庄稼人去，给他干活，他怕八路，叫给他助威。走到哪在哪吃饭，住在老百姓家里。日本人来，大家都跑，这躲两天，那躲两天。汉奸也闹，跟鬼子是一气的。

八路整天挖路沟，日本人来时就藏里面，八路顶不住鬼子的枪，他们的枪好。

采访时间： 2008 年 10 月 1 日
采访地点： 东昌府区于集镇董庄
采 访 人： 薛　伟　杨文静　柳亚平
被采访人： 董存厚（男　79 岁　属马）

董存厚

俺没上过学，那会儿穷。

民国 32 年，六月里下场雨，赶过麦下雨，就种地去，那会儿没麦子。豆子、棒子收了。

逃荒的都上这边来了，梁水镇、堂邑县的都来了。咱这没啥大河，没大水。

那会儿生病少，没传染病，没霍乱那种病，疾病多，饿死的。那会儿没扎针的，有药先生，在药店。咱这都是砖井，自己打的，不是很咸的就吃。

蚂蚱那是以后了，俺这边的是在1950年、1951年。过贱年那年闹过，不大，拿杠子戳、烧，多了就不显了。

日本在这得有七八年，日本鬼子俺见过，俺那会儿，跟电视上一样，鬼子穿皮鞋，上海、南京都有。老百姓给他打围子，他怕八路军，一两道壕，插着麦子，就把他吓跑了，跑到聊城去了。

鬼子不大抓人，抓年轻的，说你是八路，跟你要钱。反正八路人多了，八路军那会儿抵不住，俺这七八个区联成一个区。

冯王贾村

采访时间：2008年10月1日

采访地点：东昌府区于集镇冯王贾村

采访人：张　伟　胡　琳　谢学说

被采访人：贾金香（男　79岁　属马）

贾金香

我叫贾金香，79（岁），属马的。

民国32年旱，没收，这里数堂邑那边旱得狠，那边的人都担着家具上河南去卖，换点粮食。那年那榆叶捋过七回，人都吃榆钱，吃榆叶。咱这到秋里就好点了，咱这里出去逃荒的少，咱这边能维持。咱这轻一点，死也死了一部分，数堂邑那边厉害。

那会儿，都分开家了，我家人少，就俺娘俩，我还没结婚，十三四岁，哪结婚啊，分家分了两间屋。

那时候没解放，这儿有鬼子，也有八路军，也有三支队，也有国民党，蒋介石，闹王金发，闹长毛反，都有过，没人管。我在家，我小，要给汉奸出夫，你不出不行啊，给他打围子。叫鬼子打死的也有啊，打死的多了。

那病死的人多了，传染病？那年没听说传染病，霍乱？是还以前。

有劳工，这个事你得去闫囤问，闫囤抓了个去，去下煤窑，解放后才回来的。

郭老虎村

采访时间：2008年10月1日
采访地点：东昌府区于集镇郭老虎村
采访人：张 伟 胡 琳 谢学说
被采访人：郭玉海（男 80岁 属蛇）

郭玉海

我叫郭玉海，80岁，属小龙的，上过学，私塾上了半年。1947年当的老师，在军王屯。

大贱年，我在家里，那时候家里有5口人，爷爷、奶奶、父亲、母亲。我那年15（岁）。

头一年就没收，天旱，到第二年就不旱了，就是那一年旱，那会儿不能浇地，麦子就收几十斤，一捧，棒子能种上，棒子也收得很少。灾荒，都够呛，吃的是苜蓿芽子，捋榆叶，没有饿死人。咱这下雨下的很少，没有淹过。

咱这里没有去逃荒的，堂邑的上咱这边来。

那时候日本人在这里，见过日本人，来过咱村，没有抓人，有抓过一个劳工，上日本还是上关外的，叫郭金昌的，回来了，现在已经不在了，他在日本住了七八年。

霍乱病那年没有，以前有，很久以前，咱不记得了。反正当时有疟疾，说冷就冷，说热就热，那会儿没看病的。我们喝的井水，烧开了。

郭闫庄

采访时间：2008 年 10 月 4 日

采访地点：东昌府区于集镇郭闫庄

采访 人：祝芳华　何草然　王海龙

被采访人：郭炳坤（男　82 岁　属兔）

郭炳坤

我叫郭炳坤，今年 82（岁）了，属兔。

民国 32 年，记得，大贱年啊，咱这儿还饿得轻点，俺庄上的人心细，省吃俭用，饿死的少，外庄上饿死的多。大贱年吃菜，树叶子都吃，吃糠咽菜，那一年收成不好，主要是有汉奸，都给汉奸抢走了。小麦收得很孬，一亩地收 20 斤麦子，第二年玉米种得好。民国 33 年淹了，地里没收好，不是，是 1953 年淹的，民国 32 年旱得很，没淹。

逃荒那不是民国 32 年，俺庄上没有，其他庄上有。

没有传染病，咱庄上没有，霍乱听说过，是民国 32 年前，再早些，我不记得了。咱村里有井，村民就喝那的水，一直能喝。

记得日本鬼子，见过日本人，在村里住，抓老百姓的鸡烧着吃，冷了在街上烤火，有二十来个。给小孩吃糖，还有铁盒子里装的牛肉，吃了没得病的。日本人吃自己带的饭，怕哕。抓人，抓人去领路的回来了。那时候年轻人都跑了，老年人给带路，一天就回来，年轻人没有了，找不到。鬼子在东边，咱就往西边跑，那会儿可受了气了。日本人来这儿，只要没跑的妇女，都给强奸了，之后得趴一个多月才起来。他们住一天就走了，来的那一次很厉害，后来来是来过，不厉害，只是抓鸡吃。

这里汉奸多，抢，那时汉奸抢的，日本人不抢。牛都给牵走了，好衣服、钱都拿了，粮食不要。八路军是后来才来的，国民党只是路过，没到村里来过。

蚂蚱不记得哪一年了，闹不清什么时候，我大概七八岁的时候轰蚱蜢。

采访时间： 2008 年 10 月 4 日
采访地点： 东昌府区于集镇郭闫村
采 访 人： 祝芳华　何草然　王海龙
被采访人： 郭万江（男　76 岁　属鸡）

郭万江

我叫郭万江，76（岁）了，属鸡。

民国 32 年那是挨饿的时候，我才十来岁。那年自然灾害，连着两年没下雨，临清、高唐的人都跑咱这边儿来。缸、蚊帐都卖了，上咱这边逃荒，有路过这儿上河南省的。咱这儿那年旱得轻点，临清旱得厉害。

那会儿人都吃树叶，扒树皮，树叶都吃光了。什么时候下雨记不清了。民国 32 年过去就好点了，就那年厉害。蚱蜢多是 1953 年、1952 年，跟人打蚱蜢，那蚱蜢都遮天蔽日向北飞。

那会儿我年龄不大，日本鬼子过来，从这儿开车上西北去，到聊城。

日本鬼子也来过，鬼子在这儿立了个据点，这儿是敌占区，八路军晚上才过来，了解情况，他们离这二十来里地，在东南方，是他们的根据地，鬼子的据点在花牛陈，在茌平。

日本人讨伐从这儿路过，汉奸，二鬼子也有，我那会儿十岁八岁的。鬼子抢没抢东西我不记得，都是二鬼子抢，日本鬼子抢东西没用，带不回去，抢鸡、羊，不要粮食。日本人在河东一带没少杀人，咱庄上倒没听说。有上咱这儿抓人干活的，咱这儿离据点近，人人来要让人干活去，天黑就回来，给不给报酬记不清了。没听说过日本人发放糖、饼干。

没听说什么传染病，当时喝的钻井里的水，日本人来也得吃这个水啊，没听说过有放药的。霍乱听说过，附近有个庄上一天死了百来口人的，当时就说他也死了，一会儿又死一个人，这是十来岁的时候听说的，哪一年我闹不清，可能是之前的事，那庄叫大柳树张，离这儿三里地。

采访时间：2008 年 10 月 4 日
采访地点：东昌府区于集镇郭闫村
采 访 人：祝芳华　何草然　王海龙
被采访人：郭万义（男　81 岁　属龙）

郭万义

我叫郭万义，今年 81 周岁，属大龙的。

民国 32 年，这里遭灾了，民国 32 年、33 年临清饿死不少人，那会儿黄河没过来水，浇不上地，一亩地就才收三十来斤。

日本鬼子从大柳树张东边那儿过来的，上聊城，在花牛陈去的，在这庄子附近，那时候我才十六七（岁），他们开了车过去的，上边飞机领着。

见过日本鬼子，在这儿就有，在花牛陈打了围子，是日本鬼子的据点。日本鬼子上咱庄上来过，来讨伐，侵略咱中国，他不在这儿住。

日本鬼子不抢东西，他不拿么，二鬼子拿东西，二鬼子多，抢了往聊城那边的家里送，什么东西看着好，他就拿了，衣服，钱啊。鬼子什么都不吃，要吃鸡，生点火烧着了就吃，粮食也不要。按地亩数要人，给他干活修围子去，去干活的说，日本人还拿糖豆逗孩子。光听说有抓劳工的，出国了，没回来，那时世界大战，就在许营乡袁庄那里听人说的。

那时候八路军打游击，哪里也住，咱这儿也住，住着老些。国民党么也不拿，上南去了。

霍乱不记得了，我那时小，才十六七（岁）。

后高村

采访时间：2008 年 10 月 1 日

采访地点：东昌府区于集镇后高村

采访人：薛　伟　杨文静　柳亚平

被采访人：高立云（男　76 岁　属鸡）

高立云

前高、后高 1958 年以前是一块儿的，是一个大庄，后来分的。

民国 32 年刚记事，俺这里收成不好，大旱，那年一直没下雨，麦子也没长，逃荒，俺那会儿 20 亩地，还不够纳公粮的。要给日本人的腰包，八路军也要吃饭，三支队、保安队，那个军队是中央军的三支队。赵振华是这边的兵，这边的官。

堂邑是无人区，咱这里人没跑，也下雨，俺这里稀松。不行，下得不大。种地不长，棉花好点的尽量卖，俺卖了头牛。这原来有一个堂邑人，在这儿说书的，他是逃荒过来的，后来回去了。

没听说过霍乱，过贱年没人得，就知道过贱年闹肚子。

文庄打得晚，前高占得早，那时候我才 7 岁，不记事。有点东西日本鬼子抢、摸、偷，我见过日本人，占领了前高，抓人给他们打围子，挖壕，锯树做围子，挡八路军用的。是八路军要砍头，咱穿的衣服不行，他说是八路军，要砍头。进村子，抓人、打人，踢俺父亲，俺父亲留着辫子。鬼子不多，就两车，他们地盘大了，雇中国人保护他，看守不干净的不行。

日本鬼子喝西头井里的水，他喝好水，不吃咱的饭，他们会做饭，带着大麦喂马。鬼子给你糖。老百姓也喝井里的水，不打水不行。

蚂蚱是第二年才闹的。那时日本鬼子已经走了。打蚂蚱，下点雨，都用笤帚，老的少的都去打蚂蚱。日本鬼子走后是八路军占的。

冷　庄

采访时间：2007 年 2 月 1 日
采访地点：东昌府区于集镇冷庄
采 访 人：陈福坤　梁建华　刁英月
被采访人：冷兴森（男　73 岁　属狗）

上过学，10 岁才上学，一会儿学，一会儿不学，乱的时候就不上了，有汉奸。

这以前也叫冷庄，以前属聊城县，解放后改为筑先县。

民国 31 年旱，没有構上麦子，没有水，收麦子时候只有一拃来高。民国 32 年也旱，我那年 10 岁，过麦的时候下了大雨，到秋天的时候都种上了，秋天收成很好，长得好庄稼。

民国 32 年，我家里有父母亲、弟弟，父亲弟兄三个，一大家人有十七八口，还有个老爷爷、奶奶，吃糠咽菜。民国 31 年这里也就有二百来口人，是饿跑的。

民国 31 年，这边有老些逃荒来的，从堂邑来的，在南边王关庙那，那有好多庙，逃荒来了不少人，有一户人家死得只剩下一个人，瘦得只剩一个大肚子，里面吃的青菜都可以看得见，在庙里死了好多人都没有人埋，和尚抬出来埋到了庙后面。民国32年春天生天花，老些人生天花，有活过来的，也有没活过来的，这都听老人说的。咱庄上没有老先生，孙庄上有一个老先生，姓孙的老先生来看过病，说是天花，咱这只死了一个，都活过来了。那一年老的少的都生天花，这一片都生天花，百十里的范围。也有种花的，种了也长。以前没有听说过，以后也没有听说过。

咱村北有个赵庄，有个围子，西北周庄，南边王关庙有个围子，也叫据点。民国31年秋里见过日本人，在东阿到聊城的公路上，在庄东边有个道路，见过七八辆汽车。听说是范筑先的女儿范二妮，在程铺把鬼子打了，然后鬼子到王庙开会。

见过鬼子塞给小孩糖吃，大人都跑了，小孩也拾日本人吃剩的罐头盒玩。那时候日本兵少，大部分是汉奸。周庄住四五个鬼子，周庄有个赵振华，那边有不到100口子人，有七八十口人，投了日本当汉奸。汉奸要的多，都要尽了，开始有吃的，后来汉奸弄得多，就没吃的了。

梁 庄

采访时间： 2008年10月1日
采访地点： 东昌府区于集镇梁庄
采访人： 薛 伟　杨文静　柳亚平
被采访人： 梁朝柱（男　76岁　属鸡）

我上过学。那会儿我十来岁，那会儿旱，这里下雨了，也下得不多，马颊河以东都下透雨了，能种上庄稼了，过麦都下透了，能种，一亩地收七八十斤麦子。要得

梁朝柱

多，剩的粮食少。那会儿见粮食少。

民国 32 年，堂邑县饿得很，到咱这的人都面黄肌瘦，没人样，三年没下透雨，那会儿孩子都撂着，就顾逃命。民国 32 年闹了蝗灾。

那会儿没啥病，没有传染病，没有听过霍乱，咱这没有。那会儿喝井水，砖井，都是自己打的，烧开了喝。

日本鬼子见过，闹腾得不厉害，日本人抓人，没活的，不叫干活，干活不就好了，我有个叔叔打过日本鬼子，那会儿待咱家牺牲了。咱八路军不待在县城里，那会儿都是两面，他们晚上挖路，县政府白天平路。

刘皋村

采访时间：2008 年 10 月 1 日
采访地点：东昌府区于集镇前高村
采访人：薛　伟　杨文静　柳亚平
被采访人：刘春荣（女　80 岁　属蛇）

刘春荣

我娘家是刘皋的，是于集镇的，过贱年时我十五六岁。

民国 31 年、32 年这没有上过水，没下雨，脚底也没水，这也没河也没沟，当时吃的盐都是地里刮的。

春天过贱年，靠天吃饭，没下雨，地里收成不好，打了四五布袋面，没有吃的了，到秋天收成就好了。堂邑人来这里逃荒，饿死了好多人。那会儿倒没病，咱村人都在家，没出去逃荒的，有病就加两个绿豆粒熬汤喝。没别的水，喝井水，有得水肿病的，吃野菜，浑身净肿，动不了了。

南边来的蚂蚱，看不见天，净是蚂蚱，谷子吃的都没了。

那时候当兵的一夜在这个庄，再一夜去另外一个庄。那年咱粗粮细粮都没见过，粮食都给烧了，牛都牵走了，当兵的在，鬼子就打你，汉奸闹，鬼子就一两个。咱都怕他，一说鬼子来了，都跑了，拿着包袱、牵上牛赶紧跑。鬼子吃鸡，生的也吃。

鬼子都是从聊城来的，待了十来年，戴铁帽子，穿大皮鞋，一听鬼子来了，就跳墙。

大贱年没下雨，没河也没沟。当时吃的盐都是地里刮的。

我15岁过贱年，日本没走，16岁他们走了，被打走了，是八路打的。见过带有红月亮的飞机。过鬼子的时候要在家门口上插上小旗，小旗是用三角形的纸，在上面贴上一个用红纸剪的红月亮。

前高村

采访时间：2008年10月1日

采访地点：东昌府区于集镇前高村

采 访 人：薛　伟　杨文静　柳亚平

被采访人：高恩远（男　79岁　属马）

高恩远

我上过学，上到十五六（岁）的，在高小。

过贱年不下雨，不记得是哪一年了，我那会儿11（岁），见过鬼子，还被他们打呢。还在这个庄上住着，鬼子住路北，住好户，那可不抓人，他不要东西，抓那些人干活呀，给他作伴，他也害怕。

八路军也见过，就在咱这住呢。

那年饿死的多，没多少病。咱喝井水，鬼子也喝。

采访时间： 2008 年 10 月 1 日

采访地点： 东昌府区于集镇前高村

采访人： 薛　伟　杨文静　柳亚平

被采访人： 梁桂兰（女　84 岁　属牛）

梁桂兰

18 岁嫁过来的，娘家在梁庄。

1943 年我家没地，旁人也没地，天旱，不下雨，更没吃的。我卖香，在城里卖，也卖点高粱，那会儿地少，嫁过来后没得吃，纺线卖钱，有几分卖几分。八九月份下了大雨，这边地洼淹了，高地淹不着，我嫁过来后淹的，那年年份不好。没听过有霍乱的，没有拉肚子的。

又闹蚂蚱，老百姓拿个布袋子去捕，一溜的黄蚂蚱，吃过去什么就都干净了，一点东西都没有了。

日本鬼子都住前高，打个围子住那，鬼子把小棉裤、棉袄抢去了。我见过日本人，俺的包袱让他们抢去了。他没抓人。

那时候没井，喝坑里的水，那水能喝，那都过来了。

西　杜

采访时间： 2008 年 10 月 1 日

采访地点： 东昌府区于集镇西杜

采访人： 李莎莎　王　瑞　钟冠男

被采访人： 杜仰成（男　84 岁　属牛）

我年轻时在部队，十三四岁当的兵，一直当到 25 岁，部队就在咱这一块，当时我在干连长，是聊城阳谷东阿大队的，我到过成都，从成都打中央军，又调回来打淮海战。

贱年时咱这儿没有逃荒的，人都当兵了，家里只有妇女。当兵能囫囵吃个饱，咱为了吃饱饭当的兵，当完兵就一直在庄稼地。没上过学，不识字。

过贱年知道，是 1943 年，我十几二十多了，这么多年了，都忘了。那年天旱，没下雨，地旱得没法种，小麦子长一手高就死了。鬼子来闹，粮食抢走了。家里饿着死的多了，小孩饿得在地上起不来。咱这儿饿死

杜仰成

的不多，属堂邑最多了，馆陶饿死的人也多。我们部队在那边经过，房子里都没人了，都饿死了。

咱这儿下大雨淹过，洪水没有，只有淹，淹得庄稼不长。贱年的时候净旱，不下雨。霍乱？没听说过那病，是传染病，咱这儿没有，上吐下泻，不严重的有，很少，人少。

蚂蚱，那多了，蝗虫，在俺地里把庄稼都吃光了，哪一年闹得我不记得了。挖一个坑往里轰，那时日本人已经走了。日本人，我和他们打过仗，咱这儿一片都打过仗，那时我 16 岁。日本人什么时候来的不知道，上咱这儿是 1931 年，1937 年进的聊城。成天在村子里，来扫荡，扫荡八路，然后活埋。抢东西，还有汉奸抢，打老百姓，在老百姓头上逼刺刀，咱们这儿是老根据地。那两年咱这儿没活路，都跑，成天跑。他们住在魏庄、刘池子，三里地、五里地一个围子，一直到城里，挖封锁沟，行军的时候叫老百姓挖的。鬼子 1945 年 5 月走的。

西靖村

采访时间： 2008 年 10 月 1 日
采访地点： 东昌府区于集镇西靖村
采访人： 张 伟 胡 琳 谢学说
被采访人： 刘鸿昌（男 85 岁 属鼠）

刘鸿昌

　　上过学，小学，不是私塾。民国 25 年，那年是国民党时期，上洋塾了，不是私塾，已经白话了，不是文话了，我上了四年。

　　民国 32 年是旱灾，天旱不下雨，那时候靠天吃饭，不像现在，那时不能浇地，没水，一春天就没下雨，麦子能收多少呢？麦子一亩地收五六十斤。第二年下的雨，当年下点小雨，一下，二指深，慌慌张张地耩了，一亩地十斤八斤的种子。那麦子这么高（三四十厘米）。那年没有下大雨。

　　这边，临清，还有堂邑是受灾荒最严重的地方，聊城向北那里是堂邑，再往北是临清，饿得死的死，跑的跑，成了无人区，你反正是走个三里五里的碰不着人，俺这边好点。

　　有逃荒的，下关外的，上东北的。那会儿，咱这，一逃荒就上北，老不上北，少不上南。逃荒咱这儿不多，堂邑、临清这会儿还闹灾荒，它那里是产棉区，不收粮食，它不产粮食，产棉花，到后来，你看，上咱这儿来卖么？你看，卖东西，一个八仙桌，一个好的才二十斤棒子，一个织布机十二斤棒子，它比饿死强啊，换一斤粮食。

　　当时，我那会儿，家里五口人，我，老妈妈，俺两个小孩，小孩少。咱这好点，产粮食。能维持生活。那边，产棉区，掺糠吃，吃的那个人啊，肚子愣大，身上愣瘦，吃糠咽菜的，他能胖？

　　那年最严重，饿死人，生活很苦。吃么？吃榆叶，树叶都吃过了，地里那草，只要不味的都吃。你说三斤棒子，掺这一大簸箕秕谷，吃那个，蒸那个干粮，它净草面子、糠、秕谷那类的东西。

没听说得病，霍乱病再早，我不记事哩，那时候就有了。得病，上哕下泻，我一个奶奶得霍乱死的，这是大灾之前，那时我小，刚记事，都躲霍乱，谁躲谁害怕。那个时候又没医生，净来的那个针法医生，扎针，给这个胳膊上一个青筋，扎住这个青筋，出黑血，就好。咱这喝的井水，烧开了喝。

洪水？那个洪水，闹过，那是经常闹，俺这里是黄河水，从前那些沟渠都没挖，连这些河道都没有，一开口就淹。灾荒年，它旱，旱得黄河里没水了。

这闹过蝗虫，已经解放了，能用飞机打蝗虫，飞机打药，人就赶。灾荒年没有。

灾荒时期，日本人还没哩，民国32年以后，日本鬼子进中国，也是个大贱年。日本鬼子，那会儿，得将近60年了吧。那时候人人都跑，都向南跑，连聊城的干部都跑，有跑了十来天，没事又回来的。范专员，范筑先，又回来了。劳工，咱这里没摊着，没抓到日本去的。我挨他20下子，中国人打的，翻译官。为啥打我？咱这里有共产党领导的游击队伍，革命根据地，他来了，他问你有姓么的吗？你说不说？不能说，咱答个不记哩，挨他20下子。日本人在咱这里，一个据点也就十个八个的，汉奸多。

衣 庄

采访时间：2008 年 10 月 4 日

采访地点：东昌府区于集镇衣庄

采 访 人：祝芳华　何草然　王海龙

被采访人：张泽洪（男　80 岁　属蛇）

我是张泽洪，我今年 80 整（岁），属小龙。

张泽洪

大贱年忘了，忘时间了，我记得有一年旱，堂邑最严重，这是听说的。我那会儿年轻，十几岁。不记得有人出去逃荒，咱这边没有，咱这边旱得轻，收成不很低。

日本鬼子的事记得一点，从东南来的，上聊城了，当时聊城还住着中央军，范筑先在那儿。日本人住城市，没来村子里，人都害怕，都没见过日本鬼子。抓劳工的没有，抓人给他做活去，补城墙，一个庄去不了几个，庄长催去的，做完活就回来了。汉奸有，几十口。

霍乱听说过，咱庄没有，大柳张有，日本鬼子没来的时候，俺这里还没什么的。那时候喝井水，半个庄一个井，西头吃一个井的水，东头吃一个井的水，水没什么事，日本人没放过什么东西，没来过。

来蚱蜢是六月，60 多年了，记不清了哪一年，应该是解放前。

中 杜

采访时间： 2008 年 10 月 1 日
采访地点： 东昌府区于集镇中杜
采 访 人： 李莎莎　王　瑞　钟冠男
被采访人： 杜尚明（男　81 岁　属龙）

我上过小学，上到了小学毕业，上了 5 年。

大贱年那会儿是民国 32 年，没收，旱，麦子没耩上，没收，秋天才下了雨，雨大不大记不清了，到秋天就种上粮食了。打蚂蚱还晚，闹蚂蚱是一九五几年的事。

霍乱不知道，俺不记得有上吐下泻抽筋死的人。

有发过大水，聊城被淹过，这上了两回水。不记得什么时候了，日本人在的时候没有发过大水。

杜尚明

那年粮食都让汉奸抢走了，俺这儿有饿死的，不是很多，堂邑那边的多，堂邑走得没人了，都让汉奸闹腾的。北边堂邑遭灾的人到这边来，给日本人当汉奸，抢东西吃。那会儿都挖封锁沟，一直到聊城，不让八路军行动。

有逃荒的，俺这儿不多，堂邑有人到这儿把孩子给别人的，逃到南边的多，去哪里的都有。

我见过日本人，穿黄衣服，说话听不懂，来的时候我记不清了，那时我十六七岁了。鬼子在这住了两年，上聊城是民国27年，日本人住在聊城，在魏庄安了据点，住了一个班16人，我和他们打过仗，那会儿兴治防抗日，治防是地方组织的。

张炉集镇

葛庄村

采访时间: 2007 年 1 月 30 日
采访地点: 东昌府区张炉集镇葛庄村
采 访 人: 刘明志　雒宏伟　李廷婷
被采访人: 高学玲（男　73 岁　属狗）

民国 32 年，是旱灾，麦子没种上，那时人死得多，饿死的，到秋天麦子只收了一半。一年饿死了二三十人，咱村那时有 270 多人。那时逃荒的多了，去河南的梁山县。

得病的倒不多，传染病倒没听说过，民国 32 年以前没有，以后也没有。霍乱没听说过，好像有过，不多，本村也有，就是冻着了感冒，那时我 26 岁。

八路军是在民国 37 年过来的，民国 32 年有，但没正式过来，人不多，都在西边。八路军那时做地下工作，跟日本干。那时候还有土匪，有老罗，有老郭。

在村子里没见过日本人。我们村刘新池的父亲被抓走了，也不知道去哪了。

那时飞机哪里有兵就往哪里扔炸弹，没扔过其他东西。

采访时间: 2007 年 1 月 30 日

采访地点: 东昌府区张炉集镇葛庄村

采 访 人: 刘明志 雒宏伟 李廷婷

被采访人: 解坤行(男 72 岁 属鼠)

解坤行

民国 32 年过贱年,我 7 岁。家里没吃的,我跑到我姨家去了,俺父亲和俺母亲都下河南去了,带着布卷子和粮食,种上麦子都搭进去了,赔了三升。咱这里那年没发过水。

那时候小孩得病的是洋麻疹,出疹子,一出来就死了,现在没那病了,也不种花痘了。村子得这病的多,孩子死了一半。那会儿传染不传染不知道,霍乱病这边没听说过。我三妹得麻疹的时候,那会儿呢,我五六岁,症状是它不多大,起一身疙瘩,过两天就死了,那时候叫麻风疹还是叫麻疹分不清楚,叫生疹子,也不啰也不泻。

日本鬼子打后王村的围子我见过,在墙头,夜里往里打枪,围子里当官的当兵的人都有。

黄沙会没听说过,有皇协(军),有八路军,一个地方有三家力量,那时候两面三刀的这种人很有能耐,混得好。

我上学时,上了几天,是老司机李登先教的我,教谚语。后来学的字,念了不少书,家里要劳力就不让念了。

采访时间: 2007 年 1 月 30 日

采访地点: 东昌府区张炉集镇葛庄村

采 访 人: 刘明志 雒宏伟 李廷婷

被采访人: 解清怀(男 94 岁 属虎)

民国 32 年过贱年,那时村里才三百来口人,现在有 500 多口人了。

那年挨饿，没少受罪，那时我受的罪大着哩，身上长了疮，吃糠，那时最大的问题就是挨饿。那时候没什么东西，没么，饿死了不少人。我那会儿是二三十岁，快30岁了，我来回跑着做买卖。贱年，没办法，把屋子的门都给卖了，没有东西，你就得挨饿。

解清怀

日本鬼子咋不上村里来？在村里住着，有人照应他们，有个翻译官，鬼子不给看病，就在这逛逛，也没给过吃的，鬼子在村里没杀人。我还送过日本人，把他送到范县去。

鬼子来时也没少受罪，在每个村的村边上搭上围子。在围子里跟鬼子干仗，八路军进来之后就盖炮庙，皇协（军）和鬼子攻打炮庙，打炮庙的人，这来一拨那来一拨，那时机关枪咣咣响，人都往外跑。八路军过来，鬼子就完了，被撵走了，三支队也走了。两边打仗，三支队把东昌府区围了，这边打一拨那边打一拨，不知是谁把堤挖了，这水一直到北京去了。

没听说过黄沙会，估计是黑道的。那时候皇协（军）也很孬，乱得很，你有么就给抢走了。皇协（军）闹还不咋的，后来就闹过贱年了，这个贱年就是皇协军给闹的，那时候走亲戚的路都没法过，老缺这来的多。那时候死的人不少，得病死的人多了去了，记不得哪一年了，得什么病不知道，症候记不清了，咱也不识字。有医生给治病的，有年纪了，打针吃药的都有。得病死的也有哕的，也有上吐下泻的，这个病有传染的，也有看好的。有些病死得急，死得急的有的是，也有不急的。我20（岁）结的婚，那时病有得是，只知道得病人有哕血的。我听说过不少人得过，我那时都有孩子了，那是八路军过来时才得的病，后来就没病得了。有一天我在地里种着麦子，别人来喊我，说我女儿死了，净哕净泻，有病时不抽筋，趴那就不动了，女儿死了有59年了，那时搬新家，就死在新家里了。

那时都喝井水，不喝河水。我五十来岁的时候，发过洪水。

那会儿飞机大的小的我见得多了，不记得谁的飞机。飞机往下扔炸弹，没听说过扔其他东西。

那时三支队在那修了个炮楼和共产党争地面，很乱，八路军过来就好了，享福了，地、牲畜都归公了。我没干过别的，就是喂头牛，犁地。

广胜店村

采访时间：2007 年 1 月 30 日
采访地点：东昌府区张炉集镇养老院
采 访 人：朱洪文　李秀红　李莎莎
被采访人：宋增田（男　94 岁　属虎）

我家原来住在广店村，一直归张炉集管。

我没上过学，在家里念过书，我老爷爷教我书，就是上过私塾。

民国 32 年那年大旱，没有蝗灾，没下雨，人都逃荒去了。

我跑到了宣化府，在那边炼铁，在日本人的工厂里做工人，那地方也归河北省。在那能吃饱，给工钱，管饭吃，给粮食，待遇也行。我是自己去的，在家饿得都没法了，家里人死的死，亡的亡，跑的不少，都是自行去的，下雨以后就都回来了。

那时候日本（人）就在宣化府那里住着，我不知道聊城城区是不是也有日本鬼子。我是解放以后回来的，不知道这边有没有发过瘟疫，这边的情况我不清楚。

我在日本工厂里干了有四五年、五六年。那里边中国人也有，日本人也在那里做工，那个工厂叫蒙兴制铁厂。当时在工厂里什么饭都吃，棒子面，芸豆面，什么面都吃，用铁木锨端着吃。

不知道霍乱病，工厂里有病的很少，也没人管。那会儿饿死的多了。八路军跟日本鬼子不断地打仗，在宣化府也打仗了，八路军打赢了。

李刘庄

采访时间： 2007 年 1 月 30 日

采访地点： 东昌府区张炉集镇辛庄村

采 访 人： 齐 飞 刘 群 常晓龙

被采访人： 张李氏（女 86 岁 属狗）

张李氏

我叫张李氏，今年 86 岁，属狗，原来在李刘庄，那年饿死了老多人，没听说过有拉肚子的。没吃的吃草叶子，有人饿得吃自己的手指头。那年没结一点东西，旱天不少，不长麦子，种上也不熟。

咱这那年没有蚂蚱灾。没听说过有发水的，没听说过开口子的，俺不知道。

日本兵在这也没干什么，叫俺们做饼，也没杀人，路过，叫俺把饼晾干装在袋子里。在肖庄抓过人，老缺被打死了。那时候还没有八路军，在这没有打过仗，咱这也没土匪。

连庄村

采访时间： 2007 年 1 月 30 日

采访地点： 东昌府区张炉集镇连庄村

采 访 人： 刘明志 雒宏伟 李廷婷

被采访人： 连玉代（男 72 岁 属猪）

我十八九岁就不在家了，上过高小，那时学校分初小、高小、初中、

高中。我念过《大学》《中庸》，四书五经，
那时是私人老师教的。我们的祖先大都是从
那个山西搬过来的，大约有 600 年了。

连玉代

民国 32 年最旱了，饿死的人多。那年
没种上麦子，野菜都吃光了，能充饥的都吃
了，家里粮食不够吃，逃荒的逃荒，要饭的
要饭，下河南，下东北，在农村哪家都有一
两个，有的去了河南，又叫人糊弄走了，尤
其东北的，我一个大爷去了之后没回来，俺
大爷大娘都是那时死的。得霍乱病的倒没有
什么严重的。

日本鬼子来的时候跟我娘生我的时候差不多，他们一来吓得老百姓到
处跑，跑到庄稼地里去。有汉奸土匪，河西有，那些人到村民家抢啊杀
呀，那时地方的头头有王奎义、郭培德。

那时共产党也在河西的多，离这儿有二三十里路，离聊城近多了。

上水的事情我不清楚，没听老人讲过，传染病没听说过，有个别老人
传说过。

飞机见过，有往下扔东西的，解放聊城时，国民党的飞机往下扔炸
弹，有往下扔东西的。

解放后在电影上看过日本人拿共产党那个人做实验。

米炉村

采访时间： 2007 年 1 月 30 日

采访地点： 东昌府区张炉集镇养老院

采 访 人： 朱洪文　李秀红　李莎莎

被采访人： 殷金友（男　69 岁　属虎）

我家是米炉的，米炉一直属于张炉集，1950 年那会儿属于沙镇。上过两天小学，也算毕业了，也算没毕业，没毕业证。

民国 32 年的事我也多少知道点，那年夏季没收好，旱，遭了贱年，人死得多，有蝗灾，不严重，到后来过去了。秋季那一季谷子收的倒不孬，那年主要是旱的。

听说有个卖人市，在临清，净买女的，上河南、江南，拣好女的都给带走了，给人家当媳妇去了。

咱米炉街，民国 32 年那年光死人死了 80 口，饿死的。俺去东北的六个，走后都回来了，俺是 1950 年回来的。民国 32 年那年我 6 岁，十一月就下东北了，吃了那里的水，长大骨头节，五六岁的小孩都毁了。当时我在吉林省磐石县，吉林省最南端。那会儿谁管哎，乱的。

霍乱的人跟鸡一样，在鸡窝里好好的，一早起来就是死的。那会儿俺这里没得的，霍乱病在日本进中国的时候，进来以后到七七事变，中国人跟日本人打仗那个阶段，那会儿遭了霍乱病，这是 1938 年、1939 年在东北引起的。

我走之前这里净土匪，就郭伯德那一伙，他们是汉奸，杂牌队伍。八路军搞游击战。

我见过日本鬼子，民国 32 年那年我 6 岁，我记事记得早，那会儿日本鬼子乱住，在这里过，就是大扫荡。那会儿还没有动刀动枪的，净中国人干的，中国人是二鬼子，中国人给他当狗腿子的就是二鬼子，皇协（军），日本人没干什么坏事。

在 1943 年那年有抓劳工的，从咱聊城，往东北、日本那里去，给日本人干活去。那些人有的回来了，有的没回来，有的是自己逃回来的，到沈阳那里干活，晚上跑了。见过从日本逃回来的人，这会儿没一个了，咱那里抓了三四个哩，都是劳力。也有上年纪的，也有年轻的，都是强行抓人，就在咱这，我亲眼见过。

听过黄沙会，练的那个道，喝了符，能撑几个钟头，刀枪不入，也就那一阵，有瘴气，符烧了，喝进去。那会儿有 72 个道，道道有门。什么白莲教、黄沙会都是中国人。他也是自己唬自己，一扎一个疙瘩，扎不进去。他这个符里有朱砂，使的金毛笔写，写的什么字咱也看不懂。那时候还有白莲教，闹不大清，就在这里，反清复明，那会儿很多人迷信。

民国 32 年那会儿还有三支队，是杂牌支队，也就是老缺。那会儿年轻的老些干这个的，也都是为穷所迫，围子里净住着他们，在谢家、李海，后王家也有。

辛庄村

采访时间： 2006 年 1 月 29 日

采访地点： 东昌府区张炉集镇辛庄村

采 访 人： 齐 飞 刘 群 常晓龙

被采访人： 李令凡（男　82 岁　属鼠）

李令凡

我叫李令凡，82 岁，属鼠。

民国 32 年是过贱年，这个村那年苦啊，没少饿死人。大家都吃糠咽菜，有的吃棉种，吃多了消化不了就死了。大军一来，老百姓能抢点粮食就吃，赶紧吃到肚里头。

头年种的棒子余了一斗，第二年种上棒子后，只下了四指雨，那以后就没下过。那会儿靠天吃饭，吃井水都困难，种麦子时也没下雨，麦子也没种上。过贱年，后来麦子收了，以后生活就都吃饱了，没有上吐下泻的现象了，后来就只剩健康的了。那会儿倒没有蝗虫，谷子都熟了。

日本人有时候到村里闹，堂邑有 30 多个人，有些叫皇协（军）扶着他，要吃要喝的。那会儿无法无天，上面谁管这个，饿了就整点吃的。俺村没让人给抓的，俺村往西的松庄抓到关外的有一个人。

当时民国 32 年到秋以后，才发觉河西有红军到这边有点活动。土匪也有很多，白天鬼子多，晚上抢东西，人们都穷啊，抢东西，要钱，不给他要收拾你。

以后有了个黄沙会，没枪炮，是庄稼人跟着闹。沈鸿烈组织农民起义，是对付土匪皇协的，"沈鸿烈下冠县，一片红"，是给农民办好事的。

我见过日本人的飞机，是小战斗机炸人的，我见过三叉飞机在堂邑县轰炸，堂邑那时还没有解放，没有看见撒别的东西。

采访时间：2006 年 1 月 30 日
采访地点：东昌府区张炉集镇辛庄村
采 访 人：齐 飞 刘 群 常晓龙
被采访人：苏金玉（女 87 岁 属鸡）

苏金玉

我叫苏金玉，87（岁），属鸡。

民国 32 年灾荒年，我在家没出去过，没死掉。那会儿有病死的，宋秀珍她得了病就死了。还有饿死的，人都吃糠咽菜，很贫苦，咋死的人都有，那会儿死的人多了去了。

五月下了一场雨，就再也没下过，小棒子只有一点，后来活了一部分人。后来挖了河就有了水，都吃上饭了，还开了一些井。

见过鬼子，还常来，他们往堂邑，在村里路过，到家里要公粮，穿的绿军装，帽子檐小。日本人有戴口罩的，有不戴口罩的，没见过他们打针。

那时候都说要成立黄河会，到城里去，后来人都散了，扛着红缨枪去的。

采访时间：2007 年 1 月 30 日

采访地点：东昌府区张炉集镇辛庄村

采访人：齐 飞 刘 群 常晓龙

被采访人：张德怀（男 62 岁 属狗）

张德怀

我叫张德怀，属狗，62 岁。

1943 年没下雨，没种上麦子，第二年没吃的，就吃草根，树皮。到处是要饭的，抢东西的，挨街要。有下河南的，有上东北的，咱这的去河南要饭。那年一斗粮食能换一亩地。

堂邑西边知道放马滩，那边死得都没有人了，什么都没有，都是饿的，病倒没听过，他们说过，有得霍乱的。

我本人没见过日本人，听他们老人说，国民党为了阻止日本人上南京，炸了黄河大堤，要淹死日本人，但没有淹到咱这。

这有马贺支部，赵健是咱领导的游击队，魏县领导的。这是我父亲说的，是不是 1943 年我不知道，拜年那时候，他们住在文庙偷袭了日本人，日本鬼子很惨，他们放狼狗把人的肉咬下来。八路军的老窝那时候有三个镇。

张 庄

采访时间：2007 年 1 月 30 日

采访地点：东昌府区张炉集镇养老院

采 访 人：朱洪文 李秀红 李莎莎

被采访人：张合全（男 79 岁 属龙）

我上过小学。我现在认的字都忘了。

我 14 岁参加八路军，（参加）抗日战争，我是二纵队的，杨勇司令领导，参加战役的有三四个团哩。1942 年在阳谷打过仗，1945 年在聊城打的日本鬼子，1948 年参加过淮海战役，在大王庄渡江，在河南省渡的长江，1950 年 6 月参加了抗美援朝，彭德怀领导，我在三八九旅，打到抗美援朝结束后才回来的。朝鲜说话咱不懂，那边的老大娘，对咱志愿军友好。

民国 32 年是大旱年，旱年过去了又有了蝗灾，蚂蚱多，过蚂蚱，黑家白夜里过，嗡嗡的。

霍乱不知道哪年了，忘了，听说过，咱没从那里过过。在阳谷那里听说的，就死人哎，一天赶巧就能死个百八十。那时候人也看病，预防，就是打预防针。医生给打针，是西医。有打的，有不打的，有敢的，有不敢的，有愿意打的，也有不叫打的。不叫打的是他个人不叫打。医生是咱中国人，也会说日本话。那时还没解放，1942 年、1943 年都有霍乱，在堂邑这里，张炉集这一块儿不知道。

那时候莘县、阳谷有日本鬼子，聊城也有，八路军就是咱，在盘度（音）、徐桥（音）、阳谷住，范筑先在聊城死的。我老家是张庄的，杨勇司令带着，弄了好几个城市，咱跟着他，后来打了聊城、堂邑、冠县、莘县。

当时我没在家，在家鬼子就抓我了。这边也闹土匪，就是三亮毛鹰子，他是头，是腾庄的。到哪里就砸锅，打老百姓，骂老百姓，抓人。日本人在这边抓过苦力，支到汽车上去，就带走，叫你上东北，挑土的，在日本那里挑土篮子，修路。

有黄沙会，也是一个组织，红枪会就是黄沙会，他们是一个。红枪会就是不吃这，不吃那，黄沙会打八路军，是土匪。这会儿现在都没有了，人都死了。这些人里听日本人的，是汉奸。

镇中心

采访时间： 2007 年 1 月 30 日
采访地点： 东昌府区张炉集镇中心
采 访 人： 朱洪文　李秀红　李莎莎
被采访人： 连换城（女　81 岁　属兔）

没念过书，17 岁就嫁到这里了。18 岁的时候，民国 32 年过贱年，大旱后又有蝗灾，蝗灾厉害，人都拿着杆子、簸箕打。那年没有霍乱病。

那时候日本鬼子在城里，在谢海、堂邑。日本鬼子路过这里，没有进村，没有抓人。

那时候八路军住在西乡，黄沙会在河西，离这里 30 多里地，在堂邑。

采访时间： 2007 年 1 月 30 日
采访地点： 东昌府区张炉集镇中心
采 访 人： 朱洪文　李秀红　李莎莎
被采访人： 田秀兰（女　75 岁　属猴）

民国 32 年我见过日本人，见过日本从飞机上扔饼干，吃了没事。那年我 12（岁），饼干可能是给被困的日本兵的，咱都上那里抢去，没听说有事的。

那时候我是大围女，不敢出门，在聊城闹的主要是皇协。

我十四五岁的时候打的聊城，在西南一二十里的李海打过仗。

郑 家 镇

大孙村

采访时间： 2007 年 1 月 30 日

采访地点： 东昌府区郑家镇大孙村

采访人： 白 玉 付 昆 张 易

被采访人： 孙来朋（男 76 岁 属羊）

孙来朋（中）

　　从小在这长大，农民，没念过书。

　　民国 32 年旱，以前就老是旱，没收，没下雨，过了年到十月份才下雨。

　　饿死老些人，有些逃荒的，我没逃，俺家都到东北了，东北好混一点。跑东北，到河南，哪里好上哪里去。到了下了雨能种庄稼，就回来了。

　　没有生病的，没有，俺在的时候没有霍乱，就有饿死的，没啥大病。都是种地，那会儿有的吃饱有的吃不饱。灾荒以后就都吃饭了。

　　有三支队，这住的是七旅，王庄住的是八旅，搜刮民财，先拿锁，再要粮，家里的东西都拿走了，说没有，他要来翻。要说应付他，他一来，咱八路军就打他，老百姓都恨他。

　　日本人来过，我那时候小，7 岁，他来了，俺这人都跑，没有杀人，待了一会就走了，住了一晚上就走了。没有发罐头，他不给。

这也住过八路，那时候住八路住得多。十来岁的时候，八路军来了，在这边打过仗，打三支队，算打败了，也算没打败。打完以后，八路军又走了。

采访时间：2007年1月30日
采访地点：东昌府区郑家镇大孙村
采访人：白　玉　张　翼　付　昆
被采访人：孙学义（男　82岁　属虎）
　　　　　孙兆旺（男　71岁　属牛）

前排左起：孙学义、孙来朋、孙兆旺

我就是这里的，没有离开过。

民国32年我那会儿逃难，那时不下雨，旱，粮食没收。饿死的也有小孩也有大人，我逃河南了。

大旱年以后发过水，以后没淹过，以前淹过，没有决过口。

也没生过什么病，都是饿死的，我那时候走了，逃到河南了，人都往外跑。庄稼人谁有能耐，抗不了。

那时候没有组织自卫队，我没见过，是自愿，我没参加过。民团，那不清楚，周围没人参加民团，都没了，80多岁，都不在了。那会儿没有八路军。

郭　庄

采访时间： 2007 年 1 月 29 日
采访地点： 东昌府区老年公寓
采 访 人： 范　云　刘金盼　焦延卿
被采访人： 郭春贤（男　83 岁　属牛
　　　　　　　原堂邑县郭庄）

郭春贤

我上过小学，上了三年小学。

民国 32 年是大灾荒，是最困难的时候，这西边以西是堂邑县，堂邑县那会儿按旧社会说是第六乡，现在都不是，现在是郑家镇。

灾荒年是大旱年，没下雨，1942 年那一年没种上麦子，因为天旱，棒子也没收成。1943 年成了大灾荒年了。没下雨，二三月下的雨，谷子高粱能种上了。晒青米时，天气还好点，谷子、高粱、棒子都能收点，院子里那种几个枣，七月份下雨了，下雨下得不很长，不是很大，庄稼都挺旺盛。

灾荒，死人很多，关键问题，死的原因是么呢？为什么那么困难？日本人在那扰乱市场，天不下雨，靠天吃饭，皇协（军）、烂支队闹哄，粮食都让他们抢去了。皇协（军）是给日本人干的，帮着日本人，是中国人，叫汉奸。

闹灾荒后都没么吃，年轻的都外出，有年纪的都在家里，多数是饿死的。俺村往西都没人了，有年纪的死家里，年轻的都外逃，有往东北的，有上河南的，有上关外的。那时生活条件差，吃糠咽菜，得那病三五天都死了，瘦得跟鸡似的，光骨头。得病就死啦，吃不好喝不好。

那不详细（清楚）什么病，人老了以后，附近有医生，农村的医生只看小病，不是大医院那样的，吃汤药。霍乱那个事那我记不详细。这个事当时我不详细，多数是饿死的。人身体不强壮，得病要死，我们家有，我父亲得病死的。那时候我在北京，我是1944年阴历七月份回的，头年1943年走的，民国32年都记得。村里患霍乱抽筋的没见过，死人时我在北京。不知道叫什么病，那是叫阴病，也闹不清叫什么病，医疗条件差，闹不清什么病，俺村死了60口人，那时候有五六百人，死了都埋了。记得上面说叫把井盖盖住，有坏人撒怪东西，要人的命啊还是什么的。

村里没有日本人，堂邑城里有日本人。我见过日本人，日本人穿黄衣裳，皇协（军）穿绿衣裳，帮助日本人，那是汉奸。来过村里，咋没来过，不能经常去，要粮食要东西，村里有村长，给人要送粮食去，不给他粮食他有怨言，皇协（军）跟农民要粮食要吃的，不给他粮食他打人，毁人，当时没杀人，要么就给点么，他还杀人？不杀人。那会儿是这，皇协（军）上这来要，八路军的游击队也在这里住过。

日本人的作风是烧杀奸淫，无所不干，（推行）"三光"政策。村民都跑，跑得七八里地，外逃，跑了再回来。皇协（军）跟着日本人抢东西，皇协（军）要，日本人不要东西，撺八路军，游击队，我不在村里。日本人在村里，没抓人干活去，皇协（军）组织人打围子，不给他干不行啊。八路军有，那会儿没国民党，都上南方去啦，这有游击队、马贺支队。皇协（军）、烂支队都是土匪，皇协（军）土匪都是抢么要么。

飞机不断见，我见过飞机，两个带翅膀，天空飞，没见撒东西。1945年日本投降以后没来过，不能经常上这里来，路过时来。日本人跟人要东西，没检查身体，日本人是坏东西，为啥抢救人？

八路军在城外，日本人少的时候打一下，多的时候就跑，堂邑镇杀死了一个日本人，打死了 30 个日本人，剩一个日本人说没打死，躺在死人堆里。八路军是二十二团，大批的队伍，后来皇协（军）都走了。

这有河也没水，有河也用不起来，没机器，没下什么雨，没发过水，堂邑东边没有发水。都喝井水，钻井水，挖井，烧开喝，没盖。井水里听说过有撒（药）的，俺村没有，我不经常在村里，在县城里，没有听过决口，那年没水，旱成那样没水。

郭子祥村

采访时间：2007 年 1 月 30 日

采访地点：东昌府区郑家镇郭子祥村

采 访 人：李　琳　姜国栋　刘婷婷

被采访人：郭连春（男　80 岁　属龙）

郭连春

我原来就住在郭子祥，那时候属温集区，上过两年私塾，念的四书五经，光背，不写，学《百家姓》《三字经》《上论》《下论》。

民国 32 年我那时小，十来岁，过贱年，村里饿死了老些人，麦子没种上，一直没下雨，那会儿又不能浇，没种上一季麦子。没闹蝗虫，吃榆树叶。

过贱年没吃的，人就下东北要饭去。那年我跟父母在家，俺哥嫂一家出去了，下关外了，春天去的，到秋天回来了。

那时候白周家、张集、谢家、后田、蒋庄净围子，这一趟有五个围子，刘团长属于烂支队，杂牌军，占了这五个围子。过贱年人都没吃的，跟着他甬管咋，能抢点粮食。围子有门，老宽，他怕你打他，你过不去。南边是七旅八旅的围子，他是北边齐子修的兵。八旅搁南边林海占着，七旅打商镇搁商镇占着。临家海原先有围子，那有老缺，庄稼人怕老缺，庄稼人打的围子。八路军围八旅围了得有半年，二十九团打也打不进去，就围着，不让他出来，眼看快投降了。

郑家有个大岗子，卧龙岗，老高，比房子还高，土的，刮风自然形成的，鬼子搁那，岗子南净树，跟宋家挨着，宋家有八路军骑兵连，皇协（军）一看八路军来了，就跑了。二十团的八路军把鬼子前后围住堵死了，最后把鬼子打死了。这是卧龙岗战役，离这就里把地，郑家前面那一趟房子就是原先的卧龙岗。二十团一看把鬼子消灭了，就撤走了，往河西去了，他怕鬼子再来多了打不过了，也不围七旅了，都撤走了，围子里的人出来了。

1943 年咱这有土匪，土匪就是老缺，抢东西，架户，架好户，把你逮了去，拿钱赎，不拿钱不叫出来，路湾有土匪头，叫火车头。范筑先把老齐，还有土匪头给收了，老齐是国民党二十九军北京那边打仗闪下的人。范筑先在聊城有个保安队，他打聊城的时候计划得不孬，兵守在外边，等鬼子进来再围起来打，他收的这些土匪兵不好，鬼子一来，外边的人都跑了，不打了，把他留城里了，他出不来了。聊城失守后，八路军来了，改成筑先县，为了纪念他。

那时候咱这也有黄沙会，他烧香求神，说刀枪不入。白天干活，后响整这些事，是谢家的刘团组织的，为了保护他自个儿。也叫红枪会，拿红缨枪，他一打枪，红枪会就去，郑家这块都有，真打的时候一个也没了。

鬼子搁堂邑温集住着，就皇协（军）下来要么。鬼子扫荡来的时候，咱老百姓见了就跑。日本鬼子穿黄衣裳，不穿白大褂，没见过日本人往井里下东西。日本人不在这里吃，他不喝咱的水，日本鬼子不给咱吃的，给小孩东西吃，糖块啊，枣啊的，一般的也见不着小孩，他一来咱就跑了。

见过日本人的飞机，飞得高，也看不见么，没听说往下扔什么东西。他们抓劳工都抓到关外去了，咱村没抓的，苇园有，他们有回来的，现在都没了，死了。老黑跑回来了，后来又当八路了，这会儿死了，跟他一块去的那俩没信儿了，不知死哪里了。

没听说得霍乱，那会儿哩，有个病死了就说是霍乱，谁也不知道。没听说有拉肚子。没记得得霍乱的，也没记得得伤寒，苇园那也没听过。反正就饿死的多，那会儿咱村里三百来口人，连逃荒走了的，去了一半子，剩下一百来口待家里。现在郭子祥有 1000 多人。

发大水那年淹聊城，那在过贱年以前，坐城墙上都能够找水了。打聊城往俺这来，坐船一直坐到张集东边，净水。那会儿鬼子还没占聊城。那回下大雨把聊城淹了，聊城洼，没河，水走不了，这高，这没事。没听过鬼子挖河堤。

采访时间：2007 年 2 月 1 日
采访地点：东昌府区沙镇养老院
采 访 人：吴晨虹　魏　涛　李　龙　孙天舒
被采访人：郭桂英（女　80 岁　属龙）

小时候住在郭子祥家，过贱年我也在郭子祥家。我上河南要饭去了，去了两个月。

60 多年了，那时才 16（岁）。记得发大水，那边水大，这边水小，高粱都砍了，水都到小腿肚了，是过贱年，民国 32 年。

下大雨没听说决堤，不记得下了多久的雨，已经收下的棒子都沤白了。

没听说过霍乱，那庄穷，没听说。那年吃菜，吃黑窝窝，棉种皮子、小枣做的。

不记得鬼子扫没扫荡，房子给烧了，烧了大窟窿，回来之后，被子什么的都没了，被鬼子拿走了。

没见过穿白大褂的日本鬼子，没见过检查身体的，没见过空投东西的。

莫 庄

采访时间： 2007 年 1 月 30 日

采访地点： 山东省聊城东昌府区郑家镇莫庄

采 访 人： 姚一村　王穆岩　刘　英　杨兴茹

被采访人： 郭成明（男　77 岁　属羊）

郭成明

一直在这住，这一直叫莫庄，从元朝就叫这名，原来属堂邑。我念过三四年书，学的四书，私人的学校。

民国 32 年记得，12 岁，我饿跑了，上了沈阳，阴历九月十三日走的。那年各庄都没剩多少人了，这村剩了十来个人，河西的冠县旱得还厉害。

没听说过霍乱，那时候净饿死的，还有全家饿死的。上吐下泻的没有。我在沈阳病了，我病得的早，发烧，头疼，病了一个来月，不知道烧多少度，肚子不疼。别人也得这病，净咱这去的人得，人家那的人不得，跟水土有关，沈阳七八百里地都这病，我去的是磨盘山，磐石县。

民国 32 年一直不下雨，没种上麦子，从五月就开始旱了。我走的早，这边最后走得剩了十来个人。我是民国 33 年七月回来的，民国 33 年四月初八下了雨，这不是小事，所以我记得具体日子。

民国 33 年七月份闹了蝗虫，吃的不少，吃了一小半，闹得厉害，那时候没农药，没长翅的时候就赶壕里，捣死，长翅就只能撵。

民国 32 年是旱灾，没大水，这边就是马颊河上过几次水，民国 26 年上过水，水大，场院里有一尺来深，河沿下面有一人多深，开口子了，正西也开，温集也开，冲开的。

我见过鬼子，温集好几个，鬼子一般不来村，不大出门，就是土匪、皇协（军）厉害，还有杂支队，多数是老蒋的，属于中央军，三支队是老齐的。

有黄沙会，头在路湾儿，郑家西南几十里，头儿是孙七、孙八，是治安军，也是皇协（军），名义上保护百姓，挺厉害。老百姓当黄沙会的兵，不抢，迷信，刀枪不入，喝符，黄表写上么，烧了喝那灰儿，那都是假的。他们比皇协（军）好点儿，一家一杆红缨枪，撑了十来年，八路来了就把黄沙会消灭了。

前景屯村

采访时间： 2007 年 1 月 30 日
采访地点： 东昌府区郑家镇前景屯村
采 访 人： 姚一村　王穆岩　刘　英　杨兴茹
被采访人： 黄露英（女　92 岁　属龙）

1943 年俺家里一个人都没有了，光留一狗看家，咱这人上南上北的都有。

得病的不多，家里东西都偷净了，不是土匪，恶民偷的。

这边上大水多了，七月里，我那时候顶多 32 岁，谷子、高粱都浸水了，不知哪来的，马颊河水来不到这。

采访时间： 2007 年 1 月 30 日
采访地点： 东昌府区郑家镇前景屯村
采 访 人： 姚一村　王穆岩　刘　英　杨兴茹
被采访人： 景长顺（男　78 岁　属马）

民国 32 年春天我弟兄俩人逃荒了，逃荒到了河南的梁山县。这边那年饿死好些人，村里没吃的，吃树叶、灰灰菜、棉种。除柏树叶、枣树叶，都吃，连柳树叶、榆树叶都吃了。

这个村里有两家小地主，有三四百亩地，包产，打1000斤，给人700斤，自己留300斤，地主拿种子。

马颊河往西那时候是无人区，一村没有五家人，属于冠县。1943年死人是闹灾荒闹的，没收庄稼，土匪抢，断不了。

日本鬼子有，少，一个一个的围子，主要是皇协（军）多。老齐、栾秃子都在这，谁来了谁是大哥。那时候范筑先守聊城抗日，没守住，下边人说"走吧走吧"，他宁死不走。

黄沙会是民团，那时候老缺逮各户的人，民团主要是庄稼人，扛红缨枪，快枪，老缺没民团多。黄沙会是上级派的，不知道为么叫黄沙会，势力不大。

没听说霍乱。没见过飞机往下撒东西。

景长顺

采访时间：2007年1月30日
采访地点：东昌府区郑家镇前景屯村
采 访 人：姚一村　王穆岩　刘　英　杨兴茹
被采访人：宋常英（女　84岁　属猪）

娘家是蔡庄的，在东南边3里地。没上过学，那时候家里过得穷，女的也要上树，干活，家里没让裹脚。

记得过贱年，旱，头一年没种上麦子，棒子、高粱都捂穗里了，地里收成薄，人没粮食吃，菜都没有。

宋常英

这原来属堂邑县，就这周遭死的不少，咱这就是无人区。逃到梁山就饿不死，人都坐火车上了东北，逃山沟里，在那给人种地。在家卖点，有了钱就能坐火车，那时候车费很少。人都往东北、河南逃荒，我在那边住了一年多，下了雨才回来的，民国32年秋天走的，后来又上东北住了15年。

民国32年没听说病，死人净饿死的，有水肿病。霍乱还在先，听说正东元庄病的多，得霍乱死了不少人，那会儿我还小，不知道为啥得，挺多。病症记不得了，净扎针，那会儿大夫又不好，具体闹不清。水肿是过了1958年以后。

我见过日本人，在家里就见过，从这过，抢粮食喂马，有骑马的，有步走的。日本飞机在堂邑撒过炸弹。温集有日本的围子，也有皇协（军），马颊河西边的关庙，也是个围子，住着日本人，围子就是把村周围用墙围起来的。鬼子不好，逮小鸡，牵大牛，把牛烧着吃了，把牛撂在花轱辘车上烧，血糊淋拉的就吃。日本人抓苦工，有个老头好拾粪，叫逮住了，带到马桥南，后来放回来了，没抓到日本的。日本人没留村里什么东西，日本一退就净八路军了。

黄沙会是日本人来以前的，保护老贫农的，啥也干不成，扛着红缨子枪，赶坏人，打老缺。黄沙会人多，净咱老百姓，一听见动静都出去。黄沙会的枪（注：直径4厘米，被采访人比画的）有5尺多高，铁枪头，铁锨打的枪头。

苇园村

采访时间：2007年1月30日
采访地点：东昌府区郑家镇苇园村
采 访 人：姜国栋　李　琳　刘婷婷
被采访人：于宗范（男　79岁　属蛇）

念过小学，念四书，后来又跟八路念，小学毕业念高小。12（岁）结的婚。

于宗范

俺这是沙地，民国32年的时候能种上庄稼，还能撑着，没大跑的，人都吃树叶，吃棉种。

那会儿年轻，光知道霍乱死得快，热的，都这样说，有个人打了几挑水就上地里干活去，热得就死了。这是过贱年的事，就他一个人，其他人都是饿死的。这里原来有四百来口人。有的人饿极了就去修围子，人家给他粮食，吃过了有撑死的。

日本人进过咱这村，中国人孬，日本人倒不孬。我那屋里衣裳么的都让皇协（军）抢走了，我得的谷子，日本人枕着睡都没要。皇协（军）来了，我跑出去了，有没跑出去的，让皇协（军）打得叫爹叫娘。皇协（军）抢东西，日本鬼子不要东西，就抢鸡吃，他喝咱的水。皇协（军）连庄上的牛都牵着走了。日本人不杀人，皇协（军）杀咱，中国人打中国人，日本人说话，庄稼人不懂，皇协（军）他听日本（人）的。

皇协（军）来给群众照过相，没说干么，一个一个照，都照了，在张楼照的，不知道旁边有没日本人，没检查身体，照完没出什么事，照片没发。

那年飞机一群群的，是过贱年的时候看见的，炸了靳屯。灾荒年前一年，飞来一个大飞机，转悠一会，又来一群小飞机，扔炮，也不大，炸不着么，没炸死人，那会儿咱小，一见飞机来了就钻屋里去了，不敢看。

日本鬼子那时候可猖狂了，扫荡，围八路军。进聊城，约摸打东头进，范专员死守聊城，俺舅在东门把着，等不着日本人，正做着饭，刚开锅，日本鬼子打南头进了，范专员死了，俺舅领着他们跑了。那些共产党的文件打仗前三天就拉走了，拉到了赵建民那，赵建民占着冠县那片，他是共产党员，灾荒的时候都不敢说，日本人不知道咱村里有党员。

咱庄上那时候倒没土匪，家家有红缨枪，是范专员搞的民团，那时候日本鬼子还没来，这儿乱，没国军，民团占围子。20亩地一个人，一个人一杆枪，我舅是个团长。

这里西头抓了仨劳工，抓到东三省修煤窑去了，有一个回来的。那时候有人和他们说："给你20块钱，你跟我干活去。"就把他们骗走了。

过了贱年后，又有了蚂蚱，晌午头里蚂蚱从北往南飞，都看不见太阳，吃谷叶子。毛主席刚过来，咱这解放，济南还没。没人吃蚂蚱，有老些野兔子，有逮兔子吃的。

温集村

采访时间：2007 年 1 月 30 日
采访地点：东昌府区郑家镇温集村
采 访 人：姚一村　王穆岩　刘　英　杨兴茹
被采访人：温广贵（男　88 岁　属猴）

温广贵

一直住温集，念过三两年书，国民党办学，学洋书。

那时候饿，天不下雨，不收粮食。都逃荒了，逃到河南，民国 32 年秋后去的。我们这片没有霍乱这个病，我出去了，去河南了，也不记得有病的。

我是黄沙会的，枪扎不进去，能避枪子儿，大家一起在那求神，不磕头，合着眼，求关公，周仓。红缨子（比画约 30 厘米长）枪。我那时才十五六岁，具体做了什么，我忘了，只在了年把就不在了。

西王村

采访时间： 2008 年 10 月 4 日

采访地点： 东昌府区道口铺镇邵屯

采访人： 薛　伟　杨文静　柳亚平

被采访人： 李桂芳（女　75 岁　属狗）

李桂芳

　　娘家是西王，距这有 20 里地，过了 1959 年嫁过来的，1958 年还在娘家那里。我家里那会儿人倒不少，有 13 口人，30 亩地，够吃的，到过贱年就都没收的了。

　　过贱年那会儿我都 26（岁）了，那会儿收成不好，不够吃的，就数那年不好。有下河南去的，西王也有去的，也有上关外的，俺哥哥跟俺嫂子去关外了，后来回来了。

　　我记得那年蚂蚱不少，传染病倒没记得，那会儿有扎针的。

　　见过日本鬼子，我那会儿还小，我是见过日本鬼子，那庄也去过，抢东西倒没注意，村里倒没有二鬼子。抓人我不记得了，这些年了，我都记不清了，那时候人都害怕，都藏起来了，关门，往地里跑。

朱老庄乡

草庙李村

采访时间: 2008 年 10 月 3 日

采访地点: 东昌府区朱老庄乡草庙李村

采 访 人: 祝芳华　王海龙　何草然

被采访人: 庞怀胜（男　81 岁　属蛇）

庞怀胜

我叫庞怀胜,今年 81（岁）,属小龙。

可记不得大贱年,可不记得? 那一年我就八九岁。

民国 32 年,那一年大贱年啊,大贱年堂邑重,咱这儿还好点。到秋里就不行了,秋里没收么,棒子什么的没收。吃的喝的那年都不大行,吃菜叶子。那时候靠天吃饭,没水又不能浇。那年秋后耩麦子时下大雨了。

后来秋天的时候,蚱蜢遮天蔽日,具体时间记不清楚了。

俺这里到秋后都上河南了。俺村里那会儿得有 200 多口,有逃上黑龙江的,下关外的多,逃的人没一半,就几户,都不回来了,在那边落户了,有回来看看又回去了。

没听说过有大的流行病,没有霍乱病,没有上哕下泻的,跑茅子的有。那会儿村里有一口大井,都喝那口井的水,没发生什么病。

日本鬼子那时的事，咋没听见过，当时在聊城住着，咱这儿不大来。鬼子从这路过，有个哥哥叫庞怀真，日本人说他是八路，给在大吴那地里捅死了。

汉奸，咱这儿是汉奸，汉奸咋不多？来过村里，要东西，要钱，要鸡、羊，不要粮食。抢东西，小羊、小鸡的，有个驴也给牵走了。俺村上没抓过劳工，也没听说过其他村里有。没听说过日本人给吃的。

采访时间：2008 年 10 月 3 日

采访地点：东昌府区朱老庄乡草庙李村

采 访 人：祝芳华　王海龙　何草然

被采访人：张付元（男　79 岁　属马）

张付元

我叫张付元，79（岁）了，属马。

大贱年，记得，那年我才十来岁，那年麦子没收。人都抬着衣裳东西，上河南换麦子去了。村里那会儿才 150 多口人，年轻的都逃荒去，在家挨饿，逃出去的有一半多，我没出去，我小。上河南，换完粮食就回来了，没上关外的，解放后有上关外的，招工的。

饿的时候吃野菜、秕谷，树叶都吃干净了。大贱年后第二年玉米收了，下了雨，耩上麦子了，下多大忘了。

传染病没听说过，霍乱没听说过，也没听说过上啰下泻。那会儿喝水上井上打去，水是烧开了以后喝。日本人来后没出现不一样的，日本人也喝那井水，没听说过日本人发东西吃。

日本人来那会儿我记事了，上咱这儿打一仗，还攘死了一个人，跟咱这边打仗，把咱老百姓打死一个，小名四倪，他跟着八路军跑，他跑不动了，跑不动给逮着了，攘死了。没听说过有抓劳工的。

我没见过日本人。有汉奸，汉奸我见过，经常来，抢鸡羊，要吃的要喝的，要粮食，也要鸡鸭鹅，他要吃肉啊！

有一年蚱蜢多，我十五六（岁），跟着他们打蚱蜢去，那时解放后了。

大吴村

采访时间： 2008 年 9 月 30 日

采访地点： 东昌府区朱老庄乡大吴村

采 访 人： 祝芳华　何草然　王海龙

被采访人： 吴万春（男　82 岁　属兔）

吴万春

民国 32 年，温饱难支持，庄稼能收多少是多少，但是税收必须得交，那年天旱，又闹水。庄稼，种了麦子，种棒子，下了雨才种的，大旱以后大雨，时间记不清，下了雨，洼地积水，收不了庄稼。

那时生活很困难，能吃饱就好了，能吃上饭和糠菜就好。那会儿靠天吃饭，庄稼收了，汉奸要。1942 年，日本鬼子在北边，这儿有汉奸，那以后我的学就不上了，小学解散了。

1937 年上大水，1939 年那会儿，日本鬼子来了，1940 年到 1941 年，上这里来，从聊城上的阳谷。日本人背东西，叫咱给送，东西是行李，那是 1940 年到 1941 年，赵王河就在庄头，日本人就让我们送东西，送到去阳谷的车道，就放我们回来，他们就走了。日本人没在村里抢东西。这没国民党的人。

那会儿有白喉，死人很多，几个兄弟都是那时病死的，那会儿没药，医生得上外边请，只有小孩得这病。发疟子的很多，忽冷忽热，我十五六岁得了。有上吐下泻的病，闹肚子，生活又不好，蹲着起不来，尽泻肚子，我没见过。还有长疥的很多，有治好的，我也长过。上吐下泻也是那几年，只是泻，听说的，不多，叫痢疾。听说过霍乱，死人不多。

日本鬼子在这里放过毒，有人抵抗。

谷营村

采访时间： 2008 年 10 月 3 日

采访地点： 东昌府区朱老庄乡谷营村

采 访 人： 祝芳华　王海龙　何草然

被采访人： 谷文魁（男　82 岁　属兔）

谷文魁

我叫谷文魁，82（岁）了，属兔。

大贱年是民国 32 年，咱受那个苦啊，当时扒拉叶子，我吃那个过来的。大贱年小麦没收，到第二年就收玉米了，下雨的事忘了。那会儿有蚱蜢，我没念过书，也记不得那事，我们都挖沟，忘了是日本人来前还是后了，忘了。

当时家里没吃头，么也没了，连碗筷都换给人家了。逃荒的咋不多？那会儿村里有一百四五十口人，逃荒的超不过一半，在家里喝菜的倒没死，逃荒的有好多饿死那儿了，有一家人都饿死在那儿了，回来的多。俺大爷死那儿了，还有个也死那儿了。逃荒的有下关外的，俺叔叔也死那儿了，给日本人干活，还叫我也去，我幸好没去，我也到河南逃过荒，待了两天就回来了。

我那会儿是村长，当兵回来以后，那时日本在梁山铁壁合围。我当兵是十七八（岁），是日本人来了以后当的。日本人上咱这儿来，咱不知道什么时候。日本人没到过村里，治安军来过，是汉奸，他们当时在庄头上，有人当时打死个小汉奸，汉奸就来庄上，人都跑了，我就跟会计一起，会计说咱也跑吧，结果一出门，汉奸到了，我们就去迎接他，他们打人，后来带走了咱庄的人，去炮楼。汉奸那会儿么么要么，别的倒不要，就是些什么小鸡、羊的，粮食他不要，粮食他咋拿法？

辛十里有抓劳工的，抓到哪儿去咱闹不清，抓我抓到了沙镇，一起的还有高路比（音），还有叫什么的忘了，到那我们跑回来了，叫我们给他们带路，当时天黑了我们要回来，他们打我们，后来他们睡了困了，我们就跑了。

大贱年没发生什么病，那会儿一闹肚子就回去了，就喝那么点青菜。有拉肚子的，也哕也拉。毛营的毛洪章给扎个针，扎肚子上，不出血，人躺那儿尽拉，拉稀。也可能是吃不好喝不好，那时候什么树叶子都吃。霍乱病那会儿有，有也不注意啊，名称就叫霍乱病，也就是拉肚子，那会儿没那心去打听那病，尽饿了，跟我们村的拉肚子不一样。

那会儿村里有一口井，喝井水，现在家家户户也有压井。

两界村

采访时间：2008 年 9 月 30 日
采访地点：东昌府区朱老庄乡两界村
采访人：王 青 何 科 曹元强
被采访人：刘习成（女 85 岁 属牛）

刘习成

我这姓刘，娘家姓任，都喊我刘习成，85（岁）了，属牛的。

民国 32 年记不清了，大贱年该不知道。我 12 岁时嫁过来的，家里穷，没吃的，家里就把我嫁过来了。那会儿靠天吃饭，麦子长到膝盖，这会儿多好啊，能收个千百来斤。那会儿净织粗布，我去卖粗布，这会儿卖小鞋。那会儿堂邑的人啃树皮，树叶一层落下的就给你吃光了。那会儿年轻，也记不清哪年了。

民国32年我要饭去了，俺上了河南，人家都不带着俺，跟人要饭还不给。在家挨饿，在河里榨了草，煮着吃。

鬼子来时，人躲在被子里，都背着枪骑着马，铁刀忒亮，吓得我打哆嗦。在俺庄上走，没拾掇俺庄，到俺东边去过小河，那小庄叫他拾掇了，回了聊城。鬼子打了东堂东南角，不是魁星楼，八路军爬城墙，城墙上一个举枪推下来，死的那人老可怜了。

这上过大水，前边的地刚过膝盖深，刚盖上三间房就来水了，泡塌了，俺老公公打堰打不住了，俺上北边了。霍乱病我记不清哪年了，记不清了，记不准了。

后来在一起吃饭吃食堂的时候，俺庄上饿死了四五个人，那年数俺这村饿得狠，一天四两，给三两菜，有点地瓜片子，俺这当官的掐得狠，饿死的多。

采访时间：2008年9月30日
采访地点：东昌府区朱老庄乡两界村
采 访 人：王　青　何　科　曹元强
被采访人：夏焦氏（女　80岁　属蛇）

夏焦氏

我姓焦，娘家这姓夏，今年80（岁），属蛇。

大贱年我走了，那年上老虎台一趟，东北的，在那住了一年回来，就好了，有收成了。那年这没收成，俺是15（岁）回来的，俺不知道家里的情况，东北那里没旱。

大旱年走的时候，那时还是小孩，不知道村里情况，家里死人不知道，我那会儿小，十来岁。霍乱病没听说过。

老人都说到过年大旱没法治，走吧。收秋以后好了，得 60 多年了。俺娘家老远了，离这二三十里地。

刘海村

采访时间： 2008 年 9 月 30 日

采访地点： 东昌府区朱老庄乡刘海村

采 访 人： 祝芳华　何草然　王海龙

被采访人： 刘凤年（男　80 岁　属蛇）

刘凤年

今年 80 岁了，以前当过兵，在刘伯承手下。

1943 年大贱年，大旱，地里不收，旱情从抢麦子开始，麦子收不够。当时吃树叶子、野菜，一直到秋收，1943 年饿死的人多。

日本人没来过咱村，日本治安军来过，抢东西，汉奸也来抢东西，可能是 1943 年。治安军是从朝鲜跟着日本鬼子来的，日本从朝鲜进的中国。这村子附近当时有国民党，不很多，八路军在暗处。

当时有水肿，别的倒没听说过，有的人当时肚子、脸都肿，说是吃野菜吃的。霍乱也有，得了在胳膊上扎绿的筋。我见过，我也得过，头发热，发昏，吐、泻，吐得厉害，得了好几次。那年得霍乱的多，那几年哪年都有，那会儿没医药。1943 年前后都有，很多人没治好，那时不懂传染不传染的，我们就叫霍乱。当时喝水就砖井，赵王河没水。

采访时间： 2008 年 9 月 30 日
采访地点： 东昌府区朱老庄乡刘海村
采 访 人： 祝芳华　何草然　王海龙
被采访人： 刘万顺（男　80 岁　属蛇）

民国 32 年，我 16 岁，是 1943 年。日本鬼子从这路过，来过村里，听说鬼子来，人都呜呜地跑。我 18 岁才当兵。

家里 4 口人，靠天吃饭。民国 32 年是大贱年，民国 31 年、32 年种麦子时都没下雨，麦子长到 20 厘米高，比例是一亩地麦子打三五十斤，到秋天下了雨，那是在种棒子以后。大旱时吃野菜。

那年没水肿病，吃五谷杂粮，会得病，但不严重，没有得病跑茅子的。

采访时间： 2007 年 1 月 31 日
采访地点： 东昌府区水城老年公寓
采 访 人： 白　玉　张　翼　付　昆
被采访人： 刘凤财（男　73 岁　属狗）

刘凤财

我家是朱老庄乡刘海村的。我姊妹 4 个，两个姐姐、一个妹妹、一个哥哥。鬼子进中国，在黑龙江招工，把我哥哥招到黑龙江了，哥哥后来没信了，我就上那找他，不知道他还是不是活着，一般说他死了，反正找他我也尽力了。

当时穷，上了点小学，没毕业。民国 32 年最苦了，靠天吃饭，不能再苦了，那会儿不是这会儿，靠天吃饭，没法浇，种的小麦、棒子，没收成，堂邑饿得最狠，吃榆树叶吃的都拉不下。那时候这还是聊城东昌府县，他们都到这逃荒，老太太嫁到这的老多了。

从民国31年就不下雨，民国32年下半年下过七天七夜，房子净土房子，都漏了，不漏的不多。雨大都淹了，俺村周围没大堤。堂邑下雨后成无人区了，那边一直没吃头，越往后越没吃头，聊城都往河南逃荒，这离河南也不远，推着车子，小红车，有的挑扁担。

民国32年头半年干旱，没有传染病，就是饿死的，水鼓，肚子胀老大，妇女饿得不怀胎，吃乱七八糟东西吃的。我见过，我家没有，我母亲卖榆树皮面，指望她养家糊口。那时不知道什么传染病，科学条件也不行，得病也不知道是什么病。肠子饿细了，有撑死的。医生也不行，只有中医，当时中医现在都没了。疟疾没听过。

没听说过霍乱抽筋，得那个病也不知道名，下雨后有老多得病死的，饿的，肠子越饿越细，撑死的也不少。那时候老生病，看病的净中医，现在也没有中医活着，有的话也都八九十岁了。村里有大圆井，就喝那里面的水，用砖垒起来的，喝了以后，反常也没法，反常也得喝，不记得有反常的。

聊城有鬼子，还有土匪，开着车，那时候也没有油漆道，就土道，那会儿聊城有南门、北门、东门、西门，就这么大地，是个大据点。外面有日本小据点，老火营（音）有小土炮楼，土搭起来的，有一个排的兵力，里面人都是汉奸，为鬼子服务。城里有大据点，阳谷也有。

鬼子一来扫荡，听见来了，撒开就跑，牛撒开也跑，跑得可快了，也不用牵。他有小鸡也给你逮住了，强奸妇女，一般只抢东西不杀人，急了眼那就另当别论。

看过飞机，阴历八月十四，好多，那年份想不起来了，用重机枪，我还拾了弹壳、炮筒，其他的时候没见过。飞机撒过传单，写的么我也不知道，中文的，忘了啥意思了。撒过给小孩吃的东西，人家捡到过，什么面包之类的，谁要给谁，小孩好吃，我就记住了这个，吃后反应我不知道，没听说有得病的。

村里有土匪，叫三支队，三支队就是汉奸性质，有个头，叫郭伯德，权威大了去了，横行霸道，住在沙镇郭楼里，可孬了，我这个年纪过来的都知道，活埋人，节约子弹。这些都是国民党一类的人，大家有一点吃头就叫人端走了，把别人都给逼上吊了。

那时八路军都是偷着的，白天见不着，打游击。

毛营村

采访时间：2008 年 10 月 3 日

采访地点：东昌府区朱老庄乡毛营村

采 访 人：祝芳华　王海龙　何草然

被采访人：毛立孟（男　87 岁　属猪）

毛立孟

我名字叫毛立孟，87（岁）了，属猪。

民国 32 年，可饿得不轻，饿死人不少，饿死多少人？谁还记那。

大贱年没收粮食，头年棒子冻死了，第二年旱，麦子没种上，没下雨，玉米收了，没好绿豆，下大雨把绿豆都毁了，下了七八天，没记得发大水。吃树叶子，树叶子摘得光光的。

大贱年那会儿我家有八九口人，有老人、父亲、母亲、我兄弟俩，家里小孩多，不记得吃什么。我还上河南卖家具，民国 32 年出去的，年轻人都出去了，老人在家，卖点东西，家里好吃饭。我给日本鬼子拉过车，在郭屯有汉奸局长。见过鬼子，他们来过，来抓鸡，还是汉奸多，抢东西，么都要，日本人不抢。抓牲口的有日本人也有汉奸，汉奸不少，日本人有多少不清楚。

日本人抓劳工，我那会儿就抓去当劳工了，一直做了 40 多天才回来的，在郭屯叫抓走的，他们找八路，我在临清西边的地方逃回来了。那会儿抓走了不干活，就拉着车送人，送部队。

那会儿尽喝井水，日本人不喝井水，喝自己的水。不记得有什么病，霍乱没听说过。

采访时间： 2008 年 10 月 3 日
采访地点： 东昌府区朱老庄乡毛营村
采 访 人： 祝芳华　何草然　王海龙
被采访人： 毛文广（男　85 岁　属鼠）

毛文广

我叫毛文广，85（岁），属鼠的。

大贱年，那会儿别提了，吃糠咽菜，吃小米糠，吃洋槐叶、椿叶、绿豆壳、野菜，一天一个人合两把粮食，没粮食，得现买。

小麦也不长，地里也没么，耩的时候，一亩得五斤，不收，尽靠天吃饭。你看这会儿，人都享福了，那会儿饿死老多人。没有传染病，净是饿死的人多，尽喝点青菜，就饿死了。霍乱病？没听说过，没有这些传染病。

第二年收了个秋，那会儿一季不收就不行了，一个人一亩地就 200 斤粮食，那会儿种玉米的事咱记不清了。

20 岁出去扛活，那时咱穷，给大户做工去，人家给两个钱，我才 20 岁，大哥都上关外去了，三哥当兵去了，他给人家扛活，那会儿都饿出去了，逃活路去了。三个哥哥分别叫文青、文海、文荣。

我大哥二哥都不在了，他们上关外后都回来了，大哥在外面住了 14 年，在关外喂马，喂的十几匹马，后来日本人说他通八路，要给枪毙了，日本人让他当探子，当了几天，不敢跑，后来把马、车扔了，跑了。在那边十来年，一分钱都没带回来。

日本鬼子，记不多清什么事了，怎没见过日本鬼子啊？给他们挑过水，饮马，在车道上，后来部队来了，有汽车，让我们给他们钩枣吃。他们给我们饼干吃，我们有吃的，有没吃的，吃了没什么反应。

那会儿汉奸多，（对老百姓）又是踢又是打，日本人不多。我亲自给日本人挑过水，饮马，他们是城里过来的，在新宅和，在西南边，是汉奸让挑的水。日本人上村里来过，人都跑了，上河东跑了，怕被逮住。离这儿挺远，有八路被日本人用刺刀捅死了，尽干害人的事。那些都骑着马的，尽日本人，后来部队来了。

日本人喝井水，不喝咱的水，我们喝的大圆井的水，用绳子提，不像现在的压井，水没什么不同的。没听说抓劳工的事。

我那哥哥，是八路，叫毛文青，那会儿跟日本人交上战了，背着包，日本人把包都穿透了，但没刺到他，日本人没少伤人，他活着的话到现在得 90（岁）了，去年死了。

那会儿村里有 4 个队，一个队 200 多人，村里得 800 多人，下关外的，能走的都走了，在家好多饿死了，下关外的得有六七百人，可得超过一半多。这会儿回来一些，不回来的老些都饿死那里了。

宓成集

采访时间：2008 年 10 月 3 日
采访地点：东昌府区朱老庄乡宓成集
采访人：马玉东　焦　婷　宋执政
被采访人：邵桂兰（女　76 岁　属鸡）

邵桂兰

娘家在南边十来里，江陵口。

民国 32 年，旱灾，饿死挺多人。那年麦子反正还是不行，一季没下雨。堂邑挺多到这边儿来的，人们逃荒都到河南去了，河南年景好。不记得有大水灾了，蚂蚱挺多，往沟里轰，不记得哪一年了。

那年秋天里发疟子，发了两个，秋里发疟子的不少，吃什么药也不管用，俺也得过，没什么好治的。

那时候喝井水，烧开了喝。

有一年霍乱，死小孩了，大概在 1954 年，村里也不让进也不让出。日本人来过，听说日本人来了，大家都跑，没听说有抓劳工的，记不清了。

宓韩庄村

采访时间：2008 年 10 月 3 日
采访地点：东昌府区朱老庄乡宓韩庄村
采 访 人：马玉东　焦　婷　宋执政
被采访人：宓发胜（男　78 岁　属猴）

民国 32 年大灾荒，那时候旱年，种麦子时候开始旱的，地也干，也没种上，没收什么，小麦子就一指高，后来秋天才下了点儿雨，收成了一点儿。

民国 32 年，俺庄儿里饿死老些人，堂邑没人了，都逃走了，上黄河南了。俺庄三百来人，饿死的也得有十几个，也有出去逃荒的，到河南去，上那里给人做点活，混碗饭吃，咱这儿逃荒的少，一年多就回来了。西北边儿有三十来里地，出去的人多，那庄几乎都没人了。不记得啥季节出去，像是那时候春天走的，拉东西到那里卖，换点东西来吃，得一年多，得第二年才回来。我没出去逃荒，上西北拉檩条儿到河南换东西吃，（走了）百十里地。小孩儿都黄黄的，饿得俺这走了几个，后来人都没找到。

发疟子这几年没有了，那几年不少，有年纪大的，有年轻的，都有，有几年有这个病的。那几年还有汉奸，日本人还没走。民国 32 年本村上发疟子的不少，那时候没医生，喝点热水儿，闹几天，一个人发五六场，没有药。那个病有隔一天一场的，就是不能动弹，冷，浑身发热，发烧烧的。霍乱这病就不太记得了。

那时候家里都喝井水，有个大井，烧开了喝，渴急了也有喝凉水的。

日本人有来过，抢东西，跟八路军打仗，日本人枪法好。在咱村没抢太多东西，杀人也没杀过，就跟八路军打，渴了饿了，到俺这个庄，就得给整点吃的，不给他吃，就打你两下，那还能打轻了？伺候得好还好点。这个日本有真日本和假日本，有抓壮劳力给他干活的，五里地远处有一个小楼，就塞在那里边儿，去干活儿。没有抓到日本去回不来的，很年轻的也有带走的，带走给他当兵。

后来地里有过蚂蚱，就用盆子敲，叶儿秆儿都给吃干净了，那一年多得很，那小沟挖得有一尺深，那时比民国 32 年晚一些。民国 34 年，那会儿也有蚂蚱，不过蝗灾小一些。

水灾，应该是在解放以前，那时候日本鬼子已经走了，日本鬼子在的时候，那时候是山啸，水有一人来深，是在民国 32 年之前，具体哪一年记不清了。

宓庄

采访时间： 2008 年 10 月 3 日
采访地点： 东昌府区朱老庄乡宓庄
采 访 人： 马玉东　焦　婷　宋执政
被采访人： 宓富成（男　84 岁　属牛）

宓富成

民国 32 年大灾荒，不下雨，没收成，旱灾。耩麦子的时候不下雨，一直到收麦子（时也没下）。那年我经受过，我不知道啊？我种地，一点雨没下。

那时候逃荒东跑西颠的，挨饿，都有饿

死的，俺庄儿不多，堂邑多，那年饿死人，哪也断不了啊。

逃荒都到黄河以南，有到关外去的，逃荒的时候我没出去过，到哪都是挨饿。榆树皮、棉籽、麦秸儿面我都吃过，那也没饿死。发疟子跟大灾荒不一样，发大水下来以后发疟子，那时候得啥病的都有。当时是喝井水，喝开水，天热了就喝凉水。

鬼子来过，假鬼子要东西，真鬼子抓小鸡，吃小鸡。鬼子抓劳工，去黑龙江，那地冷啊，平地九尺霜，后来又回来了。闹不清是啥时候回来的，不是自个人，不记得谁了。

蚂蚱多了去了，上谷子地看谷子去，一抓一大笼，小蚂蚱多，喂小鸡都不吃了，太多了。蝗灾还是民国32年比较严重，咱也不认字，记不太多了，人家认字的记得多。

采访时间：2008年10月3日
采访地点：东昌府区朱老庄乡宓庄
采访人：马玉东　焦　婷　宋执政
被采访人：宓李氏（女　91岁　属马）

宓李氏

俺娘家是田庄的，姓李，俺20岁就嫁过来了，22岁生的老大，现在大儿都70（岁）了，我老二属猪的，今年63（岁），我90多（岁）了，什么年头没过过。

民国26年，生了大水，黑岩山来的水，来得一片全部都黑水。那年贱年，那年我20岁，秋头儿，七八月来的水，整个月才下去。

民国32年，苦，贱年，都淹了，从水里捞棒子吃，难吃。那几年，年年发疟子，那会儿生活不行也累，这会儿没发疟子了，也享福了。发疟子脸都黄了，盖了两床被子都还觉得冷。没听说过霍乱。

那时候，一个村儿有一眼或两眼井，喝开水，烧开锅喝开水。

鬼子来没来不记得了，有汉奸，鬼子来了我们都吓得东跑西颠的，家里的都不敢回来了，跑地里坐着去，没听说过抓壮丁。

采访时间： 2008 年 10 月 3 日

采访地点： 东昌府区朱老庄乡宓庄

采访人： 马玉东　焦　婷　宋执政

被采访人： 宓王氏（女　92 岁　属蛇）

宓王氏

民国 32 年，那会儿挨饿，干活儿。我 18 岁嫁过来的，我 42 岁就没他爹了，四个孩子都饿死了，闺女才 12 岁，就没她爹了，我老大今年 67 岁。

那时候可受苦了，大贱年那年俺家一点儿粮食也没有。发疟子那个更不行了，吃不好，喝不好。那会儿喝凉水，喝井水，村里有井。

没见过鬼子，有牛的牵牛，没小牛的抢东西，净下乡要东西，给他东西，他就给你好气儿。

记得打蚂蚱，轰蚂蚱，特厉害，啥时候蝗灾厉害也不记得了。

南孟庄村

采访时间： 2008 年 9 月 30 日

采访地点： 东昌府区朱老庄乡南孟庄村

采访人： 宋执政　马玉东　焦　婷

被采访人： 孟广海（男　80 岁　属蛇）

民国 32 年，鲁西大荒旱，堂邑饿的是无人区，把人饿死了，灾旱饿的人都逃荒上河南，老的走不动的就饿死了。这片儿没人出去逃荒，村里刚沾边区，堂邑是主要灾区，西北边儿。我家里情况还行，反正没饿死，我家里没人出去，那时候就三口人，很少，我父亲、母亲和我，在家吃棒子芯儿，吃谷皮，掺粮食吃棉种，那就算好的。

八个月没下雨，一直到收，庄稼都没长，那时候不下雨你长么？干得那麦子就那么高，麦子减产都没收么，俺那就那么高，一年两季儿种麦子种棒子，棒子到秋季儿都不长了。

日本人那时候过来了，日本人、汉奸都要军械，越没有越要。汉奸来了，跟着鬼子出来。

那年发疟疾的不少，那时候就没医生，没医院，吃点药就好了，吃啥药就闹不清了。咱这片儿有点小瘟疫，那片儿就是饿死的，发疟子挺多，不少，发疟子是又冷又热，冷的时候打哆嗦，春季多，瘟疫烧到 40℃，感冒到狠就成瘟疫了。

1941 年、1942 年得病的比较多，差不多是秋天，秋天好有那个毛病。秋都没得收，到秋就下雨了，不大，还能行，没什么灾荒，下雨没啥灾害。瘟疫不叫发疟子，西北边儿那年得病没断，得病的比较多，没有大爆发，村里常有两三个人得疟疾，早些时候没霍乱这病。

民国 32 年有蝗灾，比较大是 1944 年左右，赶蚂蚱的时候，都看不见天，密的时候夜间走路都看不见月亮，都得一布袋一布袋往外逮，那时候没得吃。

这民国 26 年涨大水，最深都得齐胸深，收棒子都得弄缸，跟大海一样，那水是黑岩山山啸来的，我记那事儿的时候还有围子墙呢，现在都没有了。民国 26 年大水，七月二十六上大水，棒子基本上还不算熟，其他的庄稼都完了，都在水里漂起来，把庄儿给围起来了，庄里没水，都在地里，高粱壳里水都是满的，就知道快发大水了。

南杨集

采访时间：2008 年 9 月 30 日
采访地点：东昌府区朱老庄乡南杨集
采 访 人：宋执政　马玉东　焦　婷
被采访人：杨李氏（女　86 岁　属猪）

　　我没名字，我娘家姓李，这边姓杨，我 86 岁，现在迷迷糊糊的，属猪，不识字。我不是一直住这儿，去东北住过一段儿，"文革"以后去过东北，之前是一直在这儿住的，17 岁就嫁到这边了，娘家离这儿 16 里地，是朱老庄北边的李庙。

　　我二十来岁就种地，原来村上什么样儿的？就是一些小破屋。那时候人口记不得了，有七八十口人，挺大的这儿地，有十来里地，那时候不出门不知道事。那时候比现在热，下雨比现在多，俺那个村洼，一出门就蹚水，到那路上都蹚水，上地割麦子，鞋都湿了，没河么的。那年下雨不小，地不平，洼的地方都要撑篙，水大的时候都到腰了，二十来岁的时候下过大雨，不是年年下。

　　不记得民国多少年啥时候，旱了一年，棒子都没长好，麦子没种上。头年里种了十斤么，割了四斤，赔了六斤，就那一年旱了，没再旱。

　　就那一年旱，先旱，后生病，反正那年没下雨，旱完之后第二年下大雨。说句老迷信的话，要求雨，头年秋旱，棒子麦子没长好，结的那么大点儿，第二年四月底五月割麦子还旱，到割完麦子种棒子的时候，求雨就下来了，不旱了，然后就长病了。一开始冷后热，记不好还有啥症状。那时候没好医生，净老医生，吃药打针，发个把月就好了，去世的有，不太多，大部分都好了。就说叫发疟子，一开始冷，后来热，就那样的病。

　　记不清多大年纪了，下雨的时候，生病发疟子，冷得不得了，打哆嗓，发烧，以后就热得了不得。

采访时间：2008 年 9 月 30 日
采访地点：东昌府区朱老庄乡南杨集
采 访 人：宋执政　马玉东　焦　婷
被采访人：杨禄发（男　75 岁　属猴）

中华民国的时候，得有 60 多年，民国 32 年，大贱年，旱年不好过。那时候真不好过，有八路军、汉奸、国民党，三个天爷爷，下面还有么，占堂邑的，汉奸来了，牵着小牛走，牛带着人走。汉奸属于小日本，那时候不行。我那就 10 岁，都忘了。农民叫农民团，属于解放军，都自备的，个人买枪。

日本人的事都忘了，他跟农民联系不上。日本人经常来这儿，听信儿说日本人来了，咱都跑了，一说汉奸出发了，七里地就跑了。汉奸都是中国人，日本人和汉奸都住城里，那时候真厉害。

那时候当兵真受罪，没印象了，一晚上挪三个窝儿，那时候没人得病什么的。

齐里店村

采访时间：2008 年 9 月 30 日
采访地点：东昌府区朱老庄乡齐里店村
采 访 人：祝芳华　何草然　王海龙
被采访人：刘张氏（女　87 岁　属狗）
　　　　　　　刘洪元（男　80 岁　属蛇）

老家生活情况？那会儿的事，也不好过，也没过好日子。我弟弟 14（岁）随娘死了，得的水肿病，脸、身上肿，饿了，没粮食吃，那时候没化肥，提起那时候的事我想哭。

那时候每亩有 100 斤。蚂蚱呼呼地来，在地里。在家的时候还有二鬼子，盖小楼。

刘张氏（左）、刘洪元

全营村

采访时间： 2008 年 9 月 30 日
采访地点： 东昌府区朱老庄乡全营村
采 访 人： 宋执政　马玉东　焦　婷
被采访人： 陈玉祥（男　82 岁　属兔）

十六七（岁）的时候家里有 21 口人，我父亲老兄弟四个，我兄弟两个。日本占领时候，那时候净涝，三年两年涝，没法儿治了，净淹，地洼，那时候还有日本人呢！我弟弟都跑东北去了。日本人到聊城的时候，站在屋顶上看见车，就都跑了，那都十七八（岁）了。

12 岁那年发大水，齐胸深，蹚水都到这儿，成年人齐腰深，说是黑岩山水来的，围砖挡，没挡住，那年下大雨，从聊城往这跑。

我那时候住东边儿，一直在这儿村住，现在说传染病多了，那时候没有听说过，那时候生病死了拉倒，也不检查，没听说有得疟子的，二三十（岁）的死了，三四十（岁）的也死了。

蚂蚱成灾，飞过来很多，那年没什么特别的了。

双庙村

采访时间： 2007 年 1 月 29 日

采访地点： 东昌府区朱老庄乡双庙村（十里庙村）

采 访 人： 刘明志　雒宏伟　李廷婷

被采访人： 徐陈氏（女　77 岁　属羊）

我 7 岁时咱这里上水，死的人也不少，人都逃到城墙上去。

那时有得病的咱也不知道。蚂蚱多的时候，我才 20 多岁。

采访时间： 2007 年 1 月 29 日

采访地点： 东昌府区朱老庄乡双庙村（十里庙村）

采 访 人： 刘明志　雒宏伟　李廷婷

被采访人： 许文法（男　73 岁　属狗）

1943 年，我虚岁 10 岁。民国 31 年主要是旱灾，从头年起就没收麦子，第二年麦子基本绝产了，这种情况到秋天基本结束，那年秋天庄稼好。那时死人不多，村里原来共 400 多人，饿死了四五个人，多数是年纪比较大的，饥饿加受气、伤害死的。

民国 26 年、1953 年、（20 世纪）60 年代上过水，徒骇河上过水，是从黑岩山过来的，估计是山洪，平地水到腰深。1960 年连着三年来水，逃荒的人分散多了，有到聊城的，有上菏泽的。民国 32 年人都逃荒到河南，黄河以南、梁山。那时有放水的，有扒河堤的，日本人倒没有，没见过也没听说过。

那时没大规模得病的，也没听说过霍乱。那时得病的人很少，1960年得病死的人不少，腿肿，痢疾厉害，那是传染病，死的倒没有。得伤寒的人也不少，这里是重灾区，国家派医疗队过来，有中医也有西医，中医多，主要是扎膀子。

民国 32 年有得病的，但是不多，那时到外村请医生，号脉，下草药，拉痢疾拉死的也有，但不多。那时有的病不知道是什么，好像叫伤寒。一天就死，死的不少，可能不传染，死的人有病十几天的，有半个月的，闹不清。俺爷爷就得那个病死的，我们伺候老人也没被传染，他是生气加伤寒，又有年纪了。

我见过日本人，很多事咱也不知道，大概是民国 26 年那年，日本人来的这个庄，这个庄上有个局子，是打八路军的。八路军驻在城市的边上，在于集村那些地方。我那时五六岁，国民党在城里住着，俺庄有一个在外庄被逮起来了，那人叫张玉之，据说是日本人抓劳工，那人再也没回来过。那时到处是土匪，有几个人上汉奸那里拿枪支去抢东西，抢家里好的带有钱的。

日本人抓人，在俺村没杀人，有坐监狱的，有一个坐了三年，在北京，日本人说他通八路军，事实上这个人会修枪和洋车子，这个人回来以后，给汉奸修理墙，土地改革以后，在德州水泵厂上班。那时人主要是叫去修理墙，不是被抓去的。日本人的飞机我见过但很少。

八路军打聊城我见过，是杨勇的部队，他后来是北京军区的司令。

王堂村

采访时间： 2008 年 9 月 30 日
采访地点： 东昌府区朱老庄王堂村
采访人： 王 青　曹元强　何 科
被采访人： 张宝德（男　82 岁　属兔）

我叫张宝德，今年 82（岁），属兔的。

民国 32 年的时候是大贱年，旱，头一年没收秋，第二年没见麦子，没收麦子，人都饿死了。那年没上大水，旱得很，下雨很少，没结粮食，那年秋，小谷子这么点，都没上粮食、棒子，都饿死人了，当年死的人很多。

张宝德

民国 32 年没下雨也没上水，这附近有河，东边有，西边也有，没涨水。上大水后才招蚂蚱。俺这饿死的人还少，堂邑那饿死得多，堂邑离聊城四五十里地。那时粮食没人管，那时汉奸、日本鬼子谁管你？汉奸是中国人害中国人。

当时都去河南逃荒，俺村里出去的少，这个庄小，都卖家具，卖到河南，拖的大车、钢套啦、衣裳啦，咱穿的，换点粮食来家里吃，就这个情况。我那时小，俺父亲上那里换点粮食，弄点菜。

民国 26 年冬日本人进的聊城，日本鬼子来的时候我 10 岁，他来以后汉奸、八路军还没来。范专员，是咱这边的兵，咱聊城东北角现在有他的纪念堂。

我们是小庄，没大来过鬼子，尽是汉奸。

炮楼在这里，占前占后，白马寺挖封锁沟，一过人，老远就看见了。怕过八路，都在他汉奸炮楼里留个路口，炮楼里尽是汉奸，尽中国人当汉奸。民国 32 年有霍乱，霍乱是吃喝不行，受潮湿很难养，冻的。饿死的也论不清，从堂邑逃荒走到这，躺那不行了，肚子疼，给他找了个老妈妈，在肚脐眼扎一针，一会儿就过来了，肚里受寒了，抽没抽筋咱不知道，一会儿给他扎扎，走了，不大疼了，后来死哪咱不知道，肚里疼就叫霍乱。

那时没医院，本地先生给你号号脉，喝汤药，扎扎针，那会儿这病那病的，都不知道啥病，也没仪器。头疼、肚子疼，扎扎针，扎针扎面子马上好，这是老百姓老法子。那时霍乱病更多，老百姓得霍乱病肚子疼，常犯症，这会儿不叫那个病了。那会儿还得霍乱病，一会儿就死了，肚子疼得受不了，看来不及，那时也没医生，除了有号脉的先生给你号号脉，该扎针的扎扎针，这会儿不叫那个病了，那是老法。长霍乱的扎这，大拇指、喉部、头上、肚脐眼、脚、尿泡上。咱也不当老师，不当先生，咱不懂，肚里疼就抽，男的尿泡都抽，那时的先生就这么说，那是霍乱。得霍乱只有扎，吃药熬好药得什么时候？

那时吃棒窝子就是好饭，喝高粱糊、棒子糊，也有喝小米的。症状呕不呕吐我也不知道，那时候人就这么将就。

采访时间：2008 年 9 月 30 日
采访地点：东昌府区朱老庄王堂村
采访人：王　青　何　科　曹元强
被采访人：张长友（男　91 岁　属马）

张长友

我叫张长友，91（岁）了，属马的。

民国 32 年大旱年，那会儿分两派。民国 32 年大灾荒，旱，没吃的，庄稼没收，后来下雨收了，下得不小，到秋里好了。下雨是六月下的雨，麦子没收，高粱秀穗子了。

逃荒逃到姚屯，饿死的有，有几个，三四个，不多，病死的倒有，过贱年我差点饿死。

堂邑县，数堂邑厉害，堂邑的来这逃荒饿得走不动了，都饿的，在地里就死那儿了。那也是民国 32 年那年。

发大水是民国 28 年，民国 32 年没发大水。下雨也发黄河水，黄河开口子了，南边开口，淹了，很厉害，平地里有一米深，深的地方一人深，就这里淹的。

民国 32 年旱是发大水以后，记不清有没有霍乱转筋。临清那边饿得没人了。黄河口子开是山啸，山开了，哗哗地往外淌水，西南黑岩山。

民国 32 年，日本鬼子在这里胡作非为，乱打乱治，也是没安生。他不定局，他今儿上这，明儿上那。在城里，乡里不大敢动。

霍乱有，死的很少。霍乱厉害，咱村就有，见过。霍乱整天有，人得病厉害，哭叫得疼，心脏疼，头疼。霍乱症看不起，上医院上不起，庄稼人，找个先生扎扎，没有吃药的。病症说不很详细，人吃不好喝不好，整天有毛病。记不清谁是得这个病死的，霍乱有是有，记不清谁死的。霍乱哪年都有，不分哪年，民国 33 年也有。

西红庙

采访时间：2008 年 9 月 30 日

采访地点：东昌府区朱老庄乡西红庙

采 访 人：马玉东　宋执政　焦　婷

被采访人：王文华（男　83 岁　属虎）

王文杰（男　80 岁　属蛇）

上了四年学。

民国 32 年咱这个庄擦边儿，到南边那个村儿还好点儿，反正向北不行，向南好点儿，饿死的不少。向北的庄子都没结粒，成秕谷了，南北用围杆隔离起来。旱的时间不短，后来也没闹好，那年没下透雨，到秋天才下了雨，大旱到六月七月，秋谷才下雨，庄稼起来了，要用水，它不下了。

那年大旱，人饿得没劲儿，吃糠，咽菜，吃菜，吃叶子、树皮。北边儿逃荒得多，都下河南了，回不来了。有没回来的，都走了，家里没人了，逃出去之后，把家里的东西偷出来换窝窝吃。

过去京杭运河没逃的，俺这个村儿没多少逃的，这里擦边儿，还好。过去京杭运河就好了，南边儿过得还好，偏一两场雨，到北的更不行，逃荒很多，上河南。东北有人的才敢过去，没人的不敢，在那里混钱好混，一年种一茬，不敢去。河南下雨了，家里小孩儿都有卖那里的，闺女都过去了。

灾荒年有得病的，少，不多，饿死的很多。有的吃得很多，消化不了，死了。东北有人饿了很久，一顿吃了九个窝窝，撑死了，太饿，肠胃没那么大了。

民国 32 年，这整一大片儿没几个发疟子的，旱才发疟子哩！河南水灾一般过不来，都到不了这儿，北边儿地不低，西边儿地洼，顺着洼地儿去北边儿去了，雨大了就滚到老运河里去了，水淹了高粱，就不结粒儿了。

那片儿日本人没人管，个人管个人的，谁有闲心？这地洼，下雨就涝，地洼易淹，都不敢种谷子，改种高粱。

那时候人都不少，打五月就开始旱，那年没蚂蚱。有一年蚂蚱遮天蔽日，是别的年头，记不得了，民国 32 年没这个。

现在都分开了，都在自己家里，吃饭的人少了，我几个小孩都结婚了。

新城海村

采访时间： 2007 年 2 月 1 日

采访地点： 东昌府区朱老庄乡新城海村

采 访 人： 杜　慧　杨向瑞　刘孝堂

被采访人： 宓庆年（男　92 岁　属龙）

民国 32 年是大贱年，我一辈子都忘不了。

那时候我家大约两到三个月没见过粮粒，记得那时是民国 31 年，秋季没收成，民国 32 年麦子没收成。民国 32 年饿死了很多人，我也是当时落下了一个饿病，不定什么时间，到了时间不吃饭就浑身没劲，头晕眼花，心热，只有呼吸的劲，这个病一直跟了我 30 年。不过西北乡里比我们这更严重，要饭的都要到我们这儿。

宓庆年

当时医学很落后，得了紧急病就说是霍乱，听说我们这附近有，就是抽筋，倒没听说拉肚子，我们村没有。

民国 26 年上大水，水退了之后有发疟子的，主要症状是忽冷忽热，有的一天一次，有的隔一天换一次，很规律。

鬼子 1937 年进关，一年后就来聊城了，我只见过几次。他们不在这住，有时来扫荡，主要是抓八路军，也没在这杀过人，听说在郭店屯有日本人驻军。当时也没怎么见过八路军，他们主要是游击战争，更没见过地下党。

张　庙

采访时间： 2008 年 9 月 30 日

采访地点： 东昌府区朱老庄乡张庙

采 访 人： 宋执政　马玉东　焦　婷

被采访人： 许保清（男　85 岁　属鼠）

现在的社会跟过去比，变化大了。

二十来岁的时候，家里有我父亲，我两口子。我上过 4 年学，俺这个村儿上，我记得那时候有 64 口人，这时候 300 多了，这个村儿上没学校，

（学校在）二里地以外。

民国 32 年，那时候可能是大水灾害，灾荒年发大水，那时候人生活维持不好，高粱还被砍。秋天，不是下雨，突然上水了，不知道哪里开了口子，河里来的，没什么感觉。高粱、棒子穗还没熟呢，当年都淹了，没收多少，那时候产量低。

灾荒年，传染病倒没什么感觉，没有啥传染病。那时候，水性一大，年年出现发疟子，旱年没有，下雨就发疟子，传染性很强，得个把月，灾荒年也有，灾荒年的水持续了一个月，一直下不去。

发疟子的时候一般都能治过来，打针的，请中医，没什么法子，自己好的。特厉害的就那一会儿，病死的没有，打哆嗦，发高烧，吃点药丸，打点针就好了。

民国 32 年以前，只要下雨，过上几天就出现蝗虫。不下大雨时，没有疟子跟那虫子，那蝗虫吃庄稼吃得挺厉害，成灾。发一个多月大水之后就起蚂蚱，哪年有大雨，哪年出现蝗虫，旱灾蝗灾不断的有，那时候也没有这样那样的药治。

那时候，鬼子一个村 4 个，有汉奸，日本人给国民党撑腰，村里有很多人到哈尔滨逃荒。有回来的，1956 年、1967 年就回来了。一是咱这儿里不太平，乱，一个是灾荒年，抢饭没人管，逃荒，年轻的都逃哈尔滨去了。三年里有两年灾荒，年年都有逃荒的，也有向南去的，哈尔滨能吃上饭。

张寺庄村

采访时间： 2007 年 1 月 29 日

采访地点： 东昌府区朱老庄乡张寺庄村

采 访 人： 刘明志　雒宏伟　李廷婷

被采访人： 邓振江（男　84 岁　属猪）

民国 32 年大荒旱，黄河没水，人都逃难去了。第二年六月才下了大雨，下得不小，麦子没见苗，秋天大丰收。

赵王河在民国 26 年阴历九月二十七发大水，徒骇河那时还很窄，从黑岩山来的水。那时逃荒去河南的人多。

东边没水，运河发过水，那年我才 15 岁，来水那年，是民国 26 年，第二年关外东北三省的国民党到聊城。鬼子一来，在聊城郭伯德的 32 个支队都被范专员收去了。

邓振江

这有个叫傅炎增的被抓到日本去了，在那待了八年，日本投降才回来。

那时吸老海面的人多，英国的海洛因害中国人呢！那时生病，当医生的让吃中药，药不够就扎针，哪儿病就扎哪儿，腿痛腰痛，霍乱转筋，以前不多，几乎没有。民国 26 年得饿病的人也多。

其 他

被采访人：蒋中喜

我小时候上私塾。这村原来得有一千来人。

灾荒年都灾荒，就是旱，没发大水，也没传染病。

土匪偷牛，要钱和粮食，没有就打人，还有绑票的。

我没见过日本鬼子，县城有，就听说过，还有皇协军。有土匪，三支队，不是国民党。后来才有八路军，1944年才有。

采访时间： 2007 年 1 月 29 日
采访地点： 东昌府区闫寺街道办敬老院
采访人： 白 玉 张 翼 付 昆
被采访人： 李梦文（男 82 岁 属虎）

我就是这的，念了两年学。民国32年在辽宁当兵，那时20多岁。当时当兵是自愿的，能吃饱。在东北很长时间，跟着父亲，他50多岁就死了，得病死的，看不好。在那边就是挖河、打井，挖河疏水。在关外花日本票，这里花蒋介石的票。

李梦文（中）

日本从关外抓劳工，抓没有户口的，抓去修路，建设，中国人抓中国人。被抓的人也有抓去日本的，也用来修路，建仓库，扛粮食。

民国32年，旱，在这没见过日本军，净是些二鬼子，土匪部队有皇协军、三支队，皇协（军）归日本领导。

这发过大水，1953年这淹了，下雨下的，那时沟少。

被采访人：李松林（男　74岁　属狗）

我没去逃荒，民国32年旱了，雨不大。

听老年人说，日本人显威武，到处放炮。

被采访人：夏金才（男）

民国32年光重灾，我在东北，不在家里。中国人败了，我春天去了东北，咱这边打外国人打得厉害。

被采访人：徐金喜（82岁　属龙）

我82（岁）了，民国32年我那年18岁。这都多少年了，我忘了。

发大水的时候，开口子的时候，也得有20多年了。

我讲不清了，民国32年，我不记得了，那年河它是自个开的，自个冲开的，我记得开口子还得坐船。

我那年没待家，我待天津了，家里不行，我17（岁）去的，20（岁）回来的。

霍乱有，当时老些得的，不传染。这里有没有，那咱就不知道了。

日本人来了，没有在这住，没住，他待这里 8 年，没待这里住。

我在村里也没当过民兵，村里没有民兵。

采访时间： 2007 年 1 月 29 日

采访地点： 东昌府区聊城市委党校家属院

采访人： 杨　冰　孙建斐　李　斌

被采访人： 孙家骅（男　75 岁　属鸡　聊城市老城区人）

1942 年、1943 年聊城是大旱，那个时候几乎寸草不生了。那个时候人死得多，最厉害的在聊城西边的堂邑县，形成了无人区，几乎都是饿死的。为什么有的地方人都快死光了，另一些地方就要稍微好一点？这个跟天气有关，有的地方没雨，有的地方有雨。

有没有霍乱？那时小记不得，反正怎么死的都有，我见过的病死的人就是很瘦，几乎是皮包骨头，肚子很大，就像现在的肝腹水差不多。那个时候人得一种病，按聊城的说法，这个腿肿，1946 年的事情。最典型的是牙床子烂，最厉害的时候，这个牙床子烂得掉一块，根本就不淌血。

当时日本人主要在聊城东边，日本兵的数量并不多，他的机关就在聊城城里。

见过有飞机，那时飞机也不多，日本人那时在南关有个飞机场，我觉得那个时候日本人也没有条件用飞机播撒细菌。

抓民工的当然是有了，我记得 1943 年、1944 年的时候有抓的，在那个时候是抓到日本出劳力，给日本人挖煤窑。我的一个亲戚抓去了，我见过的，是我的一个哥哥，他还不错了，是幸存下来的，日本投降以后回来了，现在也死了，他要是活着，还不得到日本讨债去？十个能回来一个就不错了。

日本刚刚投降，八路军共产党要开始收复聊城，聊城是叫国民党的部队统治着，双方没有达成协议。国民党的部队在城里，共产党的部队在城外，就把聊城给团团围住了。那一年我是十三四岁，聊城整整被围了一年，被围了一年的时候，那个城里就是饥寒交迫了，人是既缺粮又缺药，缺蔬菜。

1943 年聊城这没有洪水，1937 年聊城有过一次洪水，日本人 1937 年进的聊城，那次洪水就在日本人进聊城前后，1937 年是黄河决口，水流下来的。

采访时间：2007 年 1 月 29 日
采访地点：东昌府区聊城市委党校家属院
采访人：杨　冰　孙建斐　李　斌
被采访人：魏金月（男　81 岁　属兔　聊城许营乡人）

1942 年旱，之前一共连着旱三年，没收成，没记得发水，也没有疫情，其他乡的情况我不知道，也没有出现霍乱病症。

采访时间：2007 年 1 月 30 日
采访地点：东昌府区聊城市老摄影家协会
采访人：范　云　刘金盼　焦延卿
被采访人：邱　笑（男　75 岁　属猴）

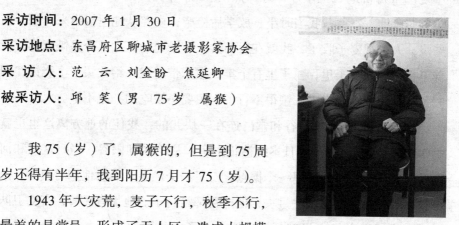

邱　笑

我 75（岁）了，属猴的，但是到 75 周岁还得有半年，我到阳历 7 月才 75（岁）。

1943 年大灾荒，麦子不行，秋季不行，最差的是堂邑，形成了无人区，造成大规模死的跑的。1942 年、1943 年那时是蝗灾、旱灾都有，用旧鞋底绑根棍子打蝗虫。当时就是蝗灾、干旱，堂邑这边的，蝗灾那是铺天盖地呀，是很可怕的。

日本占聊城前，我们全家都逃出去了，开始是投亲靠友去啦，开始第一站是到附近村亲戚家，马坊，离这里有几十里路，30 里路。我们一家 20 多口人在一起就很苦难了，我们就分开啦，我和我父母、我爷爷、我姑姑，当时上了阳谷县安乐镇胡家楼村，那里有我们的亲戚。没地种，靠亲戚，后来我父亲在那个村里教书，我在那里上的小学，毕业之后 13 岁参加革命，算是小八路吧。我上学到小学毕业，第三抗日高小，孩子有上学的，但不多，一个学校也就几十个人，那时候学校规模也小，抗高也打游击，是流动的，学语文、算术、农业知识、政治。

我当时没有上到初中，到部队当文艺兵，当时好多老红军都是文盲，报纸都不会念，报纸都让我们给念。14 岁入党，入党以后就当兵了，在部队待了 30 多年，后来转业回来，他们看我年纪大都尊重我，这里有些老朋友嘛。

我父亲、我姑姑都是老党员，当时我爷爷也参加一些革命工作，当时阳谷县敌工部有时候派我爷爷到城里搞些情报，在鼓楼南街。

那时候庄稼产量很低，小麦、玉米、谷子、高粱、豆子，就是很少，小麦产量每亩地二三十斤，好一点的 50 斤算高产的了。平常就吃树叶、包谷芯、糠、谷糠。我当时小，放学后捡柴，麦茬从地里拔出来，晒干当柴烧，人家把麦子收了，我就在后面拾。有饿死的，大部分是饿死的，营养不良。我在村子里，村子里有个集，祖辈带着我，给我买了个烧饼，刚咬了一口，就给抢走啦，饿得不行了。主要是没吃的，吃不饱。

1942 年、1943 年阳谷和堂邑连在一块儿的，我住的地方离这里也就是 30 公里左右吧，当时日本统治很厉害，从聊城到阳谷，当时这里和河北是连在一起，它是五里一个据点，三里一个碉堡。当时他挖封锁沟，挖了很多封锁沟，平时没法过去，他把路都给封了。他怕有民兵，有支卫队活动。当时天灾加人祸都赶在一块儿去了，我看到过日本人，但都躲着他，那时候我也就 10 岁左右。

水灾比较晚，日本还没占领聊城前有水灾，大概 1937 年发了一场大水，连鼓楼南门都有水啦，我当时住在南门和鼓楼中间，当时从东门坐船坐到当时的教堂，当时我刚5岁，急得抱着过去的。民国32年就没发水，不知什么原因，当时城里有个庙，在鼓楼西南方有个观，离家很近，100多米，那里有好多烧香磕头的。当时供了一个小蛇，就是水蛇，说把水龙给得罪啦，有还愿的，上供的，每天都有上供的，就一个玻璃盒子里装着小蛇，都在那里烧香磕头，排着队，很多很多人，每天几百人。我们家离那里很近，去那里凑热闹嘛，当时小，5岁。

当时没有大的瘟疫，也是局部的，不可能太大。那就是个别的有霍乱抽筋，不可能大规模。当时有种气股病，腹部很长，有积水，我那有个亲戚，女的30多岁，得了这种病，其他症状不知道。

当时喝井水，我住的是大村子，有五六百户，井都比较多，每条街上都有井，基本没有井盖，挑水，用绳子，木桶多。

开始安乐镇是个比较大的据点，后来胡家楼建了个碉堡，安到我们村里啦，但是这个碉堡全是汉奸，镇里都是日本人，起码一个排。他们就是统治压榨人民群众，要吃要喝，他养着那么多汉奸他也得给他吃喝啊，搜刮民脂民膏，另外他得镇压反抗的八路军。

皇协军就是汉奸，当时经常见到，皇协军他有两种：有汉族，帮助日本人，他叫汉奸；有高丽棒子，也叫二鬼子，是朝鲜韩国的，因为日本人先侵占的朝鲜。当时比较恨汉奸，因为没有汉奸他不可能一直统治到农村，你像聊城日本人有二三百人，要是没有汉奸，日本人他不可能统治农村。他们那时武器有炮、小钢炮、歪把子机枪、手榴弹、六〇炮、子弹筒，比我们的武器好多了，我们武器也不行，步枪都不是人人有啊。具体的飞机到这边比较少。

日本、皇协军有一个支队，齐子修属于国民党，被日本人打散了，在聊城打仗，范筑先建支队，力量最强，他一死，为共产党领导。

日本人（推行）"三光"政策，烧杀抢掠，日本人到了中国以后是很霸道的，我没有亲眼看到过日本人杀人。我是家里老大，日本占领聊城时，我住过一个月，1943年，别门不开，只进东门。有一个日本人、两个汉奸站岗，进城交良民证，出去松一点。鼓楼东有一个照相馆，日本人带着家眷，有日本人的医院、军妓，有中国也有日本的，比较开放，夏天穿拖板、穿裙子，医院里有伤员，生病。

正好有一天到我亲戚家，他家隔壁是一个医院，我们坐在房间里，大人在说话，结果从医院里隔壁跳进来一个伤员，他们当时也吃不饱，日本人统治很严，二等兵可打三等兵，当时一个班长一个排长就了不得，他很厉害，他吃不饱，不敢出去，给钱让我们出去买烧饼，当时挺害怕，他没有恶意。他们慢慢也不行了，日本人也是饿得够时候，他是住院的病号，他病得也不是太重。共产党八路军是有，但是据点慢慢就不行啦，基本到1943年特别是到1944年，慢慢就不行啦，日本侵略的它战线这么长。

民间组织有，叫红枪会，村子里差不多每天晚上都有活动。他们也有一定信仰，练武，也练气功啊，每天就是这些活动。红枪会主要是保护村子，有自己的信仰，也有一定的迷信，看过不少，郭店屯，东北一华里，叫刘庄，我的外婆就是那个村的，他们也都是亲属。

黄沙会没听说过，枪支没有，民间枪支不少，我住的那个村子那是个大村子，当时地主家里每家都有，有好几支枪，长枪、驳壳枪、六轮，湖北造、汉阳造，有时在那儿放着，我就玩一玩，我都能装上。那时肯定地主也有坏的，本地的地主不可能都坏。

采访时间：2007 年 2 月 1 日
采访地点：东昌府区梁水镇
采 访 人：刘明志 雒宏伟 李廷婷
被采访人：刘长春（男 79 岁 属龙）

民国 32 年，过贱年，天不下雨，没种上麦子，高粱都毁了。咱这有老齐的人，吴连杰在吴家海子，抢老百姓的东西，百姓都饿死了，有下河南的，有下东北的，在高家庄。

民国 26 年上大水，水从西南来。1943 年过贱年，是不上水的年份，以后没上过大水。

得传染病的人有死的，死得不严重，那会儿紧霍乱是传染病，咱这也不厉害，有得的，很快就死了，发烧，不知道有谁得过，没听说有治好的。治病时请个医生，都是庄稼医生，上级没组织，打针，扎胳膊弯，扎腿弯，淌老些黑血，是因为烧得厉害，都死了。记得但不是很具体，也不记得脸色什么样。鼻子嘴出血，那叫扎鼻痧，鼻子长出膜子，放出血就好了，这个病不少，死的人不多，大概是 1940 年。霍乱病也有得的，得什么症候不记得了，死的都是被气疯的，着急。有钱就看，没钱就不看，也是听大人告诉的。

日本鬼子来扫荡带着杂牌兵，打三支队，齐子修是三支队的头。三支队打过日本人，但打不过。日本鬼子抢百姓，来之后看谁不顺眼，就攘，日本人好残忍。他们逮人，不行就下日本国，咱这村有，那时他们在三支队，鬼子来就被带走了，他叫史秉力，这个人 1945 年正月去的，8 月 15 日解放后就回来了，当时带了不少人去日本国，那人后来回来后就在粮所工作，死了大概有十几年了。

没见过日本人的飞机，飞机扔过一回炸弹。日本人没给咱这打过预防针。日本人不孬，一来我们还害怕，这也多是鬼子汉奸，皇协军，把稍有钱的人逮起来，先揍你一顿再拿钱。日本人只要不拿他的东西就行，就不会杀人。

白家洼、北屯有红枪会，是江凯敏指挥的，咱这也有。黄沙会在早些时候，是农村组织的，开始是治安，后来打皇协军。黄沙会也是他们几个人一伙的，也是汉奸。那时参加革命的人不多，也不算是很少。韩省长，1937 年没打日本人就跑了。

大运河开过堤，1937 年开过口子。马颊河开过口子，解放以后开的，淹了村子没淹人。地震有过一回，是民国 26 年以前，那回厉害，是 1936 年。挖河是 1964 年，那年我 39 岁。

采访时间：2007 年 2 月 1 日
采访地点：东昌府区许营乡敬老院
采 访 人：张 伟 曹洪剑 袁海霞
被采访人：刘熙庆（男 86 岁 属狗）

刘熙庆

我今年 86（岁），属狗，叫刘熙庆，上了三个月的短期学校。

民国 32 年这一片我不知道饿死多少，我们在三冠庙种麦子，我那会儿也算个连长，在第七纵队十九旅五十五团，当时还没入党。民国 32 年部队在三河镇打仗，从开封那里带回来点种子。我浙江、河南、山东跑遍了，参加过淮海战役、陇海战役。

那年三支队、汉奸、顽固军混战，顽固军就是杂牌。当年军队里不会带娘们的，身上都带着针线，我们骑兵团有 1000 多人。

当时有红枪会，日本也打，汉奸也打，属于自卫性质的，不打八路军，八路军名声好。

民国 32 年回来时不知道当时有没有得病死的，也不知道霍乱的事。

这 1953 年上过大水，谷子都淹死了。

采访时间：2007 年 1 月 29 日
采访地点：古城区古棚街
采 访 人：杨 冰 孙建斐 李 斌
被采访人：李纯礼（男 85 岁 属狗）

李纯礼

我赶上的这个时候不是个好时候，没捞着上学，高小是 1937 年毕业，刚毕业，七七事变，卢沟桥就打响了。

那年我才虚岁 16 岁，七七事变以后这里就乱了，二十九军在卢沟桥没顶住，别的部队不支持它，就往这撤。

那年上的水很大，咱这上的水很大，西南有个黑岩山，黑岩山那年雨特别大，山水下了以后向这排，有两个河可以排水，这两个河都多年失修，淤了，河里不淌水，都在平地上走。两条河南面就叫徒骇河，西面叫马颊河，这两条河都淤得很浅，起不到排水作用，水都满地淌，那个时候高粱穗子都熟了，河水淌得都看不见高粱穗了。是西南山上来的水，那个山是现在山西和河南交界的山，属于太岳山脉，那里来的山水。

我 7 月 1 日高小毕业，7 号七七事变就打响了。毕业以后没有头绪，上哪去？干么去？一看日本鬼子想灭亡中国，跑到哪里都是当亡国奴，正赶上范筑先，就是范老先生，他在这当专员。原来给他下的命令叫撤向河南，守黄河南不如在河北守，怕他失利。到后来他听着共产党的教导，听着共产党的意见，坚持党的抗战，不逃亡，不跑，就组织当地的民兵。那时候老百姓手里有枪的净些地主富户，富裕中农，他们都有枪支，组织这些枪支成为抗日力量。那时候我就在这个院里住，那时候日本人占着济南，还没上聊城来，就在聊城这十个县里坚持抗战，和日本鬼子对着干。

1943 年那是灾荒年，好多地方就是颗粒无收，头年播麦以后没再下雨，第二年春天耩春苗时又没下雨。地里种上麦子没有雨也出不了苗。旱得厉害，老百姓没办法啊，卖地，贱卖了，吃顿饱饭再说，还有就是卖孩子，或者是一锁门把家一撒，带上老婆孩子逃荒去。

堂邑城北，在北边的梁桥以西到马颊河，这片地号称华北第一个大的无人区。老百姓跑净了，剩的老幼残疾，饿也饿死了，无人区就是现在的这个堂邑公路以北，西边到马颊河以东，东边到梁水镇运河以西，一气儿到堰堌，这片属于有名的无人区。

堂邑过来的灾民他只在这落脚，他不在这里住，因为这个地方也是灾区，半灾区。然后都上现在的郓城、梁山，上那块儿要饭去，那时候那块儿小麦还是丰收，到地里小麦还是能拾到。

那无人区不光在这片了，日本人在这里，三支队继续闹下去，无人区继续扩大，为什么呢？那三支队在这驻哪里跟哪里要吃的，老百姓管饭也管不起，打点粮食都不够他吃，再加上旱，颗粒无收。无人区主要是日本鬼子和三支队齐子修这两个坏蛋造成的。齐子修原来是二十九军向南撤时的一个连长，他带着一个连，以后他投范筑先了，编了一个第三支队。后来范筑先一阵亡，一殉国，他就投降日本鬼子了。在梁桥以北，堂邑以北净他的队伍。他驻哪里跟哪里要粮食吃，你想想老百姓地里能打多少粮食？丰收的话管他的饭也管不起。

八路军有是有，日本鬼子和齐子修这些坏家伙携起手来一起反对八路军，他认为八路军是坚持抗战的，所以日本人和齐子修把八路军看成是眼中钉、肉中刺，一起杀共产党，所以共产党一开始的活动受齐子修和日本鬼子两面夹攻，在这里扎不下脚来。

后来灾荒年，一逃荒一要饭，共产党就成立人民政府，搞土地回收，你那个地贱卖出去的，可以用原价买回来。到1944年、1945年，三支队已经完蛋了，无人区这里日本人也没拿着当点，征粮食征不来，要钱要不来，老百姓都跑净了，谁还敢要这个地方？只有共产党八路军要，派干部到这里发救济粮，发救济款，发买工具买农具的贷款，你贷款以后可以修理房屋，把地再种上，可以三年不还账，丰收以后再还账。这样就发动群众恢复生产，无人区慢慢就有人回来了，有人在这住了。

灾荒年我正在这里，我那时候是地下工作者，我在这里担任共产党的支部书记，1940年7月1日在聊城城里建立共产党的党支部，建支部以后我们在这里坚持活动，1940年7月，聊城解放。我们在这里住的目的，搞敌人情报，搞武装。日本鬼子他让你搞啊？你要是公开的搞共产党的活动他逮你要杀你的，情报搞到以后送到八路军那儿，那时候济南有个一军分区，送到军分区的司令部去，那时候的司令是谁呢，赵健民同志，现在在北京是航天工业部的副部长。

那时候知道有传染病，不知道是日本鬼子搞的细菌战。最近从山东党史资料上看到，才知道日本鬼子在这里搞细菌战。因为什么原因呢？那时日本人在聊城城里住，他每年春天，每年夏天在聊城城里打防疫针，防什么疫呢，叫虎烈拉，这个虎烈拉是什么呢？是上吐下泻，拉肚子拉起个没完，拉得你淌脓、淌血，最后就淌死了，本来就没吃没喝，再拉肚子再淌，一个劲泻肚子。那个防疫针就在聊城城关打，打完了，给你发个防疫证，上面有姓名、注射日期、发证公章，就是伪公安派出所，发证截至时间。

防疫针从1939年的秋季可能就开始打了，实际上他已经散发些老鼠、毒菌，他已经散发开了，他弄些老鼠喂着，往它身上打菌苗，打上以后上咱街上去，把这铁丝笼子一放，老鼠就传染老鼠，老鼠再传染人，老鼠祸害人吃的东西，人吃以后人再得虎烈拉。这些最近才知道，当时没有听说日本人用细菌战传染中国人的事。

传染病是看到了，在聊城城里拉肚子的，就是1943年，堂邑闹灾荒的时候。有些带着孩子抱着小孩，从这向南去，在这落脚，那逃荒的抱的小孩瘦得跟麦秸似的那个腿，就啾啾会哭，哇哇的，抱那个就向南逃。那会儿人不行就坐下，有些人本身就有病，面黄肌瘦，饿得不像人样。

他从1939年下半年开始就在这个城门打防疫针，没打的不让进城，他怕他日本兵得这个病以后就没有战斗力了。他的目的就是破坏我们部队的战斗力，破坏老百姓的生存生产能力，他要防止他的士兵得这个病，城外的老百姓怎么个情况闹不清，反正你得打防疫针，不打他不让你进城。

周围的老百姓就有得这个病的，我就发觉这个病了，只有周围老百姓得这个病，才知道有这个病，日本鬼子他不会宣传。得这个病死的多的还是堂邑无人区，他这个细菌战开始搞是在马颊河的西沿，那个时候日本鬼子在马颊河西沿拔口子，往外放水。要不是细菌战的话，人死不这么快，人一得这个病就没劳动能力了，就等着死，又没粮食吃，还能活了？洪水淹到临清河西，临西县淹的多。我说这个情况是从山东党史资料上看到的，我没亲自见到，也没上那边去过。

日本人扒口子可能是1941年、1942年这个时间，那时候老百姓不让他扒，老百姓就保护这个河，日本人就架上机枪，谁不让扒就用机枪打谁，打死的人不少。它不是下大雨决口，它是人把河口扒开，扒的河现在可能就叫马颊河。这个事我是最近才知道的，以前我不知道，当时光知道日本鬼子在这捣的鬼，为什么进城必须打防疫针，不打针不让进，考虑他们得有事，还不懂细菌战这个名词。

飞机倒没大见到过，他一般到作战时用飞机配合地面陆军，不到作战的时候飞机也就传递传递消息，飞机倒不是很频繁，等到作战时，他发挥他飞机的优势。

当时见过得这个虎烈拉传染病的人，这倒见过，在城里就有拉的，上吐下泻，呕吐，吃的东西存不住，在胃里再吐出来，下边泻。得病死的人是谁家的谁埋了去，日本鬼子他不管这个尸体。医生到那个时候看病的本事也不行了，他本身就挨着饿吃不饱，还能有力量给别人看病去？不管，没人管。

都认为是传染病，日本鬼子不宣传，也都知道那是传染病。

采访时间：2007 年 2 月 1 日
采访地点：东昌府区沙镇养老院
采 访 人：吴晨虹　魏　涛　李　龙　孙天舒
被采访人：张玉海（男　82 岁　属龙）

当过兵，1964 年前，那时 17 岁，十月份当的兵，刘伯承的兵，九月份还在家乡，没走。

就打仗，那会儿没发大水，隔了六年发大水。那一年日本鬼子已经南下，那会儿乱抓人。

见过日本人，净黄的衣服，日本人没扫荡过，抓花姑娘，抢东西，汉奸抓人放火。把人集中在一起，没检查身体，不记得当时多大。日本人在时死的人多，净打死的，那时候日本人不是人。

采访时间： 2008 年 11 月 29 日

采访地点： 东昌府区闫寺街道办事处敬老院

采 访 人： 付 昆 白 玉 张 毅

被采访人： 刘道友（男 属兔）

上过小学，民国 32 年我在闫寺，原来是堂邑县。

那年人逃荒，逃到黄河以南，还有饿死的，饿死老些，那时光知道饿。没听说什么病。

那时还有皇协（军），罗道容的部队，见过杂牌军队，没见过正规军。见过日本军，抓劳工抓到东北还有其他地方。

刘道友（中）

采访时间： 2007 年 1 月 30 日

采访地点： 东昌府区郑家镇中心养老院

采 访 人： 李 琳 姜国栋 刘婷婷

被采访人： 谢焕杰（男 80 岁 属兔）

上过三年小学，念唐诗，国语，学得浅，学了也白瞎。

俺是沙镇的，那时候没郑家，有温集、乡集，解放后，沙镇划给郑家，才 20 多年。

谢焕杰

灾荒年那年旱，三年没下雨，没记得有蝗虫，那年旱啦，没闹虫灾。那时庄上有 400 多口，都饿得没人了。

那时兵荒马乱的，乱跑，乱打仗。过贱年那时候吃菜也吃不上，都饿跑了，上东北、河南、陕西的都有，我上东北逃荒了。民国 32 年秋下雨了，我是民国 32 年春天二月走的，到四五月里天下雨了，种的庄稼。

那年贱年，人都饿跑了，又回来，民国 32 年死老些人了，饿死的。弄不清有得这病的没，那时庄上 400 多口人，剩了百十口子人，没走的都饿死了，走的没饿死，在家吃野菜，撸树叶子。

有国民党、三支队、土匪，弄得可乱了，抢东西，你今天弄点粮食都给他抢跑了，牵牲畜，牵驴子、马、骡子，抢你，土匪什么都抢，逮人，要钱，他要买枪、子弹。

日本有兵有将，日本人叫上咱的人帮了他，叫皇协（军），日本人指挥，跟咱中国打仗，日本人不大往咱村里来，都路过。堂邑有个三十二师的鬼子，日本人搁郑家和八路军打过一回仗。我那年 15（岁），打了以后，河南的日本人就上这来扫荡，有汽车也有飞机，那飞机怪稀罕，没咋对咱老百姓。日本人的飞机飞得不高，飞得慢，飞机上写的日本字，在肚子上，有两个翅膀，我没见过它往下撒东西。八路军那时候没大过来，八路军爱人民，团结。

那时有日本人，他不抢东西，一个县里有俩日本人，是当官的，他不下乡，穿军队的衣裳，呢子的。他不喝咱的水，带水嘟噜，挎拉子，小心，怕咱下药药死他，他都带着水，没听说他给咱下毒。

灾荒年那时候没看到过有病的，没有伤寒，有小瘟疫。没闹过霍乱转筋，人都跑了。小时有发疟子的，挺冷。日本人不给咱打针，没检查身体，他恨不得咱死了。

日本投降那年我 19（岁），没当过兵，不是党员，扛过活，17（岁）的时候给地主干活种地，他管饭，不给钱，给粮食。地主也有好的，我那个地主姓周，他家种了二三百亩地，他能收好几万斤，吃棒子、锅饼。

户家有民团，地主家有枪，土匪来抢来夺的时候也打他，有打不了的时候，有打过的时候。红枪会是河南的，咱这没有，听他们当兵打仗回来的说的，河南有红沙会，地主家的，黄沙会没听过。

这发过两回大水，淹聊城那会儿我小，1958 年、1981 年啥时又有一次。淹聊城那回，水深，从这里往城里去都得坐船，在城墙洗脚丫。那会儿不大，也就十来岁，下雨把聊城淹了，一高粱下去看不着尖儿，它那儿洼，水都往那集中，房子都下漏了，咱这没事。这是过贱年以前，十来岁那时，我还记得使高粱编筏哩。灾荒年没发大水，就旱。1981 年马颊河发的水，从南边来的水。

1943 年东昌府区雨、洪水、霍乱调查结果

东昌府区乡镇总数：21 个；调查乡镇总数：16 个

村庄总数：902 个；调查村庄总数：215 个

乡 镇	雨				洪水				霍乱				采访村庄总数
	有	无	记不清	未提及	有	无	记不清	未提及	有	无	记不清	未提及	
北城办事处	6	5	0	0	1	8	1	1	2	5	3	1	11
道口铺镇	7	0	0	0	1	5	0	1	2	4	1	0	7
斗虎屯镇	3	0	1	2	0	5	0	1	4	0	2	0	6
凤凰办事处	4	5	0	1	0	7	1	2	1	4	4	1	10
侯营镇	5	2	2	2	0	3	1	7	0	4	2	5	11
湖西办事处	3	4	0	1	0	5	3	0	0	6	2	0	8
蒋官屯镇	1	0	0	0	0	1	0	0	0	1	0	0	1
梁水镇	11	20	0	16	9	12	3	23	31	10	2	4	47
沙镇	19	7	1	1	4	7	2	15	8	16	0	4	28
堂邑镇	4	5	2	0	1	6	0	4	2	8	1	0	11
许营乡	11	7	0	2	2	7	1	10	9	8	3	0	20
闫寺办事处	1	3	0	2	1	2	0	3	1	2	1	2	6
于集镇	6	7	0	1	0	6	1	7	1	12	0	1	14
张炉集镇	1	7	0	0	0	2	1	5	1	5	1	1	8
郑家镇	3	5	0	0	0	4	1	3	0	5	2	1	8
朱老庄乡	9	5	1	4	2	4	9	5	6	7	3	3	19
合　计	94	82	7	32	20	84	24	87	68	97	27	23	215

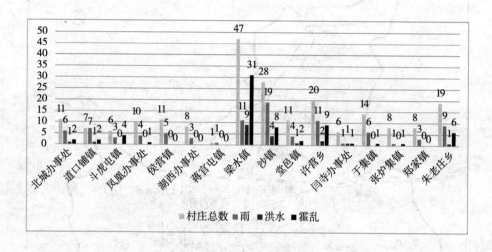

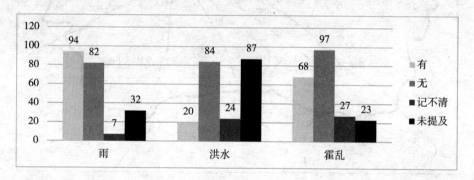

山东省东昌府区 1943 年霍乱流行示意图

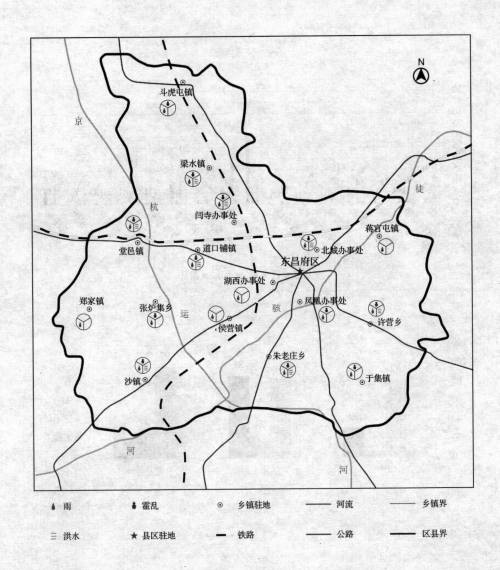

山东大学鲁西细菌战历史真相调查会制
调查时间：2006 年 12 月、2008 年 10 月

1943年东昌府区北城办事处雨、洪水、霍乱调查结果

调查村庄总数：11

	雨	洪水	霍乱
有	6	1	2
无	5	8	5
记不清	0	1	3
未提及	0	1	1

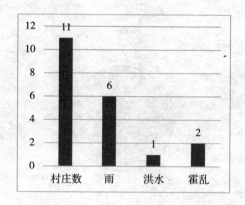

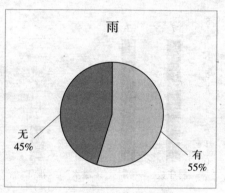

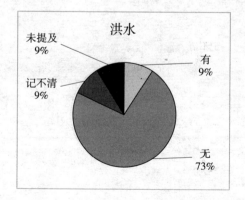

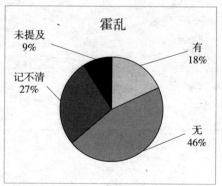

1943 年东昌府区道口铺镇雨、洪水、霍乱调查结果

调查村庄总数：7

	雨	洪水	霍乱
有	7	1	2
无	0	5	4
记不清	0	0	1
未提及	0	1	0

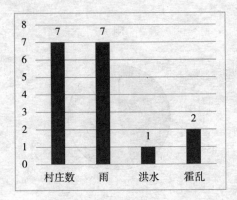

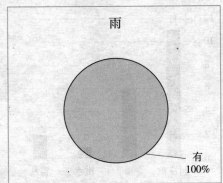

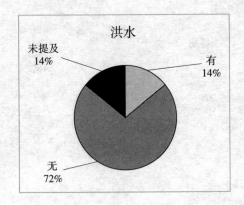

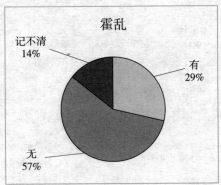

1943 年东昌府区斗虎屯镇雨、洪水、霍乱调查结果

调查村庄总数：6

	雨	洪水	霍乱
有	3	0	4
无	0	5	0
记不清	1	0	2
未提及	2	1	0

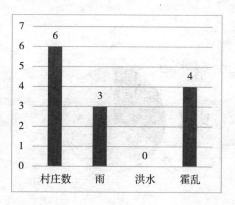

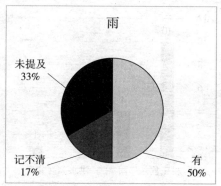

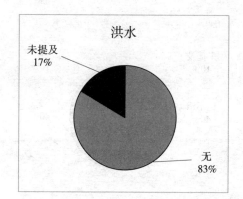

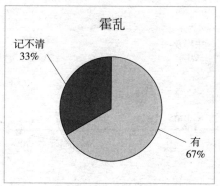

1943 年东昌府区凤凰办事处雨、洪水、霍乱调查结果

调查村庄总数：10

	雨	洪水	霍乱
有	4	0	1
无	5	7	4
记不清	0	1	4
未提及	1	2	1

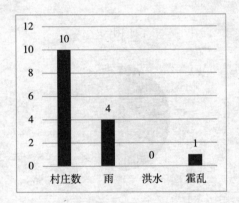

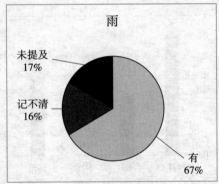

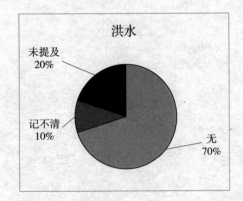

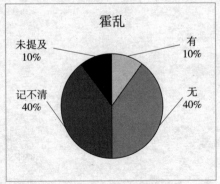

1943 年东昌府区侯营镇雨、洪水、霍乱调查结果

调查村庄总数：11

	雨	洪水	霍乱
有	5	0	0
无	2	3	4
记不清	2	1	2
未提及	2	7	5

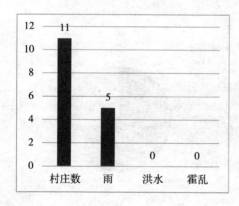

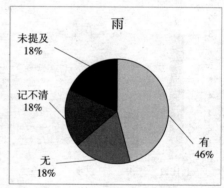

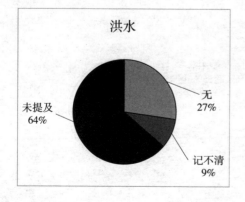

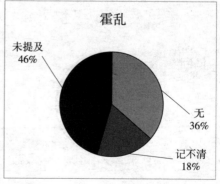

1943年东昌府区湖西办事处雨、洪水、霍乱调查结果

调查村庄总数：8

	雨	洪水	霍乱
有	3	0	0
无	4	5	6
记不清	0	3	2
未提及	1	0	0

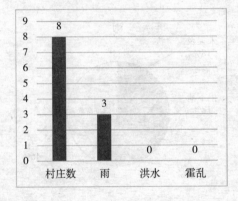

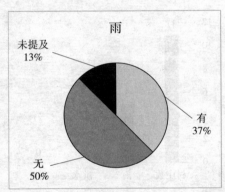

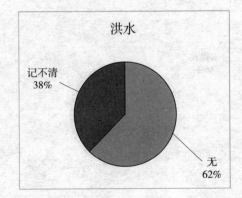

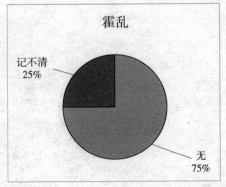

1943年东昌府区蒋官屯镇雨、洪水、霍乱调查结果

调查村庄总数：1

	雨	洪水	霍乱
有	1	0	0
无	0	1	1
记不清	0	0	0
未提及	0	0	0

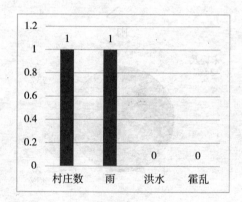

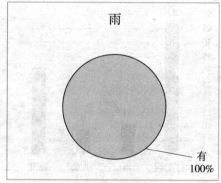

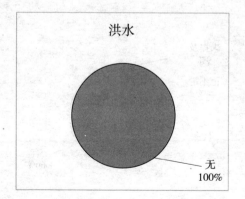

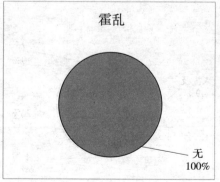

1943年东昌府区梁水镇雨、洪水、霍乱调查结果

调查村庄总数：47

	雨	洪水	霍乱
有	11	9	31
无	20	12	10
记不清	0	3	2
未提及	16	23	4

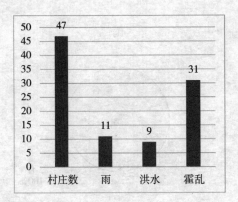

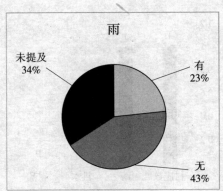

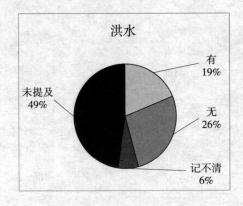

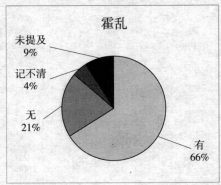

1943 年东昌府区沙镇雨、洪水、霍乱调查结果

调查村庄总数：28

	雨	洪水	霍乱
有	19	4	8
无	7	7	16
记不清	1	2	0
未提及	1	15	4

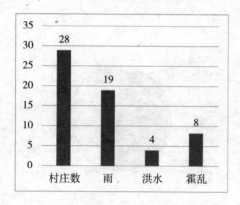

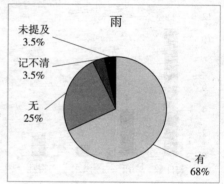

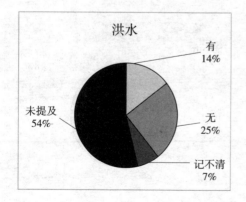

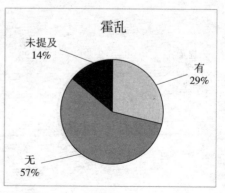

1943 年东昌府区堂邑镇雨、洪水、霍乱调查结果

调查村庄总数：11

	雨	洪水	霍乱
有	4	1	2
无	5	6	8
记不清	2	0	1
未提及	0	4	0

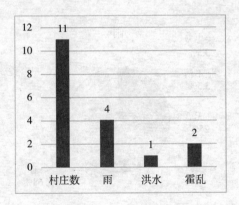

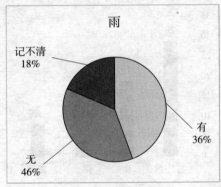

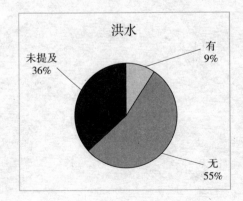

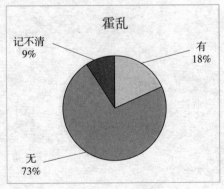

1943年东昌府区许营乡雨、洪水、霍乱调查结果

调查村庄总数：20

	雨	洪水	霍乱
有	11	2	9
无	7	7	8
记不清	0	1	3
未提及	2	10	0

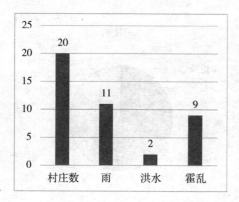

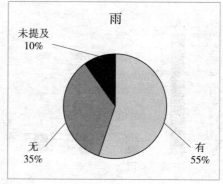

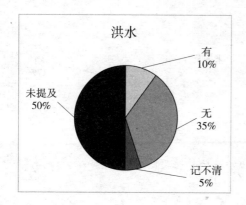

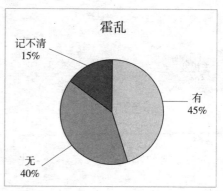

1943年东昌府区闫寺办事处雨、洪水、霍乱调查结果

调查村庄总数：6

	雨	洪水	霍乱
有	1	1	1
无	3	2	2
记不清	0	0	1
未提及	2	3	2

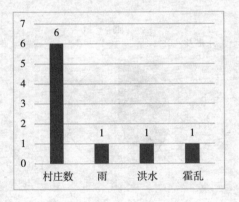

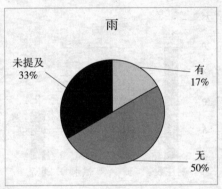

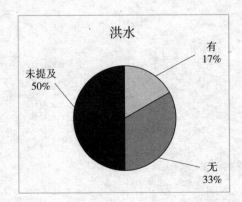

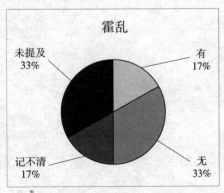

1943 年东昌府区于集镇雨、洪水、霍乱调查结果

调查村庄总数：14

	雨	洪水	霍乱
有	6	0	1
无	7	6	12
记不清	0	1	0
未提及	1	7	1

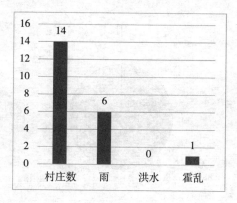

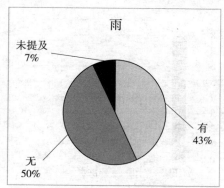

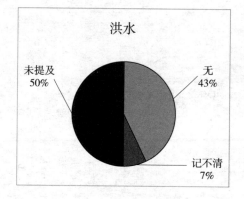

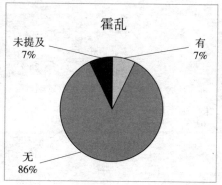

1943 年东昌府区张炉集镇雨、洪水、霍乱调查结果

调查村庄总数：8

	雨	洪水	霍乱
有	1	0	1
无	7	2	5
记不清	0	1	1
未提及	0	5	1

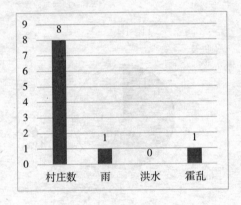

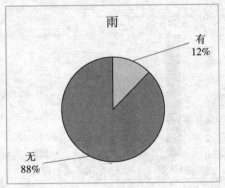

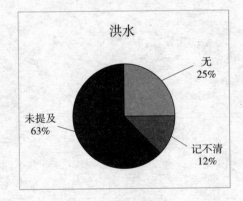

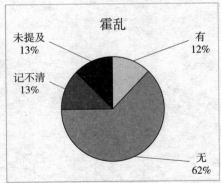

1943 年东昌府区郑家镇雨、洪水、霍乱调查结果

调查村庄总数：8

	雨	洪水	霍乱
有	3	0	0
无	5	4	5
记不清	0	1	2
未提及	0	3	1

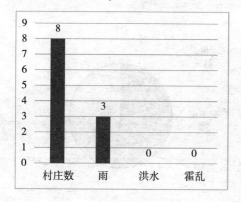

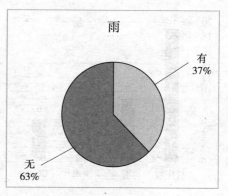

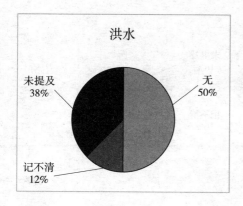

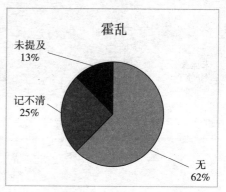

1943年东昌府区朱老庄乡雨、洪水、霍乱调查结果

调查村庄总数：19

	雨	洪水	霍乱
有	9	1	6
无	5	4	7
记不清	1	9	3
未提及	4	5	3

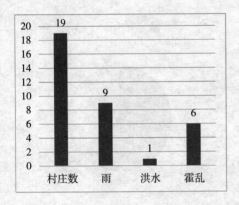

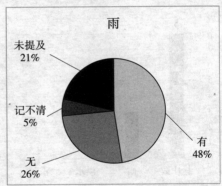

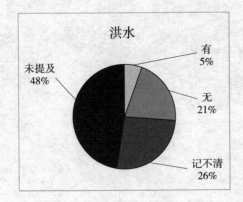

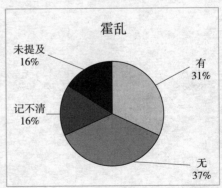